全国高等职业教育机电类专业"十二五"规划教材

传感器与自动检测技术

刘 丽 主 编

周国娟 副主编

中国铁道出版社

CHINA RAILWAY PUBLISHING HOUSE

内 容 简 介

本书以传感器的应用技术为主线安排内容,通过丰富的图示、详细的应用实例、新颖的取材,将传感器和工程检测方面的知识和技能有机地联系在一起。本书主要介绍了工业、生活等领域常用传感器和一些新型传感器的结构原理、基本使用和综合应用,同时,在编写过程中,注意补充反映新器件、新技术的内容。全书共有 9 章,主要内容包括认识传感器与自动检测系统、温度的检测、力与压力的检测、物位和流量的检测、速度的检测、位移的检测、气体成分与湿度的检测、检测系统的抗干扰技术、检测技术的综合应用。

本书适合作为高职高专电类、仪器仪表类和机电类等专业的教材,也可供在企业生产一线从事技术、管理、运行等工作的相关技术人员参考使用。

图书在版编目(CIP)数据

传感器与自动检测技术 / 刘丽主编. —北京:中国
铁道出版社,2012.8(2016.7重印)
全国高等职业教育机电类专业"十二五"规划教材
ISBN 978-7-113-14543-9

Ⅰ.①传… Ⅱ.①刘… Ⅲ.①传感器—高等职业教育
—教材 ②自动检测—高等职业教育—教材 Ⅳ.①TP212
②TP274

中国版本图书馆 CIP 数据核字(2012)第 072361 号

书　　名:传感器与自动检测技术
作　　者:刘　丽　主编

策　　划:秦绪好
责任编辑:祁　云　彭立辉
封面设计:刘　颖
责任印制:李　佳

出版发行:中国铁道出版社(100054,北京市西城区右安门西街 8 号)
网　　址:http://www.51eds.com
印　　刷:三河市华业印务有限公司
版　　次:2012 年 8 月第 1 版　　2016 年 7 月第 2 次印刷
开　　本:787mm×1092mm　1/16　　印张:16.75　字数:402 千
印　　数:3 001～4 500 册
书　　号:ISBN 978-7-113-14543-9
定　　价:38.00 元

随着科学技术的发展与进步，作为信息获取与信息转换的重要手段，传感器与检测技术已经成为各个应用领域重要的基础性技术，掌握传感器与检测技术，合理应用传感器几乎是所有技术领域工程技术人员必须具备的基本素养。

本书共分为9章：第1章 认识传感器与自动检测系统；第2章 温度的检测；第3章 力与压力的检测；第4章 物位和流量的检测；第5章 速度的检测；第6章 位移的检测；第7章 气体成分与湿度的检测；第8章 检测系统的抗干扰技术；第9章 检测技术的综合应用。每章后都附有一定量的习题。

本书根据学科特点和专业培养目标对学科的要求，结合现代高职高专学生的理论基础和学习特点而编写，具有以下特点：

- 以传感器的应用技术为主线安排内容，各章节以工业生产中参数检测的任务划分，将传感器知识点贯穿于检测任务中。
- 强调职业技能、专业技术应用能力的培养，设计了一些检测电路或系统的具体制作环节。
- 符合高职高专学生的学习特点和学习规律，简化了理论，不做过多的公式推导和电路分析，配合图示对传感器基本原理和应用进行介绍，使内容更容易理解。
- 教材内容紧跟传感器和检测技术的发展，及时将新技术、案例引入教材，并且教材中拓展阅读部分也介绍了本领域的先进技术，供学生学习参考。

本书由刘丽任主编，周国娟任副主编，其中第1章、第3章、第8章由安徽工业经济职业技术学院沈杰编写，其余部分由安徽职业技术学院刘丽编写。本书在编写过程中得到了安徽职业技术学院程周、杨林国、洪应、张栩、孙忠献、胡继胜、温晓玲、常辉、马为民、高燕、李治国、杨洁霞、钟俊的大力支持，他提出了很多宝贵意见；另外陈郁松、赵国芝也给予了全力支持，在此表示衷心感谢！在教材编写过程中，参考并引用了许多专家、学者的教材、论著及有关专业网站内容，在此谨向这些资料的作者表示衷心的感谢！

本书适合作为高职高专电类、仪器仪表类和机电类等专业的教材，也可供在企业生产一线从事技术、管理、运行等工作的相关技术人员参考使用。

由于传感器与检测技术的发展日新月异，我们的认识和专业水平有限，书中不足和错误之处在所难免，敬请广大读者批评指正。

编　者

2012 年 3 月

第1章 认识传感器与自动检测系统

传感检测技术是一种随着现代科学技术的发展而迅猛发展的技术，是机电一体化系统不可缺的关键技术之一。本章将简要介绍自动检测系统的基本构成以及传感器的基本概念和性能指标。

学习目标

- 熟悉自动检测系统的基本组成。
- 熟悉传感器的组成及分类。
- 掌握传感器的性能指标。

1.1 认识自动检测系统

1.1.1 自动检测系统基本概念

检测是指在生产、生活、科研等各个领域为获得被测对象的有关信息而实时或非实时地对一些参量进行定性检查和定量测量。自动检测就是在测量和检查过程中完全不需要或仅需要很少的人工干预而自动进行并完成的。实现自动检测可以提高自动化水平和程度，减少人为干扰因素和人为差错，可以提高生产过程或设备的可靠性及运行效率。

1.1.2 自动检测系统组成

尽管现代检测系统的种类繁多，但它们的作用都是用于各种物理或化学成分等参量检测，检测过程通常先通过各种传感器获得被测量的信息，将其变换成电量，然后经信号调理、数据采集、信号处理后显示并输出。传感检测系统的组成框图如图 1-1 所示。

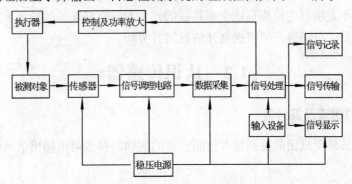

图 1-1　检测系统组成框图

1. 传感器

传感器是把被测的非电量变换成电量的装置，因此是一种获得信息的手段，它在自动检测系统中占有重要的位置。传感器是检测系统与被测对象直接发生联系的器件或装置。

2. 信号调理电路

信号调理电路在检测系统中的作用是对传感器输出的微弱信号进行检波、转换、滤波和放大等，以方便检测系统后续环节进行处理或显示。对信号调理电路的一般要求：能准确转换、稳定放大、可靠地传输信号；信噪比高，抗干扰性能要好。

3. 数据采集

数据采集在检测系统中的作用是对信号调理后的连续模拟信号进行离散化并转换成与模拟信号电压幅度相对应的一系列数值信息，同时以一定的方式把这些转换数据及时传递给微处理器或依次自动存储。数据采集系统通常以模/数（A/D）转换器为核心，辅以模拟多路开关、采样/保持器、输入缓冲器、输出锁存器等。

4. 信号处理

信号处理模块是现代检测系统进行数据处理和各种控制的中枢环节，通常以单片机、微处理器为核心，或直接采用工业控制计算机，对检测的结果进行处理、运算、分析，对动态测试结果作频谱分析、幅值谱分析、能量谱分析等。

5. 信号输出

信号输出包括信号显示、信号传输和信号记录。信号显示是把转换来的信号显示出来，便于人机对话，显示方式有模拟显示、数字显示、图像显示等，显示器是检测系统与人联系的主要环节之一。检测系统在信号处理器计算出被测参量的瞬时值后除送至显示器进行实时显示外，通常还需要把测量值及时传送给控制计算机、可编程序控制器或其他执行器。有时还需要打印机打印或者记录仪等。

6. 输入设备

输入设备主要用于输入设置参数、有关命令等。最常用的输入设备包括各种键盘、条码阅读器等。近年来，随着工业自动化、办公自动化和信息化程度的不断提高，通过网络或各种通信总线利用其他计算机或数字化智能终端实现远程信息和数据输入的方式愈来愈普遍。

上述各部分不是所有的检测系统全都具备的，并且对有些简单的检测系统来说，各环节之间的界线也不是十分清楚，须根据具体情况进行分析。

1.2 认识传感器

1.2.1 传感器的组成及其分类

传感器是能够感受规定的被测量并按照一定的规律转换成可用输出信号（一般为电信号）的器件或装置。

1．传感器的组成

传感器一般由敏感元件、转换元件、基本转换电路和辅助电源组成，如图 1-2 所示。敏感元件是能够直接感受被测物理量，并以确定关系输出另一物理量的元件，如应变式传感器中的敏感元件是一个弹性膜片，它将力、力矩转换成位移或应变输出；转换元件是将敏感元件的非电量转换成电路参数（电阻、电容、电感）及电流或电压等电信号。基本转换电路则将该电信号转换成便于传输、处理的电量，如应变式压力传感器的基本转换电路是一个电桥电路，它将应变片输出的电阻值变化转换成一个电压或电流的变化，经过放大后即可驱动记录、显示仪表的工作；随着半导体器件与集成电路技术在传感器中的应用，一般也把转换元件和基本转换电路所需的辅助电源作为传感器的组成部分。

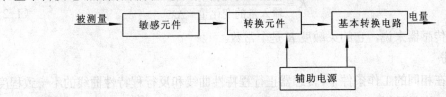

图 1-2　传感器的基本组成

2．传感器的分类

在实际工程应用中，传感器的种类很多。同一种被测量可以用不同的传感器进行测量，而同种原理的传感器又可以测量多种物理量。比较常用的分类方法如下：

（1）按照传感器用途分类

可分为位移传感器、压力传感器、速度传感器、温度传感器、流量传感器、气敏传感器、湿度传感器等。

（2）按照传感器工作原理分类

可分为电阻式传感器、电容式传感器、电感式传感器、压电式传感器、霍尔式传感器、光电式传感器、光纤式传感器、热电式传感器等。

（3）按照输出信号的性质分类

可分为数字传感器、模拟式传感器等。

1.2.2　传感器的特性与指标

传感器的特性主要是指传感器的输入与输出之间的关系，有静态特性和动态特性之分。

1．传感器的静态特性

传感器在稳态信号作用下，其输出-输入关系称为传感器的静态特性。描述传感器静态特性的主要性能指标有：线性度、灵敏度、迟滞和重复性。

（1）线性度

在多数情况下，要求传感器的理想输入-输出特性应是线性的，如图 1-3 所示。实际上，由于种种原因，传感

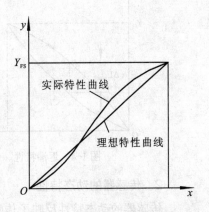

图 1-3　传感器的实际特性曲线与理想特性曲线

器总是具有不同程度的非线性，反映非线性误差的程度即是线性度。线性度是以一定的拟合直线为基准与校准曲线作比较，用其不一致的最大偏差 ΔL_{max} 与理论输出值 $Y=y_{max}-y_{min}$ 的百分比进行计算，即

$$\delta_L = \frac{|\Delta L_{max}|}{Y} \times 100\% \qquad (1-1)$$

（2）灵敏度

灵敏度是指传感器输出量的变化量 ΔY 与引起此变化的输入量的变化量 ΔX 之比，用 K 表示，即

$$K = \frac{输出量的变化量}{输入量的变化量} = \frac{\Delta Y}{\Delta X} \qquad (1-2)$$

对于线性传感器来说，它的灵敏度 K 是个常数。

（3）迟滞

迟滞是指在相同的工作条件下，传感器正行程特性曲线和反行程特性曲线的不一致程度，如图 1-4 所示。也就是说，对应于同一大小的输入信号，传感器的正反行程的输出信号大小会有不相等的情况。产生这种现象的主要原因是传感器机械部分存在不可避免的缺陷，如轴承摩擦、间隙、紧固件松动、材料的内摩擦、积尘等。

迟滞大小一般要由实验方法确定，其值用正反行程输出值间最大偏差 ΔL_{max} 对满量程输出 y_{FS} 的百分比表示，即

$$\gamma_t = \frac{\Delta L_{max}}{y_{FS}} \times 100\% \qquad (1-3)$$

（4）重复性

重复性是衡量在同一工作条件下，对同一被测量进行多次连续测量所得结果之间的不一致程度的指标，如图 1-5 所示。产生不一致的原因与产生迟滞现象的原因相同。多次重复测试的曲线越重合，说明该传感器重复性越好，使用时误差越小。

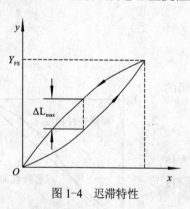

图 1-4　迟滞特性

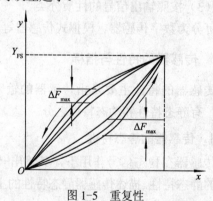

图 1-5　重复性

2. 传感器的动态特性

传感器的动态特性反映了传感器对于随时间变化的动态量的响应特性。在实际测量中，大多数被测量是随时间变化的动态信号，传感器的输出不仅要精确地显示被测量的大小，还

要显示被测量随时间变化的规律。动态特性好的传感器，其输出随时间的变化规律将再现输入随时间变化的规律，即它们具有相同的时间函数。但是，在实际应用中，传感器的输出信号与输入信号不会具有相同的时间函数，输出与输入之间会出现差异。这种输出与输入之间的差异称为动态误差，研究这种误差的性质称为动态特性分析，常用的分析方法有时域分析法和频率响应法。

（1）时域分析法

当输入信号为阶跃函数时，因为它是时间的函数，故传感器的响应是在时域内发生的，因此称这种分析方法为时域分析法。传感器的阶跃响应曲线如图 1-6 所示。

主要参数有上升时间 t_r、响应时间 t_s、峰值时间 t_p、超调量 δ 等。

上升时间 t_r 是指输出值上升到稳态值的 90%所需的时间。

响应时间 t_s 是指输出值进入稳定值所规定的范围内所需的时间。

峰值时间 t_p 是指输出值到达最大值使所需的时间。

超调量 δ 是指输出量最大值 $y(t_p)$ 与稳态值的最大偏差与稳态值之比。

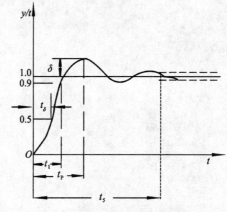

图 1-6   传感器的阶跃响应曲线

（2）频率响应法

当输入信号为正弦函数时，因为它是频率的函数，故传感器的响应是在频域内发生的，因此称其为频率响应法。

频率响应特性是指将频率不同而幅值相等的正弦信号输入传感器，输出正弦信号的幅值、相位与频率（或角频率）之间的关系。常用的评定指标有：通频带 B_W、时间常数 τ、固有角频率 ω_0。

- 通频带 B_W：指传感器的增益保持在一定值之内的频率范围，对应有上、下截止频率。
- 时间常数 τ：用来表征一阶传感器的动态特性，τ 越小，频带越宽。
- 固有角频率 ω_0：用来表征二阶传感器的动态特性，ω_0 越大，快速性越好。

拓展训练

找出家用电器中的传感器。

小　　结

传感器是能够感受规定的被测量并按照一定的规律转换成可用输出信号（一般为电信号）的器件或装置。传感器一般由敏感元件、转换元件、基本转换电路和辅助电源组成。

传感器的分类方法有：按照工作原理分类，按照传感器用途分类，按照输出信号的性质分类。

传感器的静态特性是指当传感器的输入信号为稳态信号时输出与输入的关系，主要性能指标有：线性度、灵敏度、迟滞和重复性。传感器的动态特性是指当传感器的输入信号随时间变化而变化时输出与输入的关系，主要分析方法有：时域分析法和频率响应法。

习　题

1. 传感器有哪几个组成部分？每部分的作用是什么？
2. 传感器静态特性有哪些性能指标？它们各自的定义是什么？
3. 传感器的动态特性有哪几种研究方法？各有哪些评定指标？

第**2**章　温度的检测

温度是国际单位制中 7 个基本量之一，它是工业及日常生活等领域中需要经常测量和控制的主要参数。温度的测量是利用一些物质的某些特性随温度变化的规律来对温度进行测量的。

学习目标

- 熟悉热电阻的工作原理和应用电路。
- 熟悉热电偶的工作原理和冷端补偿方法。
- 熟悉用集成温度传感器测量温度的方法。
- 学会使用温度传感器进行温度的检测与信号处理。

2.1　热电阻传感器测量温度

2.1.1　温度检测的主要方法及特点

根据传感器的测温方式，温度基本测量方法通常可分成接触式和非接触式两大类。

接触式温度测量是感温组件直接与被测对象相接触，两者进行充分的热交换，最后达到热平衡，由此得出被测对象的温度。常用的接触式测温的传感器主要有热膨胀式温度传感器、热电偶、热电阻和半导体集成温度传感器等。这类传感器的优点是结构简单、工作可靠、测量精度高、稳定性好、价格低；缺点是有较大的滞后现象，不方便对运动物体进行温度测量，被测对象的温场易受传感器的影响，测温范围受感温组件材料性质的限制等。图 2-1、图 2-2 所示为两种不同的接触式温度计。

图 2-1　双金属温度计

图 2-2　压力温度计

非接触式温度测量是感温组件不与被测对象直接接触，而是通过接受被测物体的热辐射能实现热交换，测出被测对象的温度。常见的非接触式测温传感器主要有光电高温传感器、红外辐射传感器等。这类传感器的优点是不存在测量滞后和温度范围的限制，可测高温、腐蚀、有毒、运动的物体及固体、液体表面的温度，不影响被测温度；缺点是受被测对象热辐射率的影响，测量精度低，使用中测量距离和中间介质对测量结果有影响。图 2-3、图 2-4 所示为两种不同的非接触式温度计。

图2-3　辐射式温度计　　　　　图2-4　光学高温计

各种温度检测方法都有自己的特点和各自的测温范围，常用的测温方式、类型及特点如表 2-1 所示。

表2-1　常用的测温方式、类型及特点

方式	类型及特点 温度计或传感器类型		测温范围/℃	精度/%	特点
接触式	热膨胀式	水银	−50～350	0.1～1	简单方便，易损坏，感温部大
		双金属	0～300	1	结构紧凑，牢固可靠
		压力 液	−30～600	1	耐振、坚固、价廉，感温部大
		气	−20～350	1	
	热电偶	铂铑－铂	0～1 600	0.2～0.5	性能稳定，结构简单，测温范围宽，测量精度高，动态响应较好
		其它	−200～1 100	0.4～1.0	
	半导体集成温度传感器		−50～150	0.5～1	体积小，线性好；测温范围好
	热电阻	铂	−260～600	0.1～0.3	精度及灵敏度均较好，感温部大，须注意环境温度的影响
		镍	−50～300	0.2～0.5	
		铜	0～180	0.1～0.3	
		热敏电阻	−50～350	0.3～0.5	体积小，响应快，灵敏度高；线性差，须注意环境温度的影响
非接触式	辐射温度计		800～3 500	1	非接触测温，不干扰被测温度场，辐射率受干扰小，能作远距离测量，不能用于低温测量
	光学高温计		700～3 000	1	
	热敏探测器		200～2 000	1	非接触测温，不干扰被测温度场，响应快，测温范围大，适于测温度分布，易受外界干扰，标定困难
	热敏电阻探测器		−50～3 200	1	
	光子探测器		0～3 500	1	
其它	示温涂料	碘化银、碘化汞、氯化铁、液晶等	−35～2 000		面积大，可得到温度图像，精度低，易衰老

2.1.2　金属热电阻

利用电阻随温度变化特性制成的传感器称为热电阻传感器。它主要用于对温度或与温度有关的参量进行检测。在工业上被广泛用来测量-200～+500℃范围内的温度。按热电阻性质的不同，热电阻传感器可分为金属热电阻和半导体热电阻两大类，前者通常简称为热电阻，后者称为热敏电阻。图 2-5 所示为热电阻传感器。

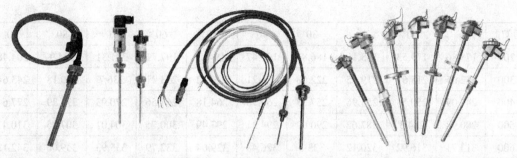

图 2-5　热电阻传感器

1. 金属热电阻的温度特性

热电阻是利用电阻与温度成一定函数关系的特性制成的感温组件。当被测温度变化时，导体的电阻随温度变化而变化，通过测量电阻值变化的大小而得出温度变化的情况及大小数值，这就是热电阻测温的基本工作原理。

热电阻大都由纯金属材料制成，目前应用最多的是铂和铜。此外，现在已开始采用镍、锰和锗等材料制造热电阻。

（1）铂电阻

铂电阻是目前公认的制造热电阻的最好材料，它的测温范围广，精度高，稳定性好，其电阻值与温度之间有很近似的线性关系。其缺点是电阻温度系数小，价格较高。铂电阻主要用于制成标准电阻温度计，国标 ITS—1990 规定，在-259.34～630.74℃温度范围内，以铂电阻温度计作为基准温度仪器。

当温度 t 在-200～0℃范围内时，铂的电阻值 R_t 与温度 t 的关系可表示为

$$R_t = R_0 [1+At+Bt^2+Ct^3（t-100）] \tag{2-1}$$

当温度 t 在 0～850℃范围内时，铂的电阻值 R_t 与温度 t 的关系为

$$R_t = R_0（1+At+Bt^2） \tag{2-2}$$

由式（2-1）和式（2-2）可知，热电阻的阻值 R_t 不仅与 t 有关，还与其在 0℃时的电阻值 R_0 有关，即在同样温度下，R_0 值不同，R_t 的值也不同。式中系数 $A=3.96847\times10^{-3}/℃$，$B=-5.847\times10^{-7}/℃^2$，$C=-4.22\times10^{-12}/℃^4$。

例：求温度 0℃时电阻值为 100 Ω 的铂电阻在温度为 50℃时的电阻值。

解：$R_t=R_0(1+At+Bt^2)=100(1+3.96847\times10^{-3}\times50-5.847\times10^{-7}\times50^2)Ω=119.69 Ω$

目前，国内统一设计的工业常用铂电阻的 R_0 值为 10 Ω 和 100 Ω，表示 0℃时的电阻值为 10 Ω 和 100 Ω，并将 R_0 与 t 相应关系列成表格形式，称为分度表，对应铂电阻的分度号分别用 Pt10 和 Pt100 表示。实际应用中，为了方便可从分度表中查得与 R_t 相对应的温度值 t，Pt100铂热电阻分度表如表 2-2 所示。

表 2-2　Pt100 铂热电阻分度表

℃	0	10	20	30	40	50	60	70	80	90
0	100.00	103.9	107.79	111.67	115.54	119.4	123.24	127.08	130.9	134.71
100	138.51	142.29	146.07	149.83	153.58	157.33	161.05	164.77	168.48	172.17

续表

℃	0	10	20	30	40	50	60	70	80	90
200	175.86	179.53	183.19	186.84	190.47	194.1	197.71	201.31	204.9	204.48
300	212.05	215.61	219.15	222.68	226.21	229.72	233.21	236.7	240.18	243.64
400	247.09	250.53	253.96	257.38	260.78	264.18	267.56	270.93	274.29	277.64
500	280.98	284.3	287.62	290.92	294.21	297.49	300.75	304.01	307.25	310.49
600	313.71	316.92	320.12	323.3	326.48	329.64	332.79	335.93	339.06	342.18
700	345.28	348.38	351.46	354.53	357.59	360.64	363.67	366.7	369.71	372.71
800	375.70	378.68	381.65	384.6	387.55	390.48				

【分析】

　　由公式计算的电阻值和查表所得电阻值是否相同？哪个更准确些？

（2）铜电阻

铜电阻的优点是价格便宜，纯度高，重复性好，电阻温度系数大，电阻值与温度之间为线性关系，主要缺点是电阻率小，所以制成一定电阻时与铂材料相比，铜电阻要细，造成机械强度不高；或要长则体积较大，而且铜电阻容易氧化，测温范围小，一般为-50~+150℃。

铜的电阻值与温度之间的关系，可表示为

$$R_t = R_0 (1+\alpha t) \tag{2-3}$$

式中，α 为铜电阻的电阻温度系数，$\alpha=(4.25\sim4.28)\times10^{-3}/℃$

工业上常用的铜电阻的 R_0 值为 50 Ω 和 100 Ω，对应铜电阻的分度号用 Cu50 和 Cu100 表示。铜热电阻 Cu50 分度表如表 2-3 所示。

表 2-3　铜热电阻 Cu50 分度表

℃	0	10	20	30	40	50	60	70	80	90
0	50.000	52.144	54.285	56.426	58.565	60.704	62.842	64.981	67.120	69.259
100	71.400	73.542	75.686	77.833	79.982	82.134				

2. 热电阻传感器的结构类型

热电阻按其保护管结构形式分为以下几种：

（1）装配式热电阻

如图 2-6 所示，装配式热电阻主要由接线盒 1、接线端子 2、保护管 3、绝缘套管 4、热电阻组件 5 构成基本结构，并配以各种安装固定装置。工业用 WZ 系列装配式热电阻可直接和二次仪表相连接使用，可以测量各种生产过程中-200~420℃范围内的液体、蒸气和气体介质及固体表面的温度。目前，现场应用较多的装配式热电阻主要包括分度号为Pt100 的铂热电阻和分度号为 Cu50 的铜热电阻两大类。

（2）铠装热电阻

铠装热电阻是由电阻体、引线、绝缘材料、不锈钢套管组合而成的坚实体，如图 2-7 所示。铠装式热电阻的机械性能好、耐振，抗冲击，与装配式热电阻相比，它的直径小、易弯曲、适宜安装在装配式无法安装的场合。其外保护管采用不锈钢，内充满高密度氧化物质绝缘体，因此具有很强的抗污染和优良的机械强度，能在环境较为恶劣的场合使用。

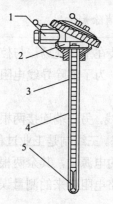

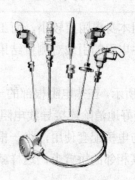

图 2-6　装配式热电阻的外形及结构　　　　图 2-7　铠装热电阻

（3）端面热电阻

端面热电阻感温组件由特殊处理的电阻丝绕制，紧贴在温度计端面，如图 2-8 所示。端面热电阻与一般轴向热电阻相比，能更正确和快速地反映被测端面的实际温度，适用于测量轴和其它机件的端面温度。

（4）隔爆型热电阻

隔爆型热电阻（见图 2-9）通过特殊结构的接线盒，将其外壳内部爆炸性混合气体因受到火花或电弧等影响而发生的爆炸局限在接线盒内，生产现场不会引超爆炸。隔爆型热电阻可用于 B1a～B3c 级区内具有爆炸危险场所的温度测量。

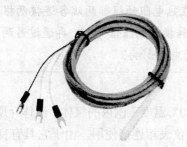

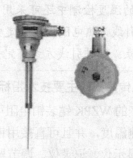

图 2-8　端面热电阻　　　　　　　　　图 2-9　隔爆型热电阻

3. 金属热电阻传感器的测量电路

最常用的热电阻测温电路是电桥电路，如图 2-10 所示。图中 R_2、R_3、R_4 和 R_t 组成电桥的 4 个桥臂，其中 R_t 是热电阻，其余 3 个电阻为固定电阻，当电阻变化量为 ΔR 时，电桥的输出电压为

$$U_o = \frac{U_i}{4} \frac{\Delta R}{R} \qquad (2-4)$$

热电阻是把温度变化转换为电阻值变化的一次组

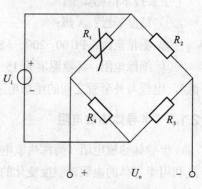

图 2-10　热电阻测温电路

件，通常需要把电阻信号通过引线传递到计算机控制装置或者其它一次仪表上。

分析

分析：热电阻的引线对测量结果有无影响？怎么消除影响？

由于热电阻本身电阻值较小，而工业用热电阻安装在生产现场，与控制室之间存在一定的距离，因此热电阻的引线对测量结果有较大的影响。为了消除导线电阻的影响，一般采用三线制连接法。

如图 2-11 所示，在热电阻根部的一端连接一根引线，另一端连接两根引线的方式称为三线制，它可以较好地消除连接导线电阻引起的测量误差。三线制是工业过程控制中最常用的，这种方式通常与电桥配套使用，将一根导线接到电桥的电源端，其余两根分别接到热电阻所在的桥臂及与其相邻的桥臂上，这样就消除了导线线路电阻带来的测量误差。

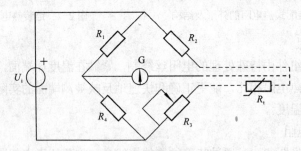

图 2-11　热电阻测温电桥的三线制接法

注意

在高精度的温度检测中还可采用四线制，即在热电阻的根部两端各连接两根导线的方式，其中两根引线为热电阻提供恒定电流 I，把 R 转换成电压信号 U，再通过另两根引线把 U 引至二次仪表。这种引线方式可完全消除引线的电阻影响。

4．热电阻传感器的主要技术指标

某公司生产的 WZPK 铠装铂电阻可对-200～600℃温度范围内的气体、液体介质和固体表面进行自动检测温度，并且可直接用铜导线和二次仪表相连接使用，由于它具有良好的电输出特性，可为显示仪、记录仪、调节器、扫描器、数据记录仪以及计算机提供精确的输入值。

主要技术指标如下：

① 精度等级：A 级；

② 测量范围：Pt100 -200～+800℃；

③ 绝缘电阻：环境温度为 15～35℃，相对湿度不大于 80%，试验电压为 10～100 V（直流），电极与外套管之间的绝缘电阻大于 100 MΩ。

2.1.3　半导体热敏电阻

半导体热敏电阻（简称热敏电阻，见图 2-12）是由半导体陶瓷材料组成的测温组件，它是利用半导体的电阻随温度变化的特性而制成的。

图 2-12　热敏电阻

1. 热敏电阻的特点

热敏电阻的优点:

① 灵敏度高;

② 体积小,结构简单,坚固;

③ 热惯性小,响应速度快;

④ 采用玻璃、陶瓷等材料密封包装后,可应用于有腐蚀性气体等的恶劣环境。

热敏电阻的缺点:

① 阻值与温度的关系非线性严重;

② 组件的一致性差,互换性差;

③ 组件易老化,稳定性较差。

随着热敏电阻迅速的发展,其性能不断得到改进,稳定性已大为提高,在许多低温测量时热敏电阻已逐渐取代传统的温度传感器。

2. 热敏电阻的分类及温度特性

按照热敏电阻电阻值随温度变化的情形,主要可将其分为负温度系数(NTC)热敏电阻和正温度系数(PTC)热敏电阻两种,随温度上升电阻增加的为正温度系数热敏电阻,反之为负温度系数热敏电阻。

正温度系数(PTC)和负温度系数(NTC)热敏电阻的温度特性如图 2-13 所示,曲线 1 为突变型,当达到临界温度时,其阻值会发生急剧转变,它的温度范围较窄,一般用于恒温加热控制或温度开关;曲线 2 为指数型,其温度范围比较宽,可用于温度补偿或温度测量。

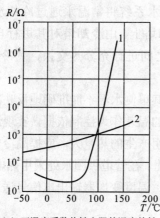
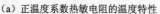
（a）正温度系数热敏电阻的温度特性

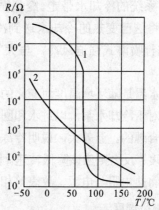
（b）负温度系数热敏电阻的温度特性

图 2-13　热敏电阻的温度特性

分析

观察突变型热敏电阻的温度特性，分析如何应用。

3. 了解一种热敏电阻的主要技术指标

某公司生产的 TS 系列热敏电阻温度传感器是专为家用空调、汽车空调、冰箱、冷柜、热水器以及中低温干燥箱、恒温箱等场合的温度测量与控制而设计的。它耐振动，耐高温，稳定性好，外形美观，技术性能与进口产品一致。

① 测量温度范围：$-50\sim120℃$、$-50\sim200℃$。

② $R25$ 电阻值（25℃时标准阻值）：5 kΩ、10 kΩ、50 kΩ、100 kΩ 等。

③ B 值：3 435 k、3 950 k、3 270 k、4 537 k 等。

B 值是热敏电阻的材料常数（或叫热敏指数），指两个温度下零功率电阻值的自然对数之差与这两个温度倒数之差的比值，B 值常用来表征热敏电阻对温度的敏感程度。

④ 结构：采用双层密封工艺，具有良好的绝缘和抗机械碰撞、抗折弯能力。

⑤ 保护管直径：$\phi4$、$\phi5$。

⑥ 安装方式：直管式、螺纹式、螺丝压接式等。

2.1.4 热电阻传感器的应用

1. 中央空调管道供回水温度的检测

中央空调系统一般主要由制冷压缩机系统、冷冻循环水系统、冷却循环水系统、盘管风机系统、冷却塔风机系统等组成。中央空调系统原理框图如图 2-14 所示，制冷压缩机组通过压缩机将制冷剂压缩成液态后送蒸发器中，冷冻循环水系统通过冷冻水泵将常温水泵入蒸发器盘管中与冷媒进行间接热交换，这样原来的常温水就变成了低温冷冻水，冷冻水送到各风机风口的冷却盘管中吸收盘管周围的空气热量，产生的低温空气由盘管风机吹送到各个房间，从而达到降温的目的。冷媒在蒸发器中被充分压缩并伴随热量吸收过程完成后，再被送到冷凝器中去恢复常压状态，以便其在冷凝器中释放热量，其释放的热量正是通过循环冷却水系统的冷却水带走。冷却循环水系统将常温水通过冷却水泵泵入冷凝器热交换盘管后，再将这已变热的冷却水送到冷却塔上，由冷却塔对其进行自然冷却或通过冷却塔风机对其进行喷淋式强迫风冷，与大气之间进行充分热交换，使冷却水变回常温，以便再循环使用。

由于冷却塔的水温是随环境温度而变化的，其单侧水温不能准确地反映冷冻机组产生热量的多少，所以，对于冷却水泵，以进水和回水的温差作为控制依据，实现进水和回水间的恒温差控制是比较合理的。温差大，说明冷冻机组产生的热量大，应提高冷却泵的转速，增大冷却水的循环速度；反之则应该降低转速。因此，在管道供回水处采用热电阻 Pt100 测温，并采用温度变送器将热电阻与电源、仪表等相连，温度变送器输出电信号送入控制仪表。

2. 热敏电阻测量湿度

热敏电阻测量湿度的测量电桥由两只特性相同的热敏电阻 R_1、R_t 和相同的桥臂固定电阻 R_3、R_4 组成，桥路供电电压恒定不变，电路如图 2-15 所示。

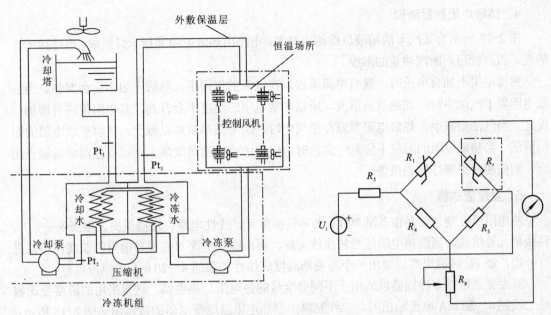

图 2-14　中央空调系统原理框图　　　　　图 2-15　热敏电阻测量湿度电路图

测量时，热敏电阻 R_1 作为环境温度补偿电阻，R_t 封装在干燥的气体中；热敏电阻作为温度敏感组件，两者共同组成湿度传感器。当有电流通过时，热敏电阻上的温度要高于空气温度 20℃左右，两只热敏电阻阻值相同，在干燥空气中电桥保持平衡，输出为零；当传感器接触到潮湿空气时，由于空气中水蒸气的含量不同，空气热传导率发生相应的变化，此时检测组件 R_t 的阻值发生相应变化，这样，电桥就会输出一个不平衡电压，这个不平衡的电压值为绝对湿度的函数。

3．热敏电阻测量流量

利用热敏电阻上的热量消耗和介质流速的关系可以测量流量、流速等。图 2-16 为热敏电阻测流量原理图，流量采用两个相同的铂电阻探头 R_{t1} 和 R_{t2}，R_{t1} 放在被测液体管道中央，R_{t2} 放在温度与流体温度相同但不受流速影响的小室中，它们分别接在电桥的两个相邻臂上。

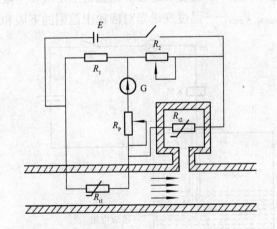

当流速为零时，电桥处于平衡状态，电流表中无电流指示；当介质流动时，R_{t1} 上的热量会被流动的介质带走时，则阻值发生变化，而 R_{t2} 没有发生改变，

图 2-16　热敏电阻流量测量原理图

这时电桥失去了平衡，产生一个与流量变化相对应的电流流经电流表。如果事先将电流表按流量标定过，则从电流表的刻度上便知介质流量的大小。

4. 热敏电阻测量液位

图 2-17 所示为某汽车油箱液位检测电路图，电路由热敏电阻和指示灯组成，通过指示灯的亮、灭，就可判断汽油量的多少。

热敏电阻上加有电压时，就有电流通过，在电流的作用下，热敏电阻本身会发热。当热敏电阻置于汽油中时，其热量易散发，所以热敏电阻的温度不会升高，其电阻值略有增加；反之，当汽油量减少，热敏电阻暴露在空气中时，因为其热量难以散发，所以热敏电阻的阻值降低。当热敏电阻的阻值下降到一定值时，线路中流过的电流增大到可以使继电器触点闭合，则低油面报警灯发亮报警。

5. 温度变送器

热电阻温度变送器是由基准单元、R/V 转换单元、线性电路、反接保护、限流保护、V/I 转换单元等组成。测温热电阻信号转换放大后，再由线性电路对温度与电阻的非线性关系进行补偿，经 V/I 转换电路后输出一个与被测温度成线性关系的 4～20 mA 的恒流信号。

温度变送器有多种规格以适用于不同分度号的热电阻、热电偶，这里采用的温度变送器是二线制 4～20 mA 电流输出的，二线制输出型热电阻温度变送器的接线图如图 2-18 所示，其中 RTD 为热电阻，采用三线制接线，DC 24 V 电源输入及输出共享两根线，为了实现电流向电压的转换，输出回路中可串接一只 250 Ω 高精度的金属膜电阻，获取的电压范围为 1～5 V。使用前须按照温度传感器的测温范围对变送器进行调校，以减小测量误差。调校后输出信号是与温度信号成线性关系的，因此已知温度变送器的测温范围（例如-200～600℃）及输出信号的范围，由线性代数就可求得其公式

$$(T_c-T_{min})/(T_{max}-T_{min})=(V_o-V_{min})/(V_{max}-V_{min}) \tag{2-5}$$

式中，T_c——当前被测环境温度；

$\quad V_o$——取样电阻上测得的电压；

T_{min}、T_{max}——温度变送器的测温范围下限和上限，如-200℃和 600℃；

V_{min}、V_{max}——温度变送器对应输出范围的下限和上限，例如 1 V 和 5 V。

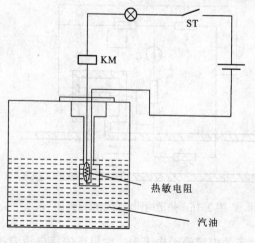

图 2-17　热敏电阻式液位传感器

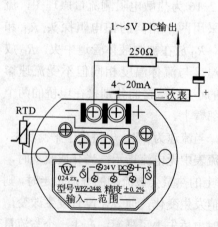

图 2-18　温度变送器

2.2　热电偶传感器测量温度

热电偶是工业上常用的温度检测组件之一，它是一种将温度量转换为电动势大小的热电式传感器，其特点是测温范围宽、测量精度高、性能稳定、结构简单，且动态响应较好；可直接输出电信号，可以远距离传输，便于集中检测、调节和自动控制；热容量和热惯性都很小，能用于快速测量，因此在轻工、冶金、机械及化工等工业领域中被广泛用于温度的测量。图 2-19 所示为热电偶传感器实物图。

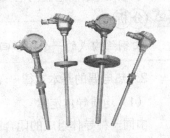

图 2-19　热电偶传感器

2.2.1　热电偶测温原理

1．热电效应

热电偶的测温原理基于热电效应。将两种不同的导体 A 和 B 连成闭合回路，若两个结点处温度不同，则回路中会产生电动势，从而形成电流，这个物理现象称为热电动势效应，简称热电效应。热电效应现象是 1821 年塞贝克首先发现并提出，故又称塞贝克效应。人们把两种不同材料构成的上述热电组件称为热电偶，两种不同材料的导体称为热电极。通常把两热电极温度较高的一端结点称为测量端或工作端，又称热端，用于测量某点温度；另一结点称做参比端或参考端，又称冷端。

热电效应的本质是热电偶本身吸收了外部的热能，在内部转换为电能的一种物理现象。热电偶的热电动势由两种导体的接触电动势和单一导体的温差电动势组成。图 2-20 所示为热电偶回路。接触电动势是由于两种不同导体的自由电子密度不同而在接触处形成的电动势；温差电动势是在同一导体中，由于两端温度不同而使导体内高温端的自由电子向低温端扩散形成的电动势。其中，接触电动势比温差电动势大得多，可将温差电动势忽略掉。

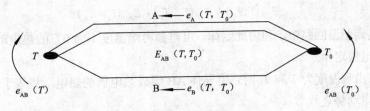

图 2-20　热电偶回路

图 2-20 所示热电偶的热电动势为

$$E_{AB}(T,T_0)=e_{AB}(T)-e_{AB}(T_0) \tag{2-6}$$

式中，下标 AB 的顺序表示电动势的方向；当改变脚注的顺序时，电动势前面的符号（正、负号）也应随之改变，即上式可写成

$$E_{AB}(T,T_0)=e_{AB}(T)+e_{BA}(T_0) \tag{2-7}$$

综上所述，可以得出以下结论：

热电偶热电动势的大小，只与组成热电偶的材料和两节点的温度有关，而与热电偶的形状尺寸无关，当热电偶两电极材料固定后，热电动势便是两节点电动势差。

分析

由铜丝构成的一个闭合回路，对铜丝上两处加以不同的温度，有没有热电动势产生？

2. 热电偶的基本定律

（1）均质导体定律

由同一种导体组成的闭合回路，无论节点的温度如何，均不产生热电动势，这是因为同一种导体不产生接触电动势，温差电动势也相抵消，所以总的热电动势为零。

（2）中间导体定律

在热电偶回路中接入中间导体（第三种导体），如图 2-21 所示，只要中间导体两端温度相同，热电偶的热电动势不变，这就是中间导体定律。

热电偶的热电动势测量必须有连接导线和仪表，若把连接导线和仪表看成第三种导体，只要它们的两

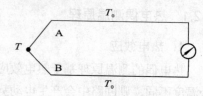

图 2-21　中间导体定律

端温度相同，则不影响总热电动势。在热电偶实际测温应用中，常采用热端焊接、冷端开路的形式，冷端经连接导线与显示仪表连接构成测温系统。

分析

工业应用中，为什么有时可以采用热端开路热电偶对液态金属和金属壁面进行温度测量？

（3）中间温度定律

热电偶回路两接点（温度为 T、T_0）间的热电动势，等于热电偶在温度为 T、T_a 时的热电动势与在温度为 T_a、T_0 时的热电动势的代数和，T_a 称为中间温度。

$$E_{AB}(T, T_0) = E_{AB}(T, T_a) + E_{AB}(T_a, T_0) \tag{2-8}$$

在实际热电偶测温回路中，利用此定律，可对参考端温度不为 0℃ 的热电动势进行修正。

（4）标准电极定律

工作端和自由端温度为 T 和 T_0 时，用导体 AB 组成热电偶的热电动势等于 AC 热电偶和 CB 热电偶的热电动势之代数和。

$$E_{AB}(T, T_0) = E_{AC}(T, T_0) + E_{CB}(T, T_0) \tag{2-9}$$

利用标准电极定律可以方便地从几个热电极与标准电级组成热电偶时所产生的热电动势，求出这些热电极彼此任意组合时的热电动势，而不需要逐个进行测定。

2.2.2　热电偶的外形结构和种类特性

1. 热电偶传感器的结构类型

热电偶广泛用于工业生产中进行温度的测量、控制，按热电偶的用途不同，常制成以下几种形式：

（1）普通型热电偶

普通型热电偶（见图 2-22）又称工业装配式热电偶，是工业中使用最多的热电偶，主要用来测量气体、蒸汽和液体等介质的温度。

普通型热电偶已标准化、系列化，一般由热电极、绝缘套管、保护套管和接线盒等几部分组成。按其安装时的连接方法可分为螺纹连接和法兰连接两种。图 2-23 所示为普通型热电偶结构图。

① 热电极：热电偶的核心部分，其测量端一般采用焊接方式构成。贵金属热电极直径一般为 0.35～0.65 mm；普通金属热电极直径一般为 0.5～3.2 mm；热电极的长短由安装条件决定，一般为 250～300 mm。

② 绝缘套管：用于防止两根热电极短路，通常采用陶瓷、石英等材料。

③ 保护管：套在热电极（含绝缘套管）之外，防止热电偶被腐蚀，避免火焰和气流直接冲击以及提高热电偶强度。

④ 接线盒：用来固定接线座和连接外接导线，保护热电极免受外界环境侵蚀，保证外接导线与接线柱接触良好。接线盒一般由铝合金制成，出线孔和盖子都用垫圈加以密封，以防污物落入而影响接线的可靠性。根据被测介质温度和现场环境条件的要求，设计成普通型、防溅型、防水型、防爆型等不同形式。

图 2-22　普通型热电偶外形

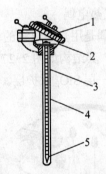

图 2-23　普通型热电偶结构图

1—接线盒；2—接线端子；3—保护管；4—绝缘套管；5—热电极

（2）铠装热电偶

铠装热电偶又称缆式热电偶，是由热电极、绝缘材料（通常为电熔氧化镁）和金属保护管三者结合，经焊接而成一个坚实的整体。铠装热电偶的外形和结构如图 2-24 和图 2-25 所示。

图 2-24　铠装热电偶外形

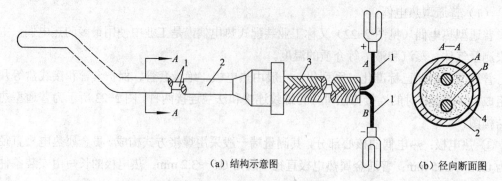

（a）结构示意图   （b）径向断面图

图 2-25　铠装热电偶结构

1—内电极；　2—薄壁金属保护套管；3—屏蔽层；4—绝缘材料

铠装热电偶有单支（双芯）和双支（四芯）之分，其测量端有露头型、接壳型和绝缘型3 种基本形式。铠装热电偶已实现标准化、系列化，具有体积小、精度高、动态响应快、耐振动、耐冲击、机械强度高、可挠性好，便于安装等优点，已广泛应用于工业生产过程，特别是高压装置和狭窄管道温度的测量。

（3）表面热电偶

表面热电偶的测温结构分为凸形、弓形和针形，主要用于测量各种固体表面，如金属块、炉壁、涡轮叶片等的温度。图 2-26 所示为表面热电偶的外形。

（4）薄膜式热电偶

薄膜式热电偶是用真空蒸镀的方法，将两种热电极材料蒸镀到绝缘基板上，形成薄膜状热电极及热接点，其结构如图 2-27 所示。为了防止热电极氧化并与被测物绝缘，在薄膜热电偶表面再涂覆上一层 SiO_2 保护层。

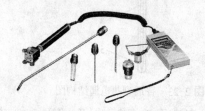

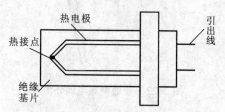

图 2-26　表面热电偶　　　　图 2-27　薄膜式热电偶结构

薄膜式热电偶可以做得很薄，而且尺寸可做得很小。其特点是热容量小，响应速度快，适合于微小面积上测量温度，以及测量快速变化的表面温度。测量时，薄膜热电偶用黏结剂紧贴在被测表面，热损失很小，测量精度高，但由于受黏结剂及衬垫材料限制，测量温度范围一般限于-200～300℃。

（5）快速消耗型热电偶

这是一种专为测量钢水及熔融金属温度而设计的特殊热电偶。热电极由铂铑$_{10}$-铂铑$_{30}$等材料制成，装在 U 形石英管内，构成测温的敏感组件，外部有绝缘良好的纸管、保护管及高温绝热水泥加以保护和固定。这种热电偶插入钢水后，保护帽立即熔化，热电偶工作端处于钢水中，能在 4～6 s 反映出钢水的温度，测出温度后，热电偶和石英保护管都被烧坏,所以只能一次性使用。快速消耗型热电偶的外形如图 2-28 所示。

图 2-28　快速消耗型热电偶

2. 标准热电偶

为了便于工业使用,国际电工委员会推荐了 8 种工业用标准热电偶。所谓标准热电偶是指国家标准规定了其热电动势与温度的关系、允许误差、并有统一的标准分度表的热电偶,它有与其配套的显示仪表可供选用,其名称用专用字母,这个字母即热电偶型号标志,称为分度号,是各类型热电偶的一种很方便的缩写形式。热电偶名称由热电极材料命名,前面为正极,后面为负极。表 2-4 列出了这 8 种标准热电偶的特性。

表 2-4　标准热电偶

名　称	分度号	测温范围/℃	100℃时热电动势/mV	特　点
铂铑$_{10}$-铂	S	0~1 600	0.645	准确度高,稳定性好,测温上限高,使用寿命长,高温下抗氧化性能好;但热电动势较小,灵敏度低,高温下机械强度下降,价格昂贵;一般用于较精密的测温
铂铑$_{30}$-铂铑$_6$	B	0~1 800	0.033	性能稳定,精度高,测温上限高;但价格贵,热电动势小,0~50℃范围内热电动势小于 3 μV,可不用考虑冷端补偿,灵敏度低;适用于氧化性和惰性气体中,但不适用于还原性气体或含有金属或非金属蒸气气体中
铂铑$_{13}$-铂	R	−50~1 300	0.647	同 S 型热电偶,但性能更好
镍铬-镍硅	K	−200~1 300	4.095	线性度好,热电动势较大,灵敏度高,稳定性和均匀性较好,抗氧化性能强,价格便宜;但材质较脆,焊接性能及抗辐射性能较差
镍铬硅-镍硅	N	−200~1 300	2.774	综合性能优于 K 型热电偶;适用于工业测量
镍铬-铜镍	E	−200~900	6.319	热电动势大,线性好,价廉,对于高湿度气体的腐蚀不甚灵敏,宜用于湿度较高的环境
铁-铜镍	J	0~750	5.269	线性度好,热电动势较大,价廉,但纯铁在高温下氧化较快,故使用温度受到限制
铜-铜镍	T	−200~350	4.279	线性度好,热电动势较大,灵敏度较高,稳定性和均匀性较好,价格便宜,但铜在高温下抗氧化性能差,用于较低温度的测量

注:铂铑$_{30}$指含铑为 30%,含铂为 70%,以下类似。

我国从 1991 年开始采用国际计量委员会规定的“1990 年国际温标”(简称 ITS—1990)的标准。按此标准,制定了相应的分度表,并且有相应的线性化集成电路与之对应。表 2-5 列出了 K 型热电偶分度表。

表2-5　K型热电偶分度表（冷端温度为0℃）

温度/℃	0	-10	-20	-30	-40	-50	-60	-70	-80	-90	-95	-100
-200	-5.8914	-6.0346	-6.1584	-6.2618	-6.3438	-6.4036	-6.4411	-6.4577				
-100	-3.5536	-3.8523	-4.1382	-4.4106	-4.669	-4.9127	-5.1412	-5.354	-5.5503	-5.7297	-5.8128	-5.8914
0	0	0.3969	0.7981	1.2033	1.6118	2.0231	2.4365	2.8512	3.2666	3.6819	3.8892	4.0962
100	4.0962	4.5091	4.9199	5.3284	5.7345	6.1383	6.5402	6.9406	7.34	7.7391	7.9387	8.1385
200	8.1385	8.5386	8.9399	9.3427	9.7472	10.1534	10.5613	10.9709	11.3821	11.7947	12.0015	12.2086
300	12.2086	12.6236	13.0396	13.4566	13.8745	14.2931	14.7126	15.1327	15.5536	15.975	16.186	16.3971
400	16.3971	16.8198	17.2431	17.6669	18.0911	18.5158	18.9409	19.3663	19.7921	20.2181	20.4312	20.6443
500	20.6443	21.0706	21.4971	21.9236	22.35	22.7764	23.2027	23.6288	24.0547	24.4802	24.6929	24.9055
600	24.9055	25.3303	25.7547	26.1786	26.602	27.0249	27.4471	27.8686	28.2895	28.7096	28.9194	29.129
700	29.129	29.5476	29.9653	30.3822	30.7983	31.2135	31.6277	32.041	32.4534	32.8649	33.0703	33.2754
800	33.2754	33.6849	34.0934	34.501	34.9075	35.3131	35.7177	36.1212	36.5238	36.9254	37.1258	37.3259
900	37.3259	37.7255	38.124	38.5215	38.918	39.3135	39.708	40.1015	40.4939	40.8853	41.0806	41.2756
1000	41.2756	41.6649	42.0531	42.4403	42.8263	43.2112	43.5951	43.9777	44.3593	44.7396	44.9293	45.1187
1100	45.1187	45.4966	45.8733	46.2487	46.6229	46.9955	47.3668	47.7368	48.1054	48.4726	48.6556	48.8382
1200	48.8382	49.2024	49.5651	49.9263	50.2858	50.6439	51.0003	51.3552	51.7085	52.0602	52.2354	52.4103
1300	52.4103	52.7588	53.1058	53.4512	53.7952	54.1377	54.4788	54.8186				

 注意

不同分度号的热电偶分度表不同。

3．非标准化热电偶

非标准化热电偶一般也没有统一的分度号和与其配套的显示仪表，在使用范围或数量上均不及标准化热电偶，但这些热电偶具有某些特殊性能，能满足一些特殊条件下测温的需要，如超高温、极低温、高真空或核辐射环境。非标准化热电偶有铂铑系、铱铑系、钨铼系及金铁热电偶、双铂钼等热电偶。

2.2.3　热电偶的冷端补偿

热电偶测温时，热电偶的热电动势大小不仅与测量端的温度有关，还与冷端温度有关。只有当冷端温度保持不变时，热电动势才是测量端温度的单值函数。热电偶分度表及配套的显示仪表都要求冷端温度恒定为 0℃，然而在实际应用中，由于热电偶的冷、热端距离通常很近，冷端受热端及环境温度的影响很难保持稳定，更难以保持在 0℃。因此必须采取措施，消除冷端温度波动及不为 0℃所产生的误差，即需进行冷端温度补偿。

1. 补偿导线

为了使热电偶冷端不受热源的影响，人们常采用补偿导线把热电偶的冷端延伸到温度比较稳定的控制室内，连接到仪表端子上。所谓补偿导线，是指在一定温度范围内，与配用热电偶的热电特性相同的一对带有绝缘层的导线。用补偿导线与热电偶相连，既可把热电偶的冷端延长，节省了贵重金属，又不会由于引入该导线而给热电偶带来测量误差。补偿导线连接如图 2-29 所示（其中 A′、B′ 为补偿导线）。

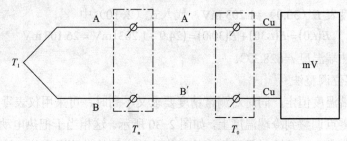

图 2-29　补偿导线连接示意图

补偿导线使用须注意的事项如下：

① 各种补偿导线只能与相配用型号的热电偶匹配使用；连接时，应注意极性不能接错。

② 补偿导线与热电偶连接端的温度，不能超过规定的使用温度范围，通常接点温度在 100℃ 以下，耐热用的补偿导线可达 200℃。同时两连接点温度必须相同，否则会产生附加电动势、引入误差。

③ 在高精度测温场合，测量时应加上补偿导线的修正值，以保证测量精度。

常用热电偶的补偿导线如表 2-6 所示。

表 2-6　常用热电偶的补偿导线

热电偶分度号	补偿导线型号	补　偿　导　线			
		正　　极		负　　极	
		材料	绝缘层颜色	材料	绝缘层颜色
S	SC	铜	红	铜镍	绿
K	KC	铜	红	铜镍	蓝
K	KX	镍铬	红	镍硅	黑
E	EX	镍铬	红	铜镍	棕
J	JX	铁	红	铜镍	紫
T	TX	铜	红	铜镍	白

2. 温度补偿法

补偿导线的作用只是延长热电偶的冷端到温度较低或比较稳定的环境中，而热电偶分度表的前提是冷端为 0℃，在实验室条件下可采取诸如在保温瓶内盛满冰水混合物等冰浴法保证冷端为 0℃，但做起来难度大、成本也高，在工业测温现场一般不能使冷端保持 0℃，这就会产生测量误差，因此，必须进行必要的修正和处理才能得出准确的测量结果。

（1）计算修正法

如果测温热电偶冷端温度 t_0 不为 0℃，就不能用测得的热电动势去查分度表，须根据热电偶的中间温度定律进行修正，即测量端温度为 t 时的热电动势为

$$E(t,0) = E(t, t_0) + E(t_0,0) \tag{2-10}$$

例：K 型热电偶测温，冷端温度为 30℃，测得热电动势为 24.9 mV，求热端温度。

解：先查分度表 $E(30,0)$ =1.203 mV，代入式（2-10）中

$$E(t,0) = E(t,30) + E(30,0) = (24.9 + 1.203)\,mV = 26.103\,mV$$

查分度表得热端温度 t=628.3℃。

（2）仪表零位调整法

当热电偶冷端温度恒定，同时对测量精度要求又不高时，可采用仪表零位调整法预先将显示仪表的机械零点调整到冷端温度上，如图 2-30 所示。这相当于把热电动势修正值 $E(t_0,0)$ 预先加到了显示仪表上，测温时显示仪表的示值就是实际的被测温度值。这种方法虽有一些误差，但简单方便，在工业上经常采用。

（3）电桥补偿法

电桥补偿法是目前实际应用中最常用的一种处理方法，它利用不平衡电桥产生的热电动势来补偿热电偶因冷端温度的变化而引起热电动势的变化，经过设计，可使电桥的不平衡电压等于因冷端温度变化引起的热电动势变化，于是实现自动补偿。其电路如图 2-31 所示。

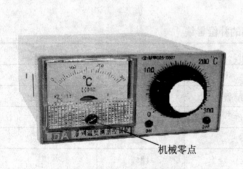

机械零点

图 2-30 仪表零位调整法

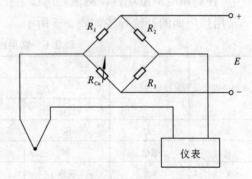

仪表

图 2-31 热电偶冷端温度电桥补偿法

图中 R_{Cu} 用温度系数较大的铜丝绕制，R_1、R_2、R_3 用电阻温度系数很小的锰铜丝绕制。电桥的 4 个电阻均和热电偶冷端处在同一环境温度，但由于 R_{Cu} 的阻值随环境温度变化有较大变化，使电桥产生大小和极性随着环境温度的变化而变化的不平衡电压，用以补偿热电偶热电动势的减小，从而达到自动补偿的目的。

用于电桥补偿法的装置称为热电偶冷端补偿器。表 2-7 列出了常用的国产冷端补偿器。

在使用冷端温度补偿器时应注意：

① 冷端补偿器与热电偶连接时，极性不能接反。

② 各种冷端补偿器只能与相应型号热电偶配套，并且应在规定的温度范围内使用。

③ 因热电偶的热电动势和补偿电桥输出电压两者随温度变化的特性不完全一致，故冷端

补偿器在补偿温度范围内得不到完全补偿，但误差很小，能满足工业生产的需要。

表 2-7　常用的国产冷端补偿器

型　号	配用热电偶	补偿范围/℃	电桥平衡时温度/℃	电源/V	内阻/Ω	功耗/V·A
WBC—01	铂铑$_{10}$—铂					
WBC—02	镍铬—镍硅(铝)	0~50	20	~220	1	<8
WBC—03	镍铬—考铜					
WBC-57-LB	铂铑$_{10}$—铂					
WBC-57-EU	镍铬—镍硅(铝)	0~40	20	4	1	<0.25
WBC-57-EA	镍铬—考铜					

2.2.4　热电偶传感器的使用

1．热电偶的选择

选择热电偶要根据使用温度范围、所需精度、测定对象的性能、响应时间和经济效益等综合考虑。选择流程：型号→分度号→防爆等级→精度等级→安装固定形式→保护管材质→长度或插入深度。

（1）测量精度和温度测量范围的选择

通常被测对象的温度范围在-200~300℃时可优选 T 型热电偶，在低温时 T 型热电偶稳定而且精度高，或选 E 型热电偶，它是贱金属热电偶中热电动势最大、灵敏度最高的热电偶；在 1 000℃以下，一般可优先选 K 型热电偶，其特点为使用温度范围宽（上限最高可达 1 300℃）、高温性能较稳定，价格较满足该温区的其它热电偶低；当上限温度小于1 300℃时，可选 N 型或 K 型；当测温范围为 1 000~1 400℃时，可选 S 或 R 型热电偶；当测温范围为 1 400~1 800℃时，应选 B 型热电偶；当测温上限大于 1 800℃，应考虑选用非国际标准的钨铼系列热电偶。

（2）使用气氛的选择

在氧化气氛下，且被测温度上限小于 1 300℃时，应优先选用抗氧化能力强的贱金属 N型或 K 型；当测温上限高于 1 300℃，应选 S、R 或 B 型贵金属热电偶。在真空或还原性气氛下，当上限温度低于 950℃时，应优先选用 J 型热电偶（它不仅可在还原气氛下工作，也可在氧化气氛中使用），高于此限，或选钨铼系列热电偶，或选非贵金属系列热电偶，或选用采取特别的隔绝保护措施的其它标准热电偶。若使用气密性比较好的保护管，对气氛的要求就不太严格。

（3）耐久性及热响应性的选择

线径大的热电偶耐久性好，但响应较慢一些，对于热容量大的热电偶，响应就慢，测量梯度大的温度时，在温度控制的情况下，控温就差。要求响应时间快又要求有一定的耐久性，选择铠装热电偶比较合适。

（4）测量对象的性质和状态对热电偶的选择

运动物体、振动物体、高压容器的测温要求机械强度高，有化学污染的气体要求有保护管，有电气干扰的情况下要求绝缘性比较高。

2. 温度控制器的使用

XMT 系列数显温度控制器（见图 2-32）是工业自动化检测、控制温度的通用型仪表，它采用大规模集成电路，应用独特的非线性校正技术，把测温传感器反馈给仪表的实时温度值与控制器的预置设定控制值进行快速的逻辑比较、运算、输出控制，以达到稳定控制设定温度的工控目的。

图 2-32　数显温度控制器

XMT 系列数显温控器与传统的动圈型温控器、电子温度调节器相比，具有显示精度高、温控性能好、抗震性强、可靠性佳等优点。在调节形式上有二位式、三位式、时间比例式、可控硅连续调节式、PID 调节式等多种调节方式。控制方式主要有电磁继电器和固态继电器控制加热源两种方式，并可根据用户需要增加温度超上限报警功能。配上不同材料的测温传感器，可广泛应用于冶金、制冷、化工、医疗设备等行业的温度检测和控制。

（1）技术指标

某 XMT 系列数显温度控制器的技术指标如下：

- 显示及设定方式：3.5 位数码管显示测温实际值，三位拨码开关设定控制值；
- 显示误差：小于或等于±0.5%　±1℃或小于或等于±1%　±1℃两挡；
- 设定点误差：小于或等于±1%　±1℃；
- 冷端补偿：0～40℃内误差小于 2℃；
- 时间比例调节：比例 3%～6%；周期 20s±10s；
- 超限报警：报警输出点在被测信号超过设定值的 2%～10%（全量程），消警范围≤1%；
- 触点容量：AC 220 V、3 A（阻性负载）或 1 A(感性负载)；
- 工作电源：AC 220V±22V，50 Hz，功率小于±2 W；
- 工作环境：温度 0～50℃，相对湿度为 30%～85%的无腐蚀性气体场合。

（2）XMT 系列数显温度控制器的调节功能与使用方法

① XMT—101/102、XMTA—2001/2002、XMTD—2001/2002 的调节功能与使用方法：此类型号规格仪表为全量程位式调节控制功能温控表。

将温控表按图 2-33 连接后，把拨码开关拨至所需温度设定值，然后接通电源开始加温。当实际温度值低于设定值时，绿灯亮，输出继电器的总低通、总高断,负载继续加温；当实际值达到或超过设定值时，红灯亮，输出继电器的总高通、总低断，负载停止加温。

② XMT—121/122、XMTA—2201/2202、XMTD—2201/2202 的调节功能与使用方法：此类型号规格仪表为上下限三位式调节控制功能温控表。

将温控表按图 2-33 连接后，接通电源，将开关拨至"下限设定"处，同时旋转相对应的下限设定旋钮，此时仪表显示屏上显示的数字是要设定的下限温度值；接着将开关拨至"上限设定"处，旋转相对应的上限设定旋钮，此时仪表显示屏上显示的数字是要设定的上限温度值；再将开关拨至"测量"处，此时仪表显示屏上显示的数字是实际温度值。当实际温度值低于下限设定值时，绿灯亮，输出上限继电器的总低通、总高断,继续加温；当实际值达到或超过下限设定值，但仍低于上限设定值时，绿灯、红灯同时熄灭，下限继电器总低断、总高通，停止加温，上限继电器总低通、总高断，继续加温。当实际温度值达到或超过上限设定值时，红灯亮，此时下限、上限继电器均为总高通、总低断，停止加温。

一般作温度控制时，可把下限继电器输出作辅助加热控制，上限继电器输出做加热控制。也可把下限继电器输出作温度控制，上限继电器输出作超温报警用。

③ XMT-131/132、XMTA-2301/2302、XMTD-2301/2302 的调节功能与使用方法：此类型号规格仪表为时间比例式调节控制功能温控表。

将温控表的按如图 2-33 连接后，接通电源开始加温。当实际温度值未进入比例带时，绿灯亮，输出继电器的总低通、总高断，负载继续加温；当进入比例带后，继电器开始按以设定的时间有规律地进行通断动作，红绿灯周期性地变换；温度越高，总低通的时间越短，反之亦然，仪表用改变负载平均加热功率的方法来改变温度。

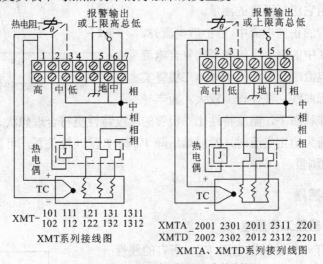

图 2-33　XMT 系列数显温度控制器

（3）使用注意事项

① 按照温度控制器接线示意图，用相应截面积的铜绝缘导线分别对电源、测量对象、温度控制器做可靠的连接。热电偶与温度控制器的导线应选用专用的补偿导线，并应注意热电偶、补偿导线的正负极性不能接反。并且，在温度控制器的外壳上做可靠的保护接地或保护接零，以保证人身及设备的安全。

② 温控表的使用、保管环境应符合技术要求，现场不应有腐蚀性气体。

③ 应定期检查各仪表显示是否正常，各连接点的接线是否完好可靠，定期检查各接点螺钉是否松动，如有松动应重新紧固，并应保持各电气接点接触良好。

④ 在有电动机、变频器等易产生交流屏蔽干扰源的场合，温控表的工作电源线不要与电动机、变频器的电源线串联共接，以减少仪表的电磁干扰。

2.3　集成温度传感器测量温度

集成温度传感器是将温度敏感组件和驱动电路、信号处理电路以及逻辑控制电路集成在一片芯片上，构成集测量、放大、电源供电回路于一体的高性能温度传感器，又称温度 IC。

它具有灵敏度高、线性度好、体积小、响应速度快等优点，虽然由于 PN 结耐热性能和特性范围的限制，只能用来测量 150℃以下的温度，但在许多领域得到了广泛应用。目前，集成温度传感器主要分为三大类：电流型集成温度传感器、电压型集成温度传感器、数字输出型集成温度传感器。

2.3.1　半导体管温度传感器

半导体二极管温度传感器由 PN 结构成，根据 PN 结的伏安特性可以导出 PN 结正向压降随温度变化的关系为：温度每升高一度，PN 结正向压降就下降 2 mV，如图 2-34 所示。利用半导体二极管的这一特性，就可以用它进行温度的测量。

在半导体二极管的正向电流中，除扩散电流外，还包含有空间电荷区中的复合电流和表面复合电流成分，这两种复合电流成分将使得半导体二极管实际特性曲线偏离理想曲线，线性误差较大。而半导

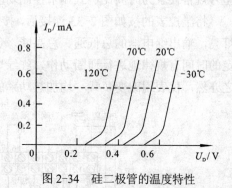

图 2-34　硅二极管的温度特性

体三极管在正向工作状态下，温度特性比二极管的温度特性更符合理想状态，具有良好的线性度。当集电极电流为恒定电流时，发射结压降 V_{be} 与 T 呈线性关系，可以根据这个关系通过 V_{be} 来进行温度的测量。

2.3.2　集成温度传感器

1．集成温度传感器工作原理

三极管由于仅有一个发射极电压 V_{be}，所有的线性度和一致性都不太理想。集成温度传感器中，都采用一对非常匹配的半导体管做差分对管，利用它们的 V_{be} 之差所具有的良好正温度系数来制作集成温度传感器。

图 2-35 是广泛采用的集成温度传感器温度传感部分的工作原理图。其中，VT_1 和 VT_2 是互相匹配的半导体管，I_1 和 I_2 分别是它们的集电极电流。这时两管的两个发射极和基极电压之差可用下式表示，即

$$\Delta V_{be} = V_{be1} - V_{be2} = \frac{KT}{q}\left(\frac{I_1}{I_2} \cdot \gamma\right) \qquad (2\text{-}11)$$

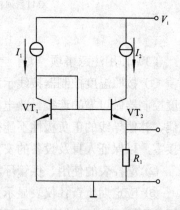

图 2-35　集成温度传感器工作原理图

式（2-11）中 K 是玻尔兹曼常量，$K=1.38 \times 10^{-23}$ J/K；q 是电子电荷量；T 是绝对温度；γ 是 V_{T1} 和 V_{T2} 发射结的面积之比。如果在较宽的温度范围内 I_1/I_2 恒定，则 ΔV_{be} 就是温度 T 的理想线性函数。这也是集成温度传感器的基本工作原理，并以此为基础可以设计出各种不同电路和不同输出类型的集成温度传感器。

2．集成温度传感器的信号输出方式

集成温度传感器将温度非电量转换成电信号输出的方式有电压输出型和电流输出型两种。

（1）电压输出型

电压输出型集成温度传感器感温部分的基本电路如图 2-36 所示。

当电流 I_1 恒定时，通过改变 R_1 的阻值，可实现 $I_1 = I_2$，当半导体管的 $\beta \gg 1$ 时，电路的输出电压可由下式确定，即

$$V_o = I_2 R_2 = \frac{\Delta V_{be}}{R_1} R_2 = \frac{R_2}{R_1} \frac{KT}{q} \ln \gamma \tag{2-12}$$

（2）电流输出型

电流输出型集成温度传感器基本电路如图 2-37 所示。图中 VT_1 和 VT_2 在结构上完全一样，作为恒流源的负载，可使电流 I_1 和 I_2 相等。VT_3 和 VT_4 是测温用的半导体管，其中 VT_3 是由 8 个半导体管并联相接的，因此它的发射结面积等于 VT_4 发射结面积的 8 倍，即 $\gamma = 8$。

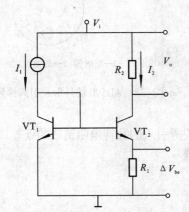

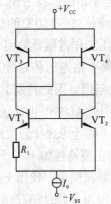

图 2-36　电压输出型集成温度传感器基本电路　　图 2-37　电流输出型集成温度传感器基本电路

当半导体管 $\beta \gg 1$ 时，流过电路的总电流可由下式确定，即

$$I_0 = 2I_1 = \frac{2\Delta V_{be}}{R_1} = \frac{2KT}{qR} \ln \gamma \tag{2-13}$$

式中 R 是在硅基板上形成的薄膜电阻，具有零温度系数，因此电路输出的电流与绝对温度成正比。

2.3.3　几种常用的集成温度传感器

集成传感器有模拟集成传感器和智能温度传感器之分。模拟集成传感器于 20 世纪 80 年代问世，它是将温度传感器集成在一个芯片上，可完成温度测量及模拟信号输出功能的专用 IC。模拟集成温度传感器的主要特点是仅测量温度、测温误差小、价格低、响应速度快、传输距离远、体积小、微功耗等，适合远距离测温、控温，不需要进行非线性校准，外围电路简单。虽然新的数字输出温度传感器已经在许多应用中取代了模拟输出温度传感器，但是模拟输出温度传感器在那些无须数字化输出的应用场合仍然能够找到其用武之地。

智能传感器系统的实现是在传感器技术、计算机信息技术、网络控制等技术的基础上发展起来的，智能温度传感器内部包含温度传感器、A/D 转换器、信号处理器、存储器（或

寄存器)和接口电路。有的产品还带多路选择器、中央处理器(CPU)、随机存取存储器(RAM)和只读存储器(ROM)。智能温度传感器是微电子技术、计算机技术和自动测试技术(ATE)的结晶。它具有多种工作模式可供选择,主要包括单次转换模式、连续转换模式、待机模式,有的还增加了低温极限扩展模式,操作非常简便。对某些智能温度传感器而言,主机(外部微处理器或单片机)还可通过相应的寄存器来设定其 A/D 转换速率、分辨力及最大转换时间。

1. 电流型集成温度传感器 AD590

（1）AD590 结构和特性

AD590 是美国 AD 公司生产的电流型集成温度传感器,其外形采用 TO-52 金属圆壳封装结构,引脚排列如图 2-38 所示。它具有很高的精度,能够检测-55~150℃的温度,并且具有4~30 V 宽电压工作范围,能用于多种多样的温度检测。它无须严格考虑传输线上的电压信号损失和噪声干扰问题,因此特别适合作为远距离测量或控制。另外,AD590 也特别适用于多点温度

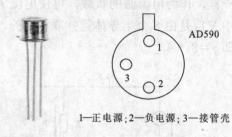

1—正电源;2—负电源;3—接管壳

图 2-38　AD590 的外形及引脚排列

测量系统,而不必考虑选择开关或 CMOS 多路转换开关所引入的独特电阻造成的误差。

AD590 的主要特性如下:

- 外接线非常简单,使用十分方便。
- 测温范围为-55~150℃。
- 内有稳压和恒流电路,故对外接电压要求非常低,电源电压在 4~30 V 范围内,供电电压任意波动 5 V 所造成的误差均小于 1℃。
- 精度高。AD590 有 I、J、K、L、M 共 5 挡,其中 M 挡精度最高,在-55~150℃范围内,非线性误差为±0.3℃。
- 流过器件的电流（μA）与热力学温度成正比。

（2）AD590 的应用电路

图 2-39 是用于测量热力学温度的基本应用电路。因为流过 AD590 的电流与热力学温度成正比,当电阻 R_1 和电位器 R_P 的电阻之和为 1 kΩ 时,输出电压 U_o 随温度的变化为1 mV/K。但由于 AD590 的增益有偏差,电阻也有误差,因此应对电路进行调整。调整的方法为:把 AD590 放于冰水混合物中,调整电位器 R_P,使 U_o=273.15 mV;或在室温（25℃）条件下调整电位器,使 U_o=273.15+25=298.15（mV）。这样调整可保证在 0℃ 或 25℃附近有较高精度。

图 2-40 所示为摄氏温度测量电路,电位器 R_2 用于调整零点,R_4 用于调整运放 LF355 的增益。调整方法为在 0℃时调整 R_2,使输出 U_o=0,然后在 100℃时调整 R_4,使 U_o=100 mV,最后在室温下进行校验。

+15 V
+
AD590
–
U_o
R_P
100Ω
R_1
950Ω

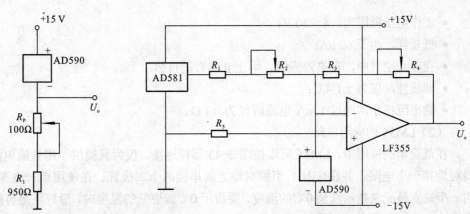

图 2-39　AD590 的基本应用电路

+15V
AD581
R_1
R_2
R_3
R_4
R_5
–
+
LF355
U_o
+
AD590
–
–15V

图 2-40　摄氏温度测量电路

AD590 虽是一种模拟温度传感器，但附加上一些电路可输出数字信号。图 2-41 所示为由 AD590 和 A/D 转换器 7106 组成的数字式温度测量电路，电位器 R_{P1} 用于调整基准电压用以满度调节；R_{P2} 用于在 0℃时调零。当被测温度变化时通过 R_1 的电流不同，使得 A 点电位发生相应变化，检测此电位即能检测被测温度的高低，将 A 点电位送入 7106 的 30 脚，经 7106 处理后，再送入显示电路驱动 LED 显示出被测温度。

+9V
1
R_1
R_2
34
R_{p1}
33
R_3
31
7106
LCD
R_{p2}
R_4
32
A
30
AD590
26

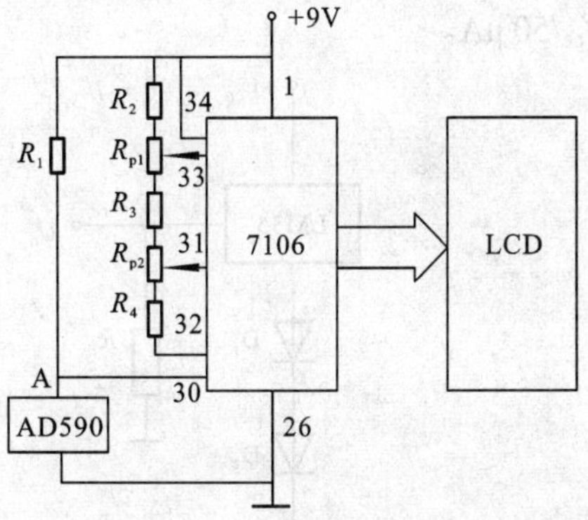

图 2-41　数字式温度测量电路

2. 电压型集成温度传感器 LM35

（1）LM35 结构和特性

LM35 系列是电压型集成电路温度传感器，其输出的电压线性地与摄氏温度成正比。它的灵敏度为 10.0 mV/℃，精度为 0.4～0.8℃，重复性好，低输出阻抗，线性输出和内部精密校准，读出或控制电路接口简单方便，可单电源和正负电源工作。LM35 有 3 种封装形式，如图 2-42 所示。

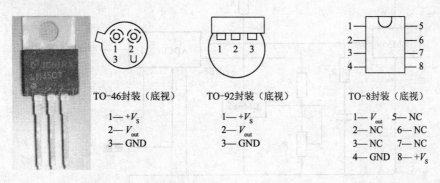

TO-46封装（底视）
1— $+V_S$
2— V_{out}
3— GND
TO-92封装（底视）
1— $+V_S$
2— V_{out}
3— GND
TO-8封装（底视）
1— V_{out}　5— NC
2— NC　6— NC
3— NC　7— NC
4— GND　8— $+V_S$

图 2-42　LM35 外形及封装

LM35 系列温度传感器的主要特性如下：

- 额定温度范围为-55～+150°；

- 工作电压范围宽，4～30 V；

- 低功耗，小于 60 μA；

- 在静止空气中，自热效应低，小于 0.08℃ 的自热；

- 非线性，仅为 ±1/4℃；

- 输出阻抗小，通过 1 mA 电流时仅为 0.1 Ω。

（2）LM35 的应用电路

在最简单的应用中，LM35 可以按图 2-43 那样连接，仅为其提供一组直流电源，在输出端对地接一个电阻，并在 GND 引脚对地之间串接两个二极管。在使用单一电源时，LM35 的一个缺点是无法指示低至 0℃ 的温度，要指示 0℃ 或更低的温度时，最好还是再提供一个负电源和一只下拉电阻。如图 2-44 所示，采用双电源供电，同时在输出端和负电源之间接一个电阻就可以得到全量程的温度范围。在图 2-44 电路中，R 的阻值由下式进行选择：$R = V_{cc}/50$ μA。

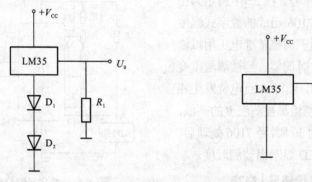

图 2-43　单电源供电的基本应用电路　　　　图 2-44　双电源供电的基本应用电路

如果需要和数字电路进行接口，LM35 可以通过一个 A/D 转换器提供的并行或串行的接口和数字电路进行连接。图 2-45 所示为通过串行接口与数字电路进行连接的实例，量程的设置是通过调整 A/D 转换器的外部参考电压来达到的。

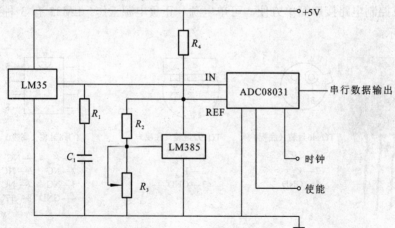

图 2-45　LM35 与数字电路接口电路

3．数字温度传感器 DS18B20

（1）DS18B20 的结构和特性

DS18B20 数字式温度传感器使用集成芯片，采用单总线技术，其能够有效地减小外界的干扰，提高测量的精度。同时，它可以直接将被测温度转化成串行数字信号供微机处理，使数据传输和处理简单化。DS18B20 的引脚排列及封装图如图 2-46 所示。

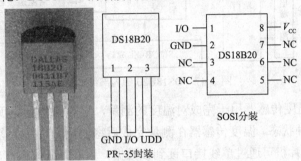

图 2-46　DS18B20 的引脚排列及封装

DS18B20 单线数字温度传感器，即"一线器件"，它具有独特的特性：

- 单线接口方式。DS18B20 在与微处理器连接时仅需要一条口线即可实现微处理器与 DS18B20 的双向通信。单总线具有经济性好，抗干扰能力强，适合于恶劣环境的现场温度测量，使用方便等优点，使用户可轻松地组建传感器网络。
- DS18B20 在使用中不需要任何外围组件即可实现测温，全部传感组件及转换电路集成在一个集成电路内。
- 测量温度范围宽，测量精度高。DS18B20 的测量范围为-55～+125℃；在-10～+85℃范围内，精度为±0.5℃。
- DS18B20 支持多点组网功能，多个 DS18B20 可以并联在唯一的三线上，实现多点测温。
- 供电方式灵活。DS18B20 可以通过内部寄生电路从数据线上获取电源。因此，当数据线上的时序满足一定的要求时，可以不接外电源，从而使系统结构更简单。
- 测量参数可配置。DS18B20 的测量分辨率可通过程序设定 9～12 位，对应的可分辨温度分别为 0.5 ℃、0.25 ℃、0.125 ℃和 0.062 5 ℃，可实现高精度测温。
- 负压特性。电源极性接反时，温度计不会因发热而烧毁，但不能正常工作。

（2）DS18B20 内部结构

DS18B20 内部结构如图 2-47 所示，主要由 4 部分组成：64 位光刻 ROM 、温度传感器、温度报警触发器 TH 和 TL、配置寄存器。

光刻 ROM 中的 64 位序列号是出厂前被光刻好的，它可以看做是该 DS18B20 的地址序列码。64 位光刻 ROM 的排列是：开始 8 位（地址：28H）是产品类型标号，接着的 48 位是该 DS18B20 自身的序列号，并且每个 DS18B20 的序列号都不相同，因此它可以看做是该 DS18B20 的地址序列码；最后 8 位则是前面 56 位的循环冗余校验码。由于每一个 DS18B20 的 ROM 数据都各不相同，因此微控制器就可以通过单总线对多个 DS18B20 进行寻址，从而实现一根总线上挂接多个 DS18B20 的目的。

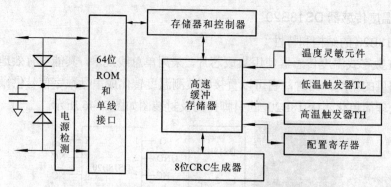

图 2-47　DS18B20 的内部结构

DS18B20 中的温度传感器用于完成对温度的测量，它的测量精度可以配置成 9 位、10 位、11 位或 12 位 4 种状态。温度传感器在测量完成后将测量的结果存储在 DS18B20 的两个 8BIT 的 RAM 中，单片机可通过单线接口读到该数据，读取时低位在前，高位在后。

DS18B20 完成温度转换后，就把测得的温度值与 TH、TL 作比较，若 $T>TH$ 或 $T<TL$，则将对应的告警标志置位，并对主机发出的告警搜索命令作出响应。因此，可用多只 DS18B20 同时测量温度并进行告警搜索。

高速缓冲存储器由 9 个字节组成，其分配如表 2-8 所示。当温度转换命令发布后，经转换所得的温度值以两字节补码形式存放在高速缓冲存储器的第 0 和第 1 个字节，单片机可通过单线接口读到该数据，读取时低位在前，高位在后；第 3 个和第 4 个字节是 TH、TL 的易失性复制，第 5 字节是配置寄存器的易失性复制，这 3 个字节的内容在每一次上电复位时被刷新；第 6、7、8 字节用于内部计算；第 9 个字节是冗余检验字节，可用来保证通信正确。

表 2-8　存储器字节分配表

寄存器内容	温度值低位	温度值高位	高温限值（TH）	低温限值（TL）	配置寄存器	保留	保留	保留	CRC 校验值
字节地址	0	1	2	3	4	5	6	7	8

根据 DS18B20 的通信协议，主机（单片机）控制 DS18B20 完成温度转换必须经过 3 个步骤：每一次读/写之前都要对 DS18B20 进行复位操作，复位要求主 CPU 将数据线下拉 500 μs，然后释放，当 DS18B20 收到信号后等待 16～60 μs，后发出 60～240 μs 的低脉冲，主 CPU 收到此信号表示复位成功；复位成功后发送一条 ROM 指令，主机根据 ROM 的前 56 位来计算 CRC 值，并和存入 DS18B20 中的 CRC 值做比较，以判断主机收到的 ROM 数据是否正确；最后发送 RAM 指令，这样才能对 DS18B20 进行数据通信。ROM 和 RAM 的指令如表 2-9、表 2-10 所示。

表 2-9　ROM 指令表

指　　令	约定代码	功　　　　　能
读 ROM	33H	读 DS1820 温度传感器 ROM 中的编码（即 64 位地址）
符合 ROM	55H	发出此命令之后，接着发出 64 位 ROM 编码，访问单总线上与该编码相对应的 DS1820 使之作出响应，为下一步对该 DS1820 的读/写做准备

指　　令	约定代码	功　　　　　　能
搜索 ROM	0FOH	用于确定挂接在同一总线上 DS1820 的个数和识别 64 位 ROM 地址。为操作各器件作好准备
跳过 ROM	0CCH	忽略 ROM 地址，直接向 DS1820 发温度变换命令。适用于单片工作
告警搜索命令	0ECH	执行后只有温度超过设定值上下限的片子才作出响应

表 2-10　RAM 指令表

指　　令	约定代码	功　　　　　　能
温度变换	44H	启动 DS1820 进行温度转换，12 位转换时最长为 750 ms（9 位为 93.75 ms）。结果存入内部 9 字节 RAM 中
读暂存器	0BEH	读内部 RAM 中 9 字节的内容
写暂存器	4EH	发出向内部 RAM 的 3、4 字节写上、下限温度数据命令，紧跟该命令之后，是传送两字节的数据
复制暂存器	48H	将 RAM 中第 3、4 字节的内容复制到 EEPROM 中
重调 EEPROM	0B8H	将 EEPROM 中内容恢复到 RAM 中的第 3、4 字节
读供电方式	0B4H	读 DS1820 的供电模式。寄生供电时 DS1820 发送 "0"，外接电源供电 DS1820 发送 "1"

（3）DS18B20 的应用电路

在寄生电源供电方式下，DS18B20 从单线信号线上获得能量，在信号线 DQ 处于高电平期间把能量存储在内部电容里，在信号线处于低电平期间消耗电容上的电能工作，直到高电平到来再给寄生电源（电容）充电。寄生电源供电方式电路如图 2-48 所示。由于每个 DS18B20 在温度转换期间工作电流达到 1 mA，当几个温度传感器挂在同一根 I/O 线上进行多点测温时，只靠 4.7 kΩ 上拉电阻就无法提供足够的能量，会造成无法转换温度或温度误差极大。

改进的寄生电源供电方式如图 2-49 所示，为了使 DS18B20 在动态转换周期中获得足够的电流供应，当进行温度转换或复制到存储器操作时，用 MOSFET 把 I/O 线直接拉到 V_{CC} 就可提供足够的电流，在发出任何涉及复制到存储器或启动温度转换的指令后，必须在最多 10 μs 内把 I/O 线转换到强上拉状态。在强上拉方式下可以解决电流供应不足的问题，因此也适合于多点测温应用，缺点是要多占用一根 I/O 端口线进行强上拉切换。

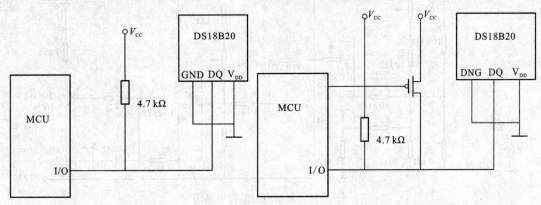

图 2-48　寄生电源供电方式电路　　　　图 2-49　改进的寄生电源供电方式电路

在外部电源供电方式下，DS18B20 工作电源由 V_{DD} 引脚接入，此时 I/O 线不需要强上拉，不存在电源电流不足的问题，可以保证转换精度，同时在总线上理论可以挂接任意多个 DS18B20 传感器，组成多点测温系统。外部电源供电方式的多点测温电路是 DS18B20 最佳的工作方式，工作稳定可靠，抗干扰能力强，而且电路也比较简单，可以开发出稳定可靠的多点温度监控系统，如图 2-50 所示。

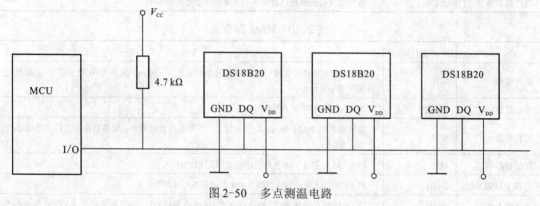

图 2-50　多点测温电路

2.4　电动机温控电路的制作与调试

电动机在使用过程中，经常因过热导致电动机定子绕组的老化和损坏，制作一热敏电阻温控电路来控制电动机电源的通断，以保证电动机的使用安全。电路制作过程中的加热装置可用一个 $100\ \Omega/2\ W$ 的电阻 R_T 模拟，将此电阻靠近热敏电阻 R_t 即可。

制作器件包括热敏电阻（NTC）、集成运放 LM358、三极管 3DG12、发光二极管（LED）、继电器、电阻器等。

2.4.1　电路制作

热敏电阻温控电路由测温电桥、差动放大电路和滞回比较器组成，电路如图 2-51 所示。

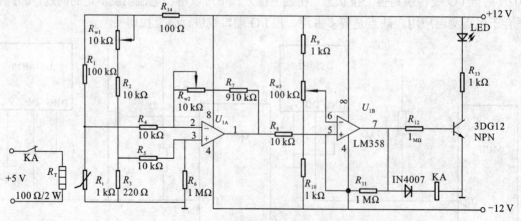

图 2-51　热敏电阻温控电路图

1．测温电桥

由 R_1、R_2 和 R_{W1}、R_3 及热敏电阻 R_t 组成测温电桥，这里热敏电阻选用负温度系数电阻特性的热敏电阻（NTC 组件）。

2．差动放大电路

由 U_{1A} 及外围电路组成，它将测温电桥输出电压 ΔU 按比例放大。

3．滞回比较器

由 U_{1B} 及外围电路组成，差动放大器的输出电压与 U_{1B} 反相输入端的参考电压相比较。

通电一段时间后，100 Ω/2W 的电阻 R_T 温度升高，使靠近它的热敏电阻阻值减小，电桥输出电压经差动放大电路放大后作为 U_{1B} 的同相端输入，它大于反相输入端的电压时，U_{1B} 输出正饱和电压，三极管饱和导通，发光二极管（LED）发光，同时继电器线圈得电，常闭触点断开，切断代替电动机的电阻 R_T 的电源。随之 R_T 温度降低，U_{1B} 同相输入信号小于反相输入端电压，U_{1B} 输出负饱和电压，三极管截止，LED 熄灭，继电器线圈失电，常闭触点闭合，接通电阻 R_T 的电源。

2.4.2 电路调试

电路调试的步骤如下：

① +5V 电源在实验室室温条件下，调节 R_{W1}，使差动放大器 U_{1A} 输出为 0。

② 接上+5V 电源，这时 100 Ω/2W 的电阻 R_T 温度升高，当达到所需检测报警或控制的温度 T 时，测出 U_{1B} 同相端电压，如 U_{1B} 同相端电压太小或太大，调节 R_{W2}。

③ 调节 R_{W3} 改变参考电平，使之与温度 T 时 U_{1B} 同相端电压相等，从而达到设定温度的目的。

拓展训练

利用温度传感器制作简易指针或数字式体温计。

拓展阅读

红外传感器测量温度

红外传感器测量温度的仪表称为红外测温仪（见图 2-52），红外测温仪采用红外技术，可快速、方便地测量物体的表面温度。其具有快速、准确、便捷、价廉、使用寿命长等优点，在冶金、电力、交通、石化、橡胶、食品等行业得到广泛应用。

图 2-52　红外测温仪

1. 红外测温工作原理

红外线是电磁频谱的一部分，它与可见光、紫外线、X 射线、γ 射线和微波、无线电波一起构成了整个无限连续的电磁波谱。红外线的波长范围大致在 0.75～1 000 μm 的频谱范围之内。

任何物体，其温度超过绝对零度，都会以电磁波的形式向周围辐射能量。这种电磁波是由物体内部带电粒子在分子和原子内振动产生的，其中与物体本身温度有关传播热能的那部分辐射，称为热辐射。辐射式温度计的感温组件不需和被测物体或被测介质直接接触，所以其感温组件不需达到被测物体的温度，从而不会受被测物体的高温及介质腐蚀等影响；它可以测量高达几千摄氏度的高温。而感温组件不会破坏被测物体原来的温度场，可以方便地用于测量运动物体的温度是此类仪表的突出优点。

红外辐射的物理本质是热辐射。物体的温度越高，辐射出来的红外线越多，红外辐射的能量就越强。物体的红外辐射能量的大小与它的表面温度有着十分密切的关系。因此，通过对物体自身辐射的红外能量的测量，便能准确地测定它的表面温度，这就是红外辐射测温的基本工作原理。

红外测温仪按黑体进行分度的。根据黑体辐射定律，黑体是一种理想化的、自然界中不存在的辐射体，它吸收所有波长的辐射能量，没有能量的反射和透过，其表面的发射率为 1。所有实际物体的辐射量除依赖于辐射波长及物体的温度之外，还与构成物体的材料种类、制成方法、热过程以及表面状态和环境条件等因素有关。因此，为使黑体辐射定律适用于所有实际物体，引入一个与材料性质及表面状态有关的比例系数，即发射率。该系数表示实际物体的热辐射与黑体辐射的接近程度，其值介于 0 和 1 之间。一般红外测温仪将发射率固定预置为 0.95，该发射率值适用于大多数有机材料、油漆或氧化表面的表面温度。

红外测温采用逐点分析的方式，即把物体一个局部区域的热辐射聚焦在单个探测器上，并通过已知物体的发射率，将辐射功率转化为温度。

2. 红外测温仪结构

由于被检测的对象、测量范围和使用场合不同，红外测温仪的外观设计和内部结构不尽相同，但基本结构大体相似，主要包括光学系统、光电探测器、信号放大器及信号处理、显示输出等部分组成。红外辐射测温仪的结构原理如图 2-53 所示。

辐射体发出的红外辐射，进入光学系统，经调制器把红外辐射调制成交变辐射，由探测器转变成为相应的电信号。该信号经过放大器和信号处理电路，并按照仪器内的算法和被测对象发射率校正后转变为被测对象的温度值。

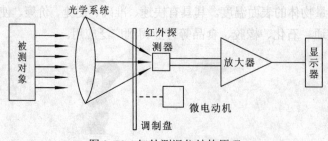

图 2-53 红外测温仪结构原理

光学系统可以是透射式的，也可以是反射式的。透射式光学系统的部件是用红外光学材料制成的，根据红外波长选择光学材料。一般测量高温（700℃以上）的仪器，有用波段主要在 0.76～3 μm 的近红外区，可选用一般光学玻璃或石英等材料。测量中温（100℃～700℃）的仪器，有用波段主要在 3～5 μm 的中红外区，通常采用氟化镁、氧化镁等热压光学材料。测量低温（100℃以下）的仪器，其有用波段主要在 5～14 μm 的中远红外波段，一般采用锗、硅、热压硫化锌等材料，并在镜片表面蒸镀红外增透层，一方面滤掉不需要的波段，另一方面增大有用波段的透射率。反射式光学系统多用凹面玻璃反射镜，表面镀金、铝或镍铬等红外波段反射率很高的材料。

调制器就是把红外辐射调制成交变辐射的装置。一般是用微电动机带动一个齿轮盘或等距离孔盘，通过齿轮盘或带孔盘旋转，切割入射辐射而使投射到红外传感器上的辐射信号成交变的。因为系统对交变信号处理比较容易，并能取得较高的信噪比。

3．红外测温仪特点

红外测温仪的特点如下：

① 红外测温是非接触测温，特别适合用于较远距离的高速运动物体、带电体、高温及高压物体的温度测量。

② 红外测温反应速度快，它不需要与物体达到热平衡的过程，只要接收到目标的红外辐射即可测定温度，反映时间一般都在毫秒级甚至微秒级。

③ 红外测温灵敏度高，由于物体的辐射能量与温度的 4 次方成正比，因此物体温度微小的变化，就会引起辐射能量较大的变化，红外传感器即可迅速地检测出来。

④ 红外测温准确度较高，由于是非接触测量，能可靠地测量热的、危险的或难以接触的物体而不会污染或损坏被测物体，因此测出的温度比较真实，其测量准确度可达到 0.1℃以内，甚至更小。

⑤ 红外测温范围广泛，可测零下几十摄氏度到零上几千摄氏度的温度范围。

⑥ 红外测温方法，几乎可在所有温度测量场合使用。例如，各种工业窑炉、热处理炉温度测量、感应加热过程中的温度测量、发动机内部温度测量、导弹红外（测温）制导、夜视仪、体温计等。

4．红外测温仪的性能指标及选择

（1）测温范围

测温范围是测温仪最重要的一个性能指标。每种型号的测温仪都有自己特定的测温范围。选择测温仪的测温范围既不要过窄，也不要过宽。

（2）目标尺寸

红外测温仪根据原理可分为单色测温仪和双色测温仪。单色测温仪测温时，被测目标面积应充满测温仪视场，如果目标尺寸小于视场，背景辐射能量就会进入测温仪的视声符支干扰测温读数，造成误差。相反，如果目标大于测温仪的视场，测温仪就不会受到测量区域外面的背景影响。双色测温仪（又称辐射比色测温仪）的温度是由两个独立的波长带内辐射能量的比值来确定的，因此当被测目标很小，没有充满现场，测量通路上存在烟雾、尘埃、阻挡对辐射能量有衰减时，都不会对测量结果产生影响。

因此，对于细小又处于运动或振动之中的目标或者有时在视场内运动有时部分移出视场的目标，多选择双色测温仪。

（3）光学分辨率

光学分辨率是测温仪到目标之间的距离 D 与测量光斑直径 S 之比。如果测温仪由于环境条件限制必须安装在远离目标之处，而又要测量小的目标，就应选择高光学分辨率的测温仪。光学分辨率越高，即增大 $D{:}S$ 比值测温仪的成本也越高。

（4）波长范围

目标材料的发射率和表面特性决定测温仪的光谱响应或波长。对于高反射率合金材料，有低的或变化的发射率。在高温区,测量金属材料的最佳波长是近红外，可选用 $0.18\sim1.0\ \mu m$ 波长，其他温区可选用 $1.6\ \mu m$、$2.2\ \mu m$ 和 $3.9\ \mu m$ 波长。

（5）响应时间

响应时间表示红外测温仪对被测温度变化的反应速度,指到达最后读数的 95% 能量所需要的时间，它与光电探测器、信号处理电路及显示系统的时间常数有关。

红外测温仪响应时间的选择要和被测目标的情况相适应。如果目标的运动速度很快或测量快速加热的目标时，要选用快速响应红外测温仪，否则达不到足够的信号响应，会降低测量精度。对于静止的目标或目标加热过程存在热惯性时，测温仪的响应时间就可以大一些。

某红外线测温仪的技术参数如表 2-11 所示。

表 2-11　红外线测温仪的技术参数

参 数 名 称	说　　　　明
温度范围	−18～275℃
精度	−1～275℃为±2%或±2℃，以两者中较大的为准
重复误差	±2%或±2℃，以两者中较大的为准
反应时间	0.5 s
光谱灵敏度	7～18 μm
发射率	预设为 0.95
工作温度	0～50℃
相对湿度	10%～95% RH
存放温度	−20～65℃
光学分辨率	8:1
激光类型	单束
距被测物距离	1.5 m 或 4 英尺
显示保持	7 s
显示温度	℃ 或 ℉ 可选
显示精度	0.2℃

5. 红外测温仪的使用

为了提高红外检测的准确度,使用红外测温仪测温时必须考虑影响检测结果的各种因素,采取相应的措施或选择良好的检测条件,或对检测结果进行合理的修正。

（1）表面发射率的影响

红外测温仪测量温度是通过测量被测对象表面红外辐射功率来获得温度信息的。如果接收来自被测对象红外辐射功率相同,而被测对象表面发射率不同,将会得到不同的检测结果。即相同辐射功率,发射率越低,显示的温度越高。物体表面发射率主要决定于材料性质和表面状态（如表面氧化情况、涂层材料、粗糙程度及清洁状态等）,因此为了准确地测量,必须要知道被测对象的发射率值,并将该值作为计算温度的重要参数输入或者调整红外测量仪的修正值。

（2）大气衰减的影响

由于被测对象的红外辐射能量是经大气传输到红外测温仪的,这就会受到大气组合中的水蒸汽、二氧化碳、一氧化碳等气体分子的吸收衰减和空气中悬浮微粒的散射而衰减,设备辐射能量传输的衰减随着距离的增大而增加。因此,要获得测温的准确性,必须尽量选择在大气比较干燥的环境进行检测;在不影响安全的条件下尽可能缩短检测距离,还要对温度测量结果进行合理的距离修正,以便测得实际温度值。

（3）环境及背景辐射的影响

在进行户外检测时,检测仪器接收的红外辐射除了包括受检设备相应部位自身发射的辐射以外,还会包括设备其它部位和背景的反射,以及直接射入的太阳辐射。这些辐射都对检测带来误差。为了减少环境与背景辐射的影响,应尽可能选择在阴天或者在傍晚无光照时间进行,或者采取适当的遮挡措施减少太阳辐射及周围高温背景的辐射影响。

小　结

温度基本测量方法通常可分成接触式和非接触式两大类,每一类温度传感器种类繁多,在实际应用中,应根据具体的使用场合、条件和要求,选择较为适用的传感器,做到既经济又合理。

① 热电阻传感器是利用电阻随温度变化特性制成的传感器,主要用于对温度或与温度有关的参量进行检测。热电阻是中低温区最常用的一种温度检测器,其主要特点是测量精度高,性能稳定。其中,铂电阻的测量精确度是最高的,它不仅广泛应用于工业测温,而且被制成标准的基准仪。

按热电阻性质的不同,可分为金属热电阻和热敏电阻两类,金属热电阻是利用电阻与温度成一定函数关系的特性,由金属材料制成的感温组件;热敏电阻是利用半导体的电阻随温度变化的特性而制成的,是由半导体陶瓷材料组成的测温组件。

② 热电偶的测温原理基于热电效应,如将两种不同的导体连成闭合回路,若两个接点处温度不同,则回路中会产生热电动势,由此测量温度。热电偶是工业上常用的温度检测组件,其优点是测量精度高,测量范围广。

工业用标准热电偶有统一的标准分度表，有与其配套的显示仪表供选用。在实际应用中，需要采取冷端温度补偿措施，消除冷端温度波动及不为 0℃所产生的误差。常用的方法有补偿导线、计算修正法、仪表零位调整法及电桥补偿法等。

③ 集成温度传感器是将温度敏感组件和驱动电路、信号处理电路以及逻辑控制电路集成在一片芯片上，构成集测量、放大、电源供电回路于一体的温度传感器。它的测温基础是 PN 结的温度特性，PN 结的正向导通压降随温度变化而变化，所以可将温度变化转换为电压的变化。集成温度传感器体积小、线性好、无须冷端补偿；测温范围小，适合于中、低温的测量，也可用于远距离测温、控制。

习　题

1．常用的电阻式温度传感器有哪几种？各有何特点？

2．已知铜热电阻 R_t 的阻值与温度 t 的关系为 $R_t \approx R_0 (1+\alpha t)$，0℃时的阻值 R_0 为 50 Ω，温度系数 α 为 4.28×10^{-3}/℃，求温度为 100℃时的电阻值。

3．用热电阻测温为什么常采用三线制连接？应怎样连接才能确保实现三线制连接？若在导线敷设至控制室后再分三线接入仪表，是否实现了三线制连接？

4．图 2-54 所示为热电阻测量电路，已知 R_1=10 kΩ，R_2=5 kΩ，R_3=10 kΩ，E=5 V，试说明电路工作原理并计算。

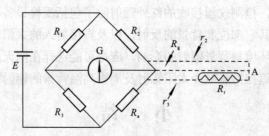

图 2-54　热电阻测量电路

（1）已知 R_t 是 Pt100 铂电阻，且其测量温度为 T=50℃，试计算出 R_t 的值和 R_a 的值。

（2）试计算电桥的输出电压。

5．半导体热敏电阻随温度变化的典型特性有哪几种？

6．现用一支镍铬-镍硅热电偶测温。其冷端温度为 30℃，动圈显示仪表（机械零位在 0℃）指示值为 300℃，则认为热端实际温度为 330℃，是否正确？为什么？

7．补偿导线真正的作用是什么？如何鉴别其极性？

8．用镍铬-镍硅热电偶测炉温。当冷端温度 T_0=40℃时，测得热电动势 $E(T,T_0)$=39.17 mV，若用冷端温度为常温 20℃测该炉温，则应测得热电动势为多少？

9．用镍铬-镍硅（K）热电偶测量某炉子温度的测量系统如图 2-55 所示，已知：冷端温度固定在 0℃，T_0=30℃，仪表指示温度为 210℃，后来发现由于工作上的疏忽把补偿导线 A′ 和 B′ 相互接错了，问炉子的实际温度 T 为多少度？

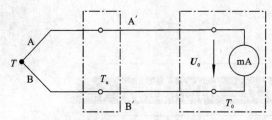

图 2-55　热电偶测温线路

10. 如图 2-56 所示镍铬-镍硅热电偶，A′、B′ 为补偿导线，Cu 为铜导线，已知接线盒 1 的温度 t_1=40.0℃，冰水温度 t_2=0.0℃，接线盒 2 的温度 t_3=20.0℃。

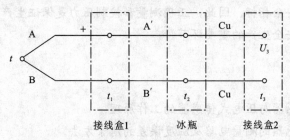

图 2-56　镍铬-镍硅热电偶测温示意图

（1）当 U_3=39.310 mV 时，计算被测点温度 t。

（2）如果 A′、B′ 换成铜导线，此时 U_3=37.699 mV，再求 t。

11. 试将普通电热杯配上自制的恒温控制器，扩展它的功用，如天冷时作为自动温奶器使用，对婴儿奶瓶进行自动加温，使之保持在 35℃ 左右的合适温度。

12. 对于具有观赏价值的热带鱼，为使它们安全过冬，需要对鱼缸进行加温，使水温保持在 26℃ 左右，试设计一个鱼缸水温自动加热控制器。

在工业生产中，力和压力是需要检测的重要参数之一，它直接影响产品的质量，又是生产过程中一个重要的安全指标。因此，正确测量和控制压力是保证生产过程良好运行，达到优质高产、低消耗和安全生产的重要环节。

学习目标

- 掌握应变式传感器与压电式传感器的工作原理。
- 掌握压电式传感器的测量电路及温度误差的消除方法。
- 熟悉常用的压电材料。
- 掌握压电式传感器的等效电路和测量电路。

3.1　电阻应变式传感器测量压力

3.1.1　压力检测的方法

在工程上，所谓压力，是指一定介质垂直作用于单位面积上的力。在压力测量中，常有绝对压力、表压力、负压力或真空度之分。绝对压力是指被测介质作用在单位面积上的全部压力，用来测量绝对压力的仪表称为绝对压力表。地面上的空气柱所产生的平均压力称为大气压力，用来测量大气压力的仪表称为气压表。绝对压力与大气压力之差称为表压力，由于工程上需测量的往往是物体超出大气压力之外所受的压力，因而所使用的压力仪表测量的值称为表压力。显然当绝对压力值小于大气压力值时，表压力为负值，所测值称为负压力或称真空压，其绝对值称为真空度。任意两个压力之差称为差压，用来测量差压的仪表称为差压表。

压力传感器按传感器结构特点来分有弹性压力传感器、应变式传感器、压电式传感器、电容式传感器等。其中，弹性压力传感器是利用弹性压力敏感器检测压力变化，经测量电路转换成电量变化的传感器，具有结构简单、精度高、线性好等特点，是目前应用最普遍的工业用压力传感器；应变式传感器是利用电阻应变片作为变换组件，将被测量转换成电阻输出的传感器，具有精度高的特点；压电式传感器是利用压电材料的压电效应，将被测量转换成电荷输出的传感器；电容式传感器是利用弹性电极在输入力作用下产生位移，使电容量变化而输出的一种传感器，它具有良好的动态特性。此外，还有电感式、差动变压器式、电动式、电位计式、振动式、涡流式、表面声波式等。

3.1.2　电阻应变效应

电阻应变式传感器（见图 3-1）具有悠久的历史，也是目前应用比较广泛的传感器之一。这种传感器广泛用于测量力、力矩、压力、加速度等参数，具有结构简单、使用方便、性能稳定可靠，易于自动化、远距离测量和遥测等特点。

图 3-1　电阻应变式传感器外形

导体或半导体材料在外界力作用下产生机械变形，其电阻值发生变化的现象称为应变效应。

设一根长度为 l，截面积为 A，电阻率为 ρ 的金属丝，没有受力时电阻的阻值为：

$$R = \rho \frac{l}{A}$$

（3-1）

当对金属丝的轴向方向施加均匀力时，上式中 l、A、ρ 都将发生变化，导致电阻值发生变化。例如，其长度变化 Δl，面积变化 ΔA，电阻率变化 $\Delta\rho$，则电阻值的相对变化为：

$$\frac{\Delta R}{R} = \frac{\Delta\rho}{\rho} + \frac{\Delta l}{l} - \frac{\Delta A}{A}$$

（3-2）

由力学知识可知

$$\frac{\Delta A}{A} = -2\mu\frac{\Delta l}{l} = -2\varepsilon$$

（3-3）

式中，　μ——金属丝材料的泊松系数；

　　　ε——电阻丝的轴向应变，$\varepsilon = \Delta l / l$。

因此

$$\frac{\Delta R}{R} = \frac{\Delta l}{l}(1+2\mu) + \frac{\Delta\rho}{\rho} = (1+2\mu+\frac{\Delta\rho/\rho}{\Delta l/l})\frac{\Delta l}{l} = k_0\varepsilon$$

（3-4）

其中，k_0 为应变灵敏度系数。对金属材料而言，k_0 的大小以 $1+2\mu$ 为主，即受力后材料的几何尺寸变化所引起；而对于半导体材料，k_0 的大小以 $\dfrac{\Delta\rho/\rho}{\Delta l/l}$ 为主，即由材料的电阻率变化引起。

电阻应变式传感器是通过弹性敏感组件将外部的应力转换成应变 ε，由电阻应变片将应变转换成电阻值的变化，通过测量电桥转换成电压或电流的输出。所以，一般将应变片粘贴于各种弹性体上，并将其接到测量转换电路，这样就构成了测量各种物理量的专用应变式传感器。它可以测量应变应力、弯矩、扭矩、加速度、位移等物理量。

3.1.3 电阻应变片结构类型及特性

1. 电阻应变片的结构

电阻应变片可分为金属电阻应变片和半导体应变片两大类。金属电阻应变片又有金属丝式、箔式、薄膜式等结构形式。

金属丝式电阻应变片的结构如图 3-2 所示，其敏感栅由高电阻率的电阻丝制成。为了获得高的电阻值，电阻丝排成栅网状，并粘贴在绝缘基片上，敏感栅上面粘贴有起绝缘保护作用的覆盖层，敏感栅两端焊有引出线，作连接测量导线之用。金属丝式应变片有纸基型、胶基型两种。金属丝式应变片蠕变较大，金属丝易脱落，但其价格便宜，广泛用于应变、应力的大批量、一次性低精度的实验。

金属箔式应变片是通过光刻、腐蚀等工艺所制成的一种箔栅，箔的厚度一般为 0.003～0.01 mm，如图 3-3 所示。金属箔式电阻应变片由于具有横向效应小、疲劳寿命长、柔性好，并可做成基长很短或任意形状，在工艺上适于大批生产等优点，得到广泛的应用，已逐渐代替丝式应变片。金属箔式应变片的敏感栅，则是用栅状金属箔片代替栅状金属丝。金属箔栅采用光刻技术、腐蚀等工艺所制成，由于金属箔式应变片具有散热好、允许通过较大电流、阻值一致性好、应变性能好、工艺成熟且适于大批量生产等优点而得到广泛使用。

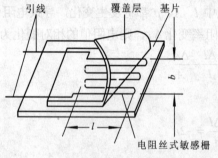
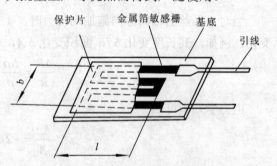

图 3-2　金属丝式电阻应变片的结构示意图　　　图 3-3　金属箔式应变片结构示意图

金属薄膜应变片主要采用真空蒸镀技术，在薄的绝缘基片上蒸镀金属材料薄膜，最后加保护层形成，它是近年来薄膜技术发展的产物。

半导体应变片是用半导体材料作为敏感栅而制成的，主要缺点是灵敏系数的热稳定性差，电阻与应变片非线性严重，使用时，需要采用温度补偿及非线性补偿措施。但其灵敏度高，一般比金属丝式、箔式高几十倍，横向效应和机械滞后极小，所以半导体应变片的应用日趋广泛。其结构示意图如图 3-4 所示。

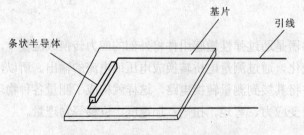

图 3-4　半导体应变片结构示意图

2．电阻应变片的粘贴技术

应变片在使用时通常是用黏合剂粘贴在试件表面，当试件受力变形后，应变片也随之变形，从而使应变片电阻值发生变化，通过测量转换电路转换成电压或电流的变化进行检测。因此，正确的粘贴工艺对保证粘贴质量、提高测试精度起着重要的作用。粘贴时，应严格按粘贴工艺要求进行。

（1）黏合剂的选择

应变片是通过黏合剂粘贴到试件上的，黏合剂的种类很多，选用时要根据基片材料、工作温度、潮湿程度、稳定性、是否加温加压、粘贴时间等多种因素合理选择。

（2）应变片的检查

对所选用的应变片进行检查，观察敏感栅排列是否整齐、均匀，有无短路、断路和折弯现象。测量应变片的电阻值，检查阻值、精度是否符合要求，对桥臂配对用的应变片，电阻值要尽量一致。

（3）试件的表面处理

为了保证一定的黏合强度，必须将试件表面处理干净，清除杂质、油污及表面氧化层等。

（4）确定贴片位置

在应变片上标出敏感栅的纵、横向中心线，粘贴时应使应变片的中心线与试件的定位线对准。

（5）粘贴应变片

用甲苯、四氢化碳等溶剂清洗试件表面和应变片表面，然后在试件表面和应变片表面各涂一层薄而均匀的树脂，将应变片粘贴到试件的表面上。同时，在应变片上加一层玻璃纸或透明的塑料薄膜，并用手轻轻滚动压挤，将多余的胶水和气泡排出。

（6）固化处理

根据所使用的黏合剂的固化工艺要求进行固化处理和时效处理。

（7）粘贴质量检查

检查粘贴位置是否正确，黏合层是否有气泡和漏贴，有无短路、断路现象，应变片的电阻值有无较大的变化。应变片与被测物体之间的绝缘电阻进行检查，一般应大于 200 MΩ。

（8）引出线的固定与保护

将粘贴好的应变片引出线用导线焊接好，把引出线与连线电缆用胶布固定起来，以防止导体摆动时折断应变片引线，然后在应变片上涂一层防护层，以防止大气对应变片的侵蚀，保证应变片长期工作的稳定性。

3．电阻应变片的特性

电阻应变片的特性是表达其工作性能及其特点的参数或曲线。

（1）灵敏系数 K

灵敏度是指应变片安装到试件表面后，在其轴线方向上的单向应力作用下，应变片阻值的相对变化与被测物表面上安装应变片区域的轴向应变之比。

注意

应变片灵敏系数并不等于等长的电阻丝的应变系数。主要原因有以下两点：其一试件与应变片之间存在黏合剂传递变形失真；其二在实际测试中，敏感栅圆弧端存在横向效应。

（2）几何尺寸

应变片的几何尺寸有：敏感栅的基长和基宽，应变片的基底长和基底宽。

敏感栅基长是指敏感栅在应变片纵轴方向的长度。

敏感栅基宽是指与应变片轴线相垂直的方向上，应变片敏感栅外侧之间的距离。

应变片的基底长和基底宽是指基片的长和宽，应变片技术规格中使用面积即为基底长×基底宽。

（3）初始电阻 R_0

应变片的初始电阻 R_0 是指应变片未粘贴时在室温下测得的静态电阻值。常见的有 60、120、200、350、600 和 1 000 Ω 等类型，其中最常用的是 120 Ω 的应变片。

（4）允许工作电流

应变片的允许工作电流又称为最大工作电流，是指允许通过应变片而不影响其工作特性的最大电流值。

（5）疲劳寿命

疲劳寿命是指粘贴在试件上的应变片，在恒幅交变应力作用下，连续工作直至疲劳损坏的循环次数。

（6）应变极限

应变片的应变极限是指在一定温度下，指示应变值与真实应变的相对差值不超过规定值（一般为 10%）时的最大真实应变值。

3.1.4　电阻应变片的测量电路及温度补偿

电阻应变式传感器是将力的变化转换为应变，再转化为电阻值的变化。由于应变一般在 $10~\mu\varepsilon \sim 3~000~\mu\varepsilon$ 之间，而应变片灵敏度也并不大，因此电阻值相对变化是很小的，如果用一般测量电阻的仪表很难直接测出来，且误差很大。所以，必须使用专门的电路来测量这种微弱的电阻变化，最常用的电路是桥式电路。按使用的电源不同，桥式电路可分为交流电桥和直流电桥。下面以直流电桥为例简要介绍其工作原理及有关特性。

1. 直流电桥电路

图 3-5 所示的直流电桥测量转换电路，桥臂由 R_1、R_2、R_3、R_4 组成，A、C 两端接直流输入电压 U_i，而 B、D 两端为输出端，则输出电压 U_o 为

$$U_o = \frac{U_i}{R_1 + R_2} R_1 - \frac{U_i}{R_3 + R_4} R_4 = \frac{R_1 R_3 - R_2 R_4}{(R_1 + R_2)(R_3 + R_4)} U_i \quad (3\text{-}5)$$

为了使电桥在测量前的输出为零，应该满足平衡条件，

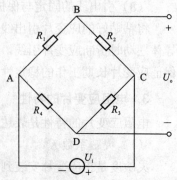

图 3-5　直流电桥测量转换电路

使桥臂电阻 $R_1R_3 = R_2R_4$，输出电压为 $U_0 = 0$。当桥臂电阻发生变化，且 $\Delta R_i \ll R_i$，电桥负载电阻为无限大时，电桥输出电压可近似表示为

$$U_o = \frac{R_1R_2}{(R_1+R_2)^2}\left(\frac{\Delta R_1}{R_1} - \frac{\Delta R_2}{R_2} + \frac{\Delta R_3}{R_3} - \frac{\Delta R_4}{R_4}\right)U_i \tag{3-6}$$

一般采用全等臂形式，即 $R_1 = R_2 = R_3 = R_4 = R$，上式可变为

$$U_o = \frac{U_i}{4}\left(\frac{\Delta R_1}{R_1} - \frac{\Delta R_2}{R_2} + \frac{\Delta R_3}{R_3} - \frac{\Delta R_4}{R_4}\right) \tag{3-7}$$

根据应变电阻在电桥电路中的分布方式，如图 3-6 所示电桥的工作方式有以下 3 种类型：

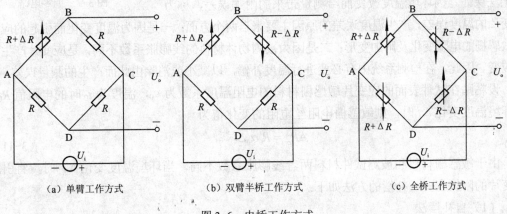

(a) 单臂工作方式　　　　(b) 双臂半桥工作方式　　　　(c) 全桥工作方式

图 3-6　电桥工作方式

（1）单臂工作方式

单臂工作方式是令图 3-5 中的 R_1 为应变片，其余 3 个电阻为固定电阻，如图 3-6（a）所示。当应变片电阻变化量为 ΔR 时，电桥的输出电压为

$$U_o = \frac{U_i}{4}\frac{\Delta R}{R} \tag{3-8}$$

（2）双臂半桥工作方式

双臂半桥工作方式是令图 3-5 中的 R_1、R_2 为应变片，其余两个电阻为固定电阻，如图 3-6（b）所示。当应变片电阻变化量为 ΔR，即 $R_1 = R + \Delta R$，$R_2 = R - \Delta R$ 时，电桥的输出电压为

$$U_o = \frac{U_i}{2}\frac{\Delta R}{R} \tag{3-9}$$

（3）全桥工作方式

全桥工作方式是令图 3-5 中电桥的 4 个桥臂全为应变片，如图 3-6（c）所示。当应变片电阻变化量为 ΔR，即 $R_1 = R_3 = R + \Delta R$，$R_2 = R_4 = R - \Delta R$ 时，电桥的输出电压为

$$U_o = \frac{\Delta R U_i}{R} \tag{3-10}$$

上述 3 种工作方式中，全桥的灵敏度最高，半桥次之，单臂电桥灵敏度最低。采用全桥或双臂半桥还能实现温度变化的自动补偿。

实际使用中，R_1、R_2、R_3、R_4 不可能严格相等，所以即使在未受力时，桥路的输出也不

一定能为零，因此必须设置调零电路，如图 3-7 所示。调节 R_P，最终可以使电桥趋于平衡，U_o 被预调到零位，这一过程称为直流平衡或电阻平衡。图中的 R_5 是用于减小调节范围的限流电阻。

2. 温度补偿

电阻应变片在实际应用中，我们希望其阻值仅随应变而变化，不受其它因素的影响。但是实际上，应变片由于温度变化所引起的电阻变化与试件的应变所产生的电阻变化几乎有相同的数量级，如果不采取必要的措施消除温度的影响，测量精度将无法保证。因环境温度改变而给测量带来的附加误差，称为

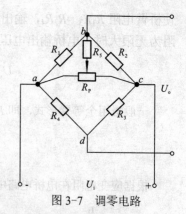

图 3-7　调零电路

应变片的温度误差。产生温度误差的原因主要来自两个方面：一是因为温度变化而引起的应变片敏感栅的电阻变化及附加变形；二是因为被测物体材料的线膨胀系数不同，是应变片产生附加应变。因此，在检测系统中有必要进行温度补偿，以减小或消除由此而产生的测量误差。

设粘贴在试件表面的应变片敏感栅材料的电阻温度系数为 a_0，温度为 t_0 时的电阻值 R_0，当环境温度变化 Δt 时，则敏感栅电阻丝电阻的变化值为

$$\Delta R_\alpha = R_0 \alpha_0 \Delta t$$

$$(3-11)$$

由于敏感栅材料和被测试件材料两者线膨胀系数不同，当环境温度变化 Δt 时，将引起应变片的附加应变，补偿的方法如下：

（1）自补偿法

这种方法是通过合理选配敏感栅材料和结构参数来实现温度补偿的。在研制和使用应变片时，若敏感栅材料的电阻温度系数、线膨胀系数和试件的线膨胀系数满足一定条件，即可消除温度误差。这种补偿方法结构简单，使用方便；最大缺点是一种确定的应变片只能用于一种确定材料的试件，局限性很大。

（2）桥路补偿法

选用两个相同的应变片，它们处于相同的温度场，R_1 处于受力状态，称为工作应变片，R_B 处于不受力状态，称为补偿应变片，如图 3-8 所示。使用时，R_1 和 R_B 接在电桥的相邻桥臂上，温度变化在 R_1 和 R_B 上产生的电阻变化大小相等，方向相反，正好相互抵消。桥路补偿法的优点是简单、方便，在常温下补偿效果较好；缺点是温度变化梯度较大时，比较难掌握。

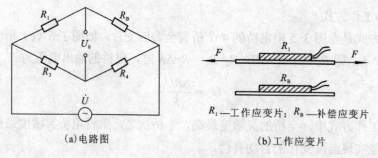

（a）电路图　　　　　　　　R_1—工作应变片；R_B—补偿应变片

（b）工作应变片

图 3-8　桥路补偿法

分析

桥路补偿和电桥双臂工作方式有何区别？

3.1.5 电阻应变式传感器的应用

电阻应变式传感器可用于能转化为应变的物理量，除了测量压力以外，通常还用来测量力、加速度、扭矩、位移等物理参数。它可以作为敏感组件，直接用于被测试件的应变测量；也可以作为转换组件，通过弹性组件构成传感器，用以对任何能转变成弹性应变的其它物理量作间接测量。

1. 应变式压力传感器的常见类型

应变式压力传感器按弹性敏感组件结构的不同，大致可分为应变筒式、膜片式、应变梁式和组合式 4 种。

应变筒式压力传感器的结构如图 3-9 所示，它的弹性敏感组件为一端封闭的薄壁圆筒，在筒壁上贴有 4 个应变片，其中一半贴在实心部分作为温度补偿片，另一半作为测量应变片。当没有压力时 4 个应变片组成平衡的全桥式电路；当有压力作用时，压力作用于内腔，圆筒变形中间凸出，应变片感受应变阻值变化，使电桥失去平衡，输出与压力成一定关系的电压。这种传感器还可以利用活塞将被测压力转换为力传递到应变筒上或通过垂链形状的膜片传递被测压力。应变筒式压力传感器的结构简单、制造方便、适用性强，在火箭弹、炮弹和火炮的动态压力测量方面有广泛应用。

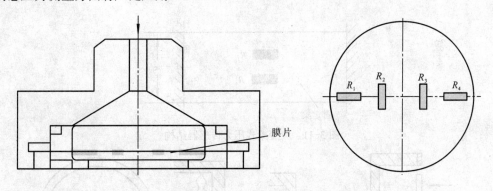

膜片

图 3-9 应变筒式传感器的结构图

膜片式压力传感器结构图如图 3-10 所示，它的弹性敏感组件为金属平膜片，平膜片四周固定，膜片受压力变形时，中心处径向应变和切向应变均达到正的最大值，而边缘处径向应变达到负的最大值，切向应变为零。因此，常把两个应变片分别贴在正负最大应变处，并接成相邻桥臂的半桥电路以获得较大灵敏度和温度补偿作用。采用圆形箔式应变计则能最大限度地利用膜片的应变效果。这种传感器的非线性误差较大。

应变梁式压力传感器的结构如图 3-11 所示，测量较小压力时，可采用固定梁或等强度梁的结构。将应变片贴在两端固定梁的最大应变处，即梁的两端和中点。

组合式压力传感器如图 3-12 所示，它的弹性敏感组件可分为感受组件和弹性应变组件。

感受组件把压力转换为力传递到弹性应变组件应变最敏感的部位，而应变片则贴在弹性应变组件的最大应变处。较复杂的应变管式和应变梁式都属于这种型式。感受组件有膜片、膜盒、波纹管、波登管等，弹性应变组件有悬臂梁、固定梁、Ⅱ形梁、环形梁、薄壁筒等。它们之间可根据不同需要组合成多种型式。

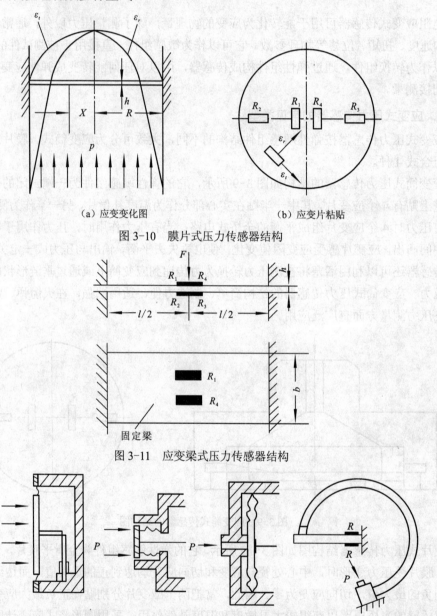

（a）应变变化图　　　　　　　　（b）应变片粘贴

图 3-10　膜片式压力传感器结构

图 3-11　应变梁式压力传感器结构

固定梁

图 3-12　组合式压力传感器

2．压力变送器的选型和安装

（1）变送器简介

当传感器的输出为规定的 4～20 mA 等标准信号时，则称为变送器。一般有温度/湿度变送器、压力变送器、差压变送器、液位变送器、电流变送器、电量变送器、流量变送器、重量变送器等。

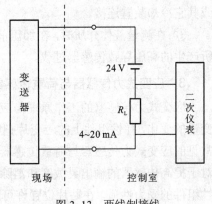

　　变送器最典型的接线是四线制，两根电源线加上两根电流输出线，总共要接 4 根线，称之为四线制变送器。当然，电流输出也可以与电源公用一根线，称之为三线制变送器。在实际使用中两线制传感器得到越来越多的应用。两线制接线示意图如图 3-13 所示。

　　两线制是指现场变送器与控制室仪表联系仅用两根导线，这两根线既是电源线，又是信号线。两线制与三线制和四线制相比，优点是：可节省大量电缆线

图 3-13　两线制接线

和安装费用；抗干扰能力强；将 4 mA 用于零电平，使判断开路与短路或传感器损坏十分方便。

　　两线制电流变送器的输出为 4～20 mA，通过精密电阻 R_L 转换成的电压信号或数字信号，如电阻阻值为 250Ω，则转换成 1～5 V 的电压信号。

　　（2）压力变送器的选型

　　压力变送器主要用于工业过程压力参数的测量和控制。选型时主要要考虑：

　　① 被测介质：一般的压力变送器的接触介质部分的材质采用的是不锈钢，如果被测介质对不锈钢没有腐蚀性，那么基本上所有的压力变送器都适合。被测介质具有高黏度、易结晶、强腐蚀等特性，必须选用隔离型变送器。

　　② 准确度等级：变送器的测量误差按准确度等级进行划分，不同的准确度对应不同的基本误差限（以满量程输出的百分数表示）；实际应用中，根据测量误差的控制要求并本着适用、经济的原则进行选择。

　　③ 测量范围：一般选择比最大测量压力值还要大 1.5 倍左右的压力量程的变送器。

　　④ 工作温度范围：工作温度范围是指变送器在工作状态下不被破坏的时候的温度范围，在超出温度补范围时，可能会达不到其应用的性能指标，产生较大的测量误差并影响使用寿命；在压力变送器的生产过程中，会对温度影响进行测量和补偿，以确保产品受温度影响产生的测量误差处于准确度等级要求的范围内。在温度较高的场合，可以考虑选择高温型压力变送器或采取安装冷凝管（器）、散热器等辅助降温措施。

　　（3）压力变送器的安装

　　① 安装前请仔细阅读产品使用说明书，核对产品的相关信息，正确接线。

　　② 变送器应安装于通风、干燥、无蚀、阴凉处，如露天安装应加防护罩，避免阳光照射和雨淋，避免变送器性能降低或出现故障。

　　③ 变送器属精密仪器，严禁随意摔打、冲击、拆卸、强力夹持或用尖锐的器具捅引压孔或金属膜片。

　　④ 注意保护产品引出电缆，电缆线接头处务必密封，以免进水或潮气影响整机性能及寿命，变送后端子引线要保证和大气的导通良好。

⑤ 测量蒸汽或其它高温介质时，注意不要使变送器的工作温度超限，必要时，加引压管或其它冷却装置连接。

⑥ 在测量液体介质时，在加压前一定要用截止阀排净管道内的空气，防止由于压缩空气所产生的高压导致传感器过载。

3. 应变式力传感器与荷重传感器

应变式力传感器的工作原理与应变式压力传感器基本相同，弹性组件把被测量转换成应变量的变化，弹性组件上的应变片把应变量变换成电阻量的变化，从而间接地测出力的大小。常见的应变式力传感器与荷重传感器有柱式、悬臂梁式、环式等，应变片的布置和接桥方式，对于提高传感器的输出灵敏度和消除有害因素的影响有很大关系。根据电桥的加减特性和弹性组件的受力性质，在贴片位置许可的情况下，贴2～8片应变片，其位置应是弹性组件应变最大的地方，如图3-14所示。

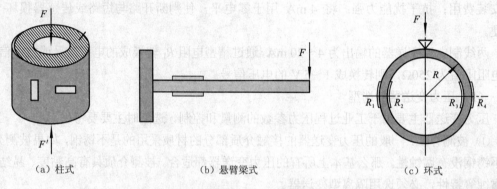

  （a）柱式　　　　　　　　（b）悬臂梁式　　　　　　　　（c）环式

图3-14　应变式力传感器

4. 应变式加速度传感器

图3-15所示为加速度传感器，由等强度梁、质量块、基座组成。测量时，基座固定振动体上，振动加速度使质量块产生惯性力，等强度在惯性力作用下产生弯曲变形。因此，梁的应变在一定的频率范围内与振动体的加速度成正比。

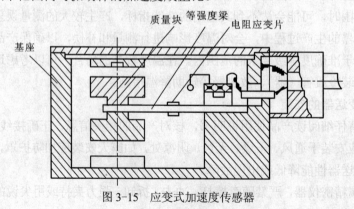

图3-15　应变式加速度传感器

3.2　压电式传感器测量压力

压电式传感器是一种典型的自发电式传感器。它以某些电介质的压电效应为基础，在外力作用下，电介质表面产生电荷，从而实现非电量的测量。

3.2.1　压电效应及压电材料

1. 压电效应

某些电介质，当沿着一定方向对其施加作用力使其变形时，其内部就会产生极化现象，同时在它的两个表面上就会产生符号相反的电荷，当外力去掉后，其又重新恢复到不带电状态，这种现象称为压电效应。当作用力方向改变时，电荷的极性也会发生改变。有时人们把这种机械能转化为电能的现象称为正压电效应。反之，在电介质极化方向施加电场，这些电介质也会产生变形，这种现象称为逆压电效应，如图 3-16 所示。

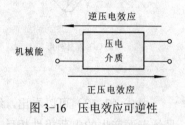

图 3-16　压电效应可逆性

2. 压电材料的压电效应

在自然界中具有压电效应的物质很多，常用的压电材料有压电晶体、压电陶瓷以及高分子压电材料。

（1）压电材料的特性参数

● 压电常数：衡量材料压电效应强弱的参数，直接关系到压电输出的灵敏度。

● 弹性常数：压电材料的弹性常数、刚度决定了压电器件的固有频率和动态特性。

● 介电常数：对于一定形状、尺寸的压电组件，其固有电容与介电常数有关，而固有电容又影响着压电传感器的频率下限。

● 电阻：压电材料的绝缘电阻将减少电荷泄漏，从而改善压电传感器的低频特性。

● 居里点：压电材料开始丧失压电特性的温度。

（2）石英晶体的压电效应

石英晶体的居里点为 576℃，优点是温度稳定性好，机械强度高，动态性能好；缺点是灵敏度低，介电常数小，价格昂贵。天然的石英晶体呈现六面棱柱结构，如图 3-17 所示。

下面用三条互相垂直的轴来表示石英晶体的各向，纵向轴称为光轴（z 轴）；经过棱线并垂直于光轴的称为电轴（x 轴）；与电轴、光轴同时垂直的称为机械轴（y 轴）。通常，把沿电轴方向的力作用下的压电效应称为纵向压电效应；而把沿机械轴方向的力作用下的压电效应称为横向压电效应。在光轴方向上受力时不产生压电效应。

当沿电轴方向有作用力 F_x 时，在与电轴垂直的平面上产生电荷。产生的电荷量为

$$Q_{xx} = d_{11}F_x \tag{3-12}$$

式中，d_{11}——纵向压电系数。

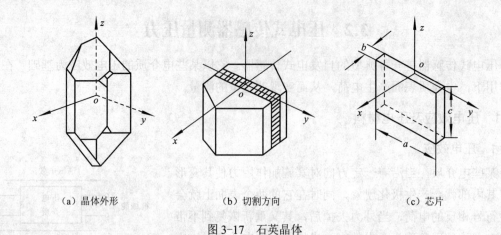

(a) 晶体外形　　　　　　　　(b) 切割方向　　　　　　　(c) 芯片

图 3-17　石英晶体

由式（3-12）可以看出，纵向压电效应与芯片的尺寸无关。当改变作用力的方向时，在晶体表面产生的电荷极性相反。

如果沿 y 轴施加作用力 F_y 时，电荷仍出现在与 x 轴垂直的表面上，其电荷量为

$$Q_{xy} = d_{12} \frac{a}{b} F_y$$

(3-13)

式中，d_{12}——横向压电系数，$d_{12} = -d_{11}$；

　　　a——压电晶体的长度；

　　　b——压电晶体的厚度。

横向压电效应与芯片的几何尺寸有关，其方向与纵向压电效应相反。

（3）压电陶瓷

压电陶瓷是人工制造的多晶体压电材料，它的压电系数高，价格便宜，应用极为广泛。压电陶瓷具有类似铁磁材料磁畴结构的电畴结构。电畴是分子自发形成的区域，有一定的极化方向，从而存在着一定的电场。在无电场作用时，各个电畴在晶体中杂乱分布，它们的极化作用相互抵消。所以，原始的压电陶瓷呈中性，不具有压电性质。在一定高温下（100～170℃），对两个极化面加高压电场进行人工极化后，陶瓷体内保留着很强的剩余极化强度，当沿极化方向施加作用力时，则在垂直于该方向的两个极化面上产生正负电荷，其电荷量为

$$Q = d_{33} F$$

(3-14)

式中 d_{33} 为压电陶瓷的纵向压电系数。图 3-18 为压电陶瓷的极化示意图。

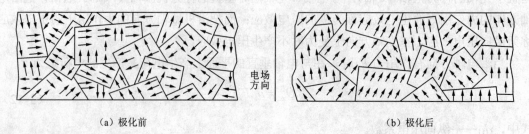

电场方向

(a) 极化前　　　　　　　　　　　　　　　　　　　(b) 极化后

图 3-18　压电陶瓷的极化

（4）高分子压电材料

高分子压电材料具有很强的压电特性，同时还具有类似铁电晶体的迟滞特性和热释电特性，因此广泛应用于压力、加速度、温度检测中。它具有很好的柔性和加工性能，可制成不同厚度和形状各异的大面积有挠性的膜，适于制作大面积的传感阵列器件。图 3-19 所示为高分子压电传感器。

图 3-19　高分子压电传感器

3.2.2　压电传感器的测量电路

1．压电式传感器的等效电路

由压电组件的工作原理可知，可以把压电组件看成一个电荷发生器。同时，它也相当于一个电容器，组件上聚集正负电荷的两表面相当于电容的两个极板，极板间物质等效于一种介质，则此电容量为

$$C_a = \frac{\varepsilon_r \varepsilon_0 A}{d} \tag{3-15}$$

式中，A 为压电片的面积，d 为压电片的厚度，ε_r 为压电材料的相对介电常数。

因此，压电式传感器可以等效为一个与电容相串联的电压源，如图 3-20（a）所示。电容器上的电压、电荷量和电容量三者之间的关系为

$$u_a = \frac{Q}{C_a} \tag{3-16}$$

压电传感器也可以等效为一个电荷源，如图 3-20（b）所示。

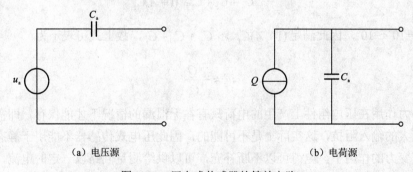

（a）电压源　　　　　　　　　　　（b）电荷源

图 3-20　压电式传感器的等效电路

压电传感器在实际使用时总要与测量仪器或测量电路相连接，因此还需考虑连接电缆的等效电容 C_c，放大器的输入电阻 R_i，输入电容 C_i 以及压电传感器的泄漏电阻 R_a。这样，压电传感器在测量系统中的实际等效电路，如图 3-21 所示。

2．压电式传感器的测量电路

电荷放大器常作为压电传感器的输入电路，由一个反馈电容 C_f 和一个高增益放大器组成。由于运算放大器输入阻抗极高，放大器输入端几乎没有分流，故可略去 R_a 和 R_i 并联电阻。其等效电路如图 3-22 所示。

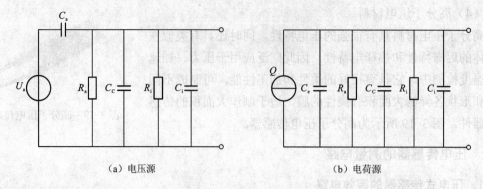

（a）电压源 （b）电荷源

图 3-21 压电传感器实际等效电路

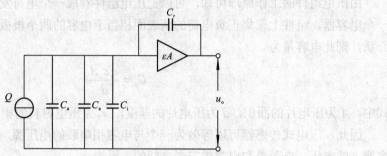

图 3-22 电荷放大器等效电路

由运算放大器基本特性，可求出电荷放大器的输出电压

$$u_o = -\frac{AQ}{C_a + C_c + C_i + (1+A)C_f}$$ （3-17）

通常 $A = 10^4 \sim 10^8$，因此满足 $(1+A)C_f \gg C_a + C_c + C_i$，故上式可表示为

$$u_o \approx -\frac{Q}{C_f}$$ （3-18）

由于外力作用在压电组件上产生的电荷只有在无泄漏的情况下才能保存，即需要测量回路具有无限大的输入阻抗，这实际上是不可能的，因此压电式传感器不能用于静态测量。压电组件在交变力的作用下，电荷可以不断补充，可以供给测量回路以一定的电流，故只适用于动态测量（一般必须高于 100 Hz，但在 50 kHz 以上时，灵敏度下降）。

3.2.3 压电式传感器的应用

1. 压电传感器的基本结构

在压电式传感器中，为了提高灵敏度，往往采用多片压电芯片黏结在一起。其中最常用的是两片结构。由于压电组件上的电荷是有极性的，因此接法有串联和并联两种，一般采用并联接法以提高灵敏度，如图 3-23 所示，其电荷量为单片的两倍，但输出电压仍等于单片电压。

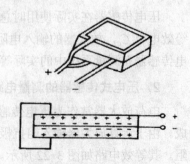

图 3-23 压电片的并联连接

由上可知，压电芯片并联可以增大输出电荷，提高灵敏度。具体使用时，两片芯片上必须有一定的预紧力，以保证压电组件在工作时始终受到压力，同时可以消除两压电芯片之间因接触不良而引起的非线性误差，保证输出与输入作用力之间的线性关系。但是，这个预紧力不能太大，否则将影响其灵敏度。

2．压电式测力传感器

压电式力传感器的结构主要由石英芯片、电极、绝缘套、传力上盖及基座等组成，图 3-24 为 YDS-78 型压电式单向力传感器结构，两压电片正电荷分别与传力上盖及底座相连，因此两块压电芯片被并联起来，提高了传感器的灵敏度。被测力通过传力上盖使压电组件在沿电轴方向受压力作用而产生电荷。这种力传感器的体积小，重量轻，分辨力可达 10^{-3}g，固有频率为 50～60 Hz，其测力范围为 0～5 000N，非线性误差小于 1%，主要用于频率变化小于 20 kHz 的动态力的测量，如车床动态切削力的测试或轴承支座反力传感器。

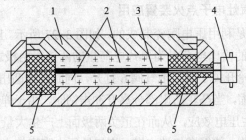

图 3-24　YDS-78 型压电式单向动态力传感器

1—传力上盖；2—压电片；3—电极；4—电极引出插头；5—绝缘材料；6—底座

3．集成压电式传感器

集成压电式传感器是一种高性能、低成本动态微压传感器，产品采用压电薄膜作为换能材料，动态压力信号通过薄膜变成电荷量，再经传感器内部放大电路转换成电压输出。该传感器具有灵敏度高，抗过载及冲击能力强，抗干扰性好，操作简便，体积小、重量轻、成本低等特点，广泛应用于脉搏计数探测、触摸键盘、振动加速度测量、管道压力波动、其它机电转换、动态力检测等领域。图 3-25 所示为脉搏计外形图。

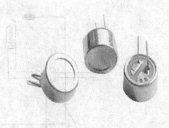

图 3-25　脉搏计外形

4．压电式加速度传感器

压电式加速度传感器是一种常用的加速度计。它的主要优点是：灵敏度高、体积小、重量轻、测量频率上限高、动态范围大。但它易受外界干扰，在测量前需进行各种校验。

图 3-26 是一种压缩型压电式加速度传感器结构原理图，它主要由压电组件、质量块、预压弹簧、基座及外壳等组成。整个部件装在外壳内，并由螺栓加以固定。图中压电芯片是由两片压电片并联而成的，两压电片中间的金属片焊接在一根导线上并引出，另一端与基座相连，弹簧是给压电芯片施加预紧力的。测量时，将传感器与试件刚性地固定在一起，使传感器感受与试件相同频率的振动，振动时质量块就有一正比于加速度的交变力作用在压电片上，

在压电片表面就有电荷产生，经转换电路处理，则可测得加速度大小。

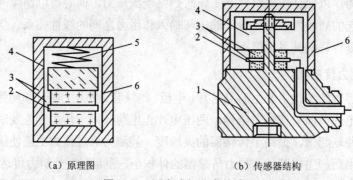

（a）原理图 　　　　　　　　　　（b）传感器结构

图 3-26　压电式加速度传感器

1—基座；2—引出电极；3—压电芯片；4—质量块；5—弹簧；6—壳体

5. 压电传感器在煤气灶电子点火装置应用

煤气灶电子点火装置是利用压电陶瓷制成的，如图 3-27 所示。压电传感器由两个压电陶瓷组件并联组成，极板上的输出电荷量为单片电荷量的两倍，两极之间输出电压与单片输出电压相等。当按下手动凸轮开关 1 时，把气阀 6 打开，同时凸轮凸出部分推动冲击钻 3，使得弹簧 4 被冲击钻 3 向左压缩，当凸轮凸出部分离开冲击钻时，由于弹簧弹力作用，冲击钻猛烈撞击陶瓷压电组件 2，产生压电效应，从而在正负两极面上产生大量电荷，正负电荷通过高压导线 5 在尖端放电产生火花，使得燃气被点燃。煤气灶压电陶瓷打火器不仅使用方便，安全可靠，而且使用寿命长。据有关资料介绍，采用压电陶瓷制成的打火器可使用 100 万次以上。

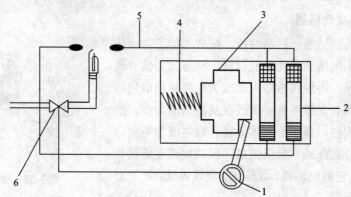

图 3-27　煤气灶电子点火装置

1—凸轮开关；2—压电陶瓷；3—冲击钻；4—弹簧；5—高压导线；6—气阀

3.3　简易电子秤的制作与调试

电子秤的制作目的：作为一种计量手段，称重技术广泛用于各个领域，采用应变电阻式称重传感器制作一种简易电子秤。

制作器件包括：CAS 称重传感器 BCL、双运放集成电路 LM358、A/D 转换器 7106、液晶显示电路、电阻器等。

3.3.1　电路制作

电路由称重传感器、放大电路、A/D 转换和液晶显示电路等部分组成，由图 3-28 所示。电路 E 为 9V 电池，$R_1 \sim R_4$ 为 CAS 称重传感器 BCL 的 4 片电阻应变片，R_5、R_6 与 RP$_1$ 组成电桥调零电路，IC1A、lC1B 为双运放集成电路 LM358 中的两个子件。A/D 转换器 7106 是一个双积分型的 A/D 转换器，它带有输出译码器，可以直接驱动液晶显示器，因为采用液晶显示功耗小，满量程显示电压为 1.999 V。如果输入电压大于该值，应加衰减器。

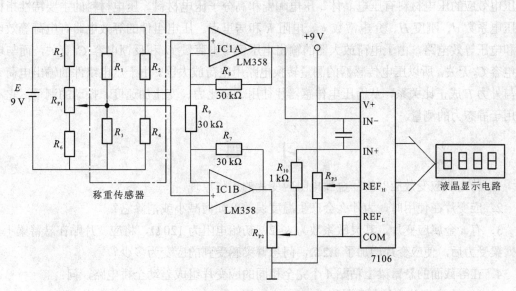

图 3-28　简易电子秤电路

3.3.2　电路调试

在调试过程中，应准备标准法码，其过程如下：

① 首先在秤体自然下垂且无负载时调整 R_{P1}，R_{P1} 可引出表外调整。测量前先调整 R_{P1}，使显示器回零。

② 再调整 R_{P2}，使秤体承担满量程重量时显示满量程值。

③ 在秤钩下悬挂 1 kg 的标准法码，观察显示器是否显示 1.000，如有偏差，可调整 R_{P3} 值，使之准确显示 1.000。

④ 重新进行②、③步骤，使之均满足要求为止。

小　　结

力和压力是需要检测的重要参数之一，它直接影响产品的质量，又是生产过程中一个重要的安全指标。

应变式电阻传感器是目前用于测量力、力矩、压力、加速度、质量等参数广泛使用的传感器之一。它基于电阻应变效应，导体或半导体材料在受到外界力（拉力或压力）作用时产生机械变形，机械变形导致其阻值变化，这种因为形变而使其阻值发生变化的现象称为应变效应。电阻应变片由敏感栅、基片、覆盖层和引线等部分组成，敏感栅是应变片的核心部分。电阻应变片的主要性能指标有灵敏系数、几何尺寸、初始电阻、允许工作电流等。常用的电阻应变片的测量电路为直流电桥，有 3 种工作方式，分别为单臂电桥、双臂电桥、全桥。电阻应变片在实际使用中会产生温度误差，温度误差主要是由于电阻材料阻值随着温度变化而引起，可以采用自补偿法和桥路补偿法来消除。

压电式传感器是一种典型的自发电式传感器，压电组件的工作原理是基于压电效应。具有压电效应的压电材料有压电晶体、压电陶瓷和高分子压电材料。压电材料的主要特性指标有压电系数 d、刚度 H、介电常数 ε、电阻 R 和居里点。压电组件的等效电路有电荷等效电路和电压等效电路，由于电荷放大器的输出电压仅与电荷量 Q 和反馈电容 C_f 有关，而与电缆电容 C_c 无关，所以压电传感器的测量转换电路用电荷放大器。由于压电组件的输出电荷 Q 又与外力 F 成正比关系，从而压电传感器往往用于变化力、变化加速度、振动的测量，它不能用于静态力的测量。

习　题

1. 什么叫应变效应？解释金属电阻应变片的工作原理。

2. 应变片在使用时，为什么会产生温度误差？如何减小或消除它？

3. 有一金属应变片，其灵敏系数为 $K=2$，初始电阻为 120 Ω，将应变片贴在悬臂梁上，悬臂梁受力后，使应变片增加了 1.2 Ω，问悬臂梁感受到的应变为多少？

4. 在等截面的悬臂梁上粘贴 4 个完全相同的应变片组成差动全桥电路，问：

（1）4 个应变片应该如何粘贴？

（2）画出相应的电桥电路图。

5. 什么叫正压电效应，什么叫逆压电效应？

6. 压电材料的主要性能指标有哪些？

7. 画出压电组件的两种等效电路。

第 **4** 章　物位和流量的检测

物位和流量检测在现代工业生产过程中具有重要地位。物位检测一方面可确定容器里的原料、半成品或成品的数量，以保证能连续供应生产中各个环节所需的物料或进行经济核算；另一方面和流量检测一起连续监视或调节容器内流入和流出物料的平衡，使之保持在一定的高度，使生产正常进行，以保证产品的质量、产量和安全，一旦物位超出允许的上、下限则报警，以便采取应急措施。一般要求物位检测装置或系统应具有对物位进行测量、记录、报警或发出控制信号等功能。

◆ 学习目标

- 了解物位和流量检测的方法。
- 了解电容式、超声波式传感器的结构，熟悉其工作原理及应用。
- 熟悉差压式、超声波式物位传感器检测物位的方法。
- 熟悉节流式差压流量计和超声波流量计测流量的方法。
- 能解决简单的物位和流量测量问题。

4.1　电容传感器检测液位

4.1.1　物位检测的方法

1. 物位检测含义

物位是液位、料位、界位的总称。对应不同性质的物料又有以下定义：

① 液位指设备和容器中液体介质表面的相对高度或自然界中江、河、湖、水库的表面。

② 料位指设备和容器中所存储的块状、颗粒或粉末状固体物料的堆积高度或表面位置。

③ 界位指相界面位置，即在同一容器中由于两种密度不同且互不溶解的液体间或液体与固体之间的分界面位置。

2. 物位传感器的分类

在物位检测中，由于被测对象不同、介质状态、特性不同及检测环境、条件不同，所以物位检测方法有多种，以满足不同生产过程的测量要求。表 4-1 列出了各种物位计的检测方法及主要性能。

物位传感器按测量方式可分为连续测量和定点测量两大类：连续测量方式能持续测量物位的变化，连续式物位传感器主要用于连续控制和仓库管理等方面，有时也可用于多点报警系统中；定点测量方式则只检测物位是否达到上限下限或某个特定位置，定点测量仪表一般称为物位开关，它主要用于过程自动控制的门限、溢流和空转防止等。目前，开关式物位传感器应用比较广。

表 4-1　物位计的检测方法及主要性能

类别	传感器	被测介质	测量范围/m	工作温度/℃	工作压力/MPa	测量方式	输出
直读式	玻璃管式	液位	1.5	100～150	常压	连续	就地目视
压力式	压力式	液位	50	200	常压	连续	远传显示调节
	吹气式	液位	16	200	常压	连续	就地目视
	差压式	液位、界位	20	-20～200	40	连续	远传显示调节
浮力式	浮子式	液位	2.5	120	6.4	连续、定点	计数远传
	浮筒式	液位、界位	2.5	200	32	连续	显示记录调节
机械接触式	重锤式	液位、界位	50	500	常压	连续、断续	报警控制
	旋翼式	液位	安装位置定	80	常压	定点	报警控制
	音叉式	液位、料位	安装位置定	150	4	定点	报警控制
电气式	电阻式	液位、料位	安装位置定	200	1	连续、定点	报警控制
	电容式	液位、料位	50	-200～400	3.2	连续、定点	显示
	电感式	液位	20	-30～160	16	连续、定点	报警控制
声学式	超声式	液位、料位	60	150	0.8	连续、定点	显示
其它	微波式	液位、料位	70	150	1	连续	记录调节
	激光式	液位、料位	20	1500	常压	连续、定点	报警控制
	核辐射式	液位、料位	20	无要求	随容器定	连续、定点	需防护远传显示

物位检测传感器按工作原理大致可分为以下几类：

① 直读式：直读式物位检测仪表直接使用与被测容器连通的玻璃管或玻璃板来显示容器内的物位高度，或在容器侧壁上开有窗口观察物位高度。这种方法可靠、准确，但是只能就地指示，主要用于液位检测和压力较低的场合。这类仪表有玻璃管液位计、玻璃板液位计等。

② 压力式：压力式物位检测仪表基于流体静力学原理，在静止的介质内，某一点所受压力与该点上方的介质高度成正比，当被测介质密度不变时，通过测量参考点的压力可测知液位。这类仪表有压力式、吹气式和差压式等形式，一般适用于液位检测。

③ 浮力式：浮力式物位检测仪表利用漂浮于液面上的浮子位置随液面的升降而变化，或者浸没于液体中浮筒的浮力随液位的变化而变化来测量液位。这类仪表有各种浮子式液位计、浮筒式液位计等。

④ 机械接触式：机械接触式物位检测仪表通过测量物位探头与物料面接触时的机械力实现物位的测量。这类仪表有重锤式、旋翼式和音叉式等。

⑤ 电气式：电气式物位检测仪表是将物位的变化转换为某些电气参数的变化而进行测量的物位仪表。根据电学参数的不同，可分为电阻式、电容式、电感式及压磁式等。

⑥ 光学式：利用物位对光波的遮断和反射原理来测量物位。

⑦ 声学式：由于物位的变化引起声阻抗变化、声波的遮断和声波反射距离的不同，测出这些变化就可测知物位高低。这类仪表有声波遮断式、反射式和声阻尼式等。

⑧ 其它方法：利用微波、激光、光纤、核辐射等测量物位的方法。

下面给出几种常见的物位计，如图 4-1 所示。

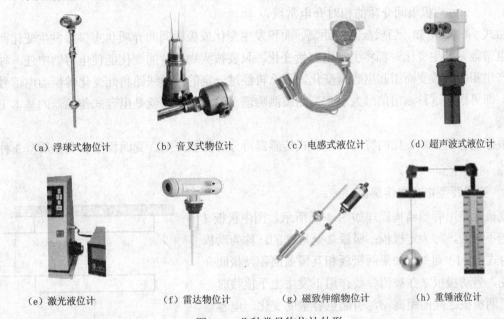

（a）浮球式物位计　　　　（b）音叉式物位计　　　　（c）电感式液位计　　　　（d）超声波式液位计

（e）激光液位计　　　　（f）雷达物位计　　　　（g）磁致伸缩物位计　　　　（h）重锤液位计

图 4-1　几种常见物位计外形

4.1.2　电容式传感器的基本工作原理

电容传感器（见图 4-2）是基于被测物理量的变化可以转换为电容量变化来测量的，它具有结构简单，分辨力高，抗干扰能力强，动态响应快，能在恶劣工况条件下工作，并能实现非接触式测量等特点，广泛应用于工业上位移、物位、流量、振动、湿度、压缩、变形等非电量的检测。

图 4-2　电容式传感器

由物理学可知，电容器的电容量是构成电容器的两极片形状、大小、相互位置及介质介电常数的函数。以平板电容器为例（见图 4-3），当不考虑边缘电场影响时，平板电容器的电容为

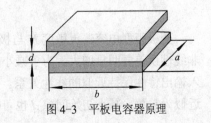

图 4-3　平板电容器原理

$$C = \frac{\varepsilon A}{d} \qquad (4-1)$$

式中，A ——极板面积，$A=ab$；

d ——极板间距；

ε ——极板间介质的介电常数。$\varepsilon = \varepsilon_0 \varepsilon_r$，其中 $\varepsilon_0 = 8.85 \times 10^{-12}$ F/m 为真空的介电常数，ε_r 为极板间介质的相对介电常数。

由式（4-1）可知，当极板间的距离、面积发生变化或极板间的介质状态参数发生变化而使介电常数 ε 产生变化时都将引起电容量变化。只要被测物理量的变化能使电容器中任一种参数产生相应的改变而引起电容量变化，那么再经过一定的测量线路将此变化转换为电信号输出，即可根据这种输出信号大小来判定被测物理量的大小，这就是电容式传感器的基本工作原理。

根据电容器参数变化的特性，电容式传感器可分为变极距型、变面积型和变介质型 3 种类型。

1. 变极距型电容式传感器

变极距型电容器结构原理如图 4-4 所示。图中极板 1 是固定不动的，称为定极板；极板 2 是可动的，称为动极板。由式（4-1）可知，如果两极板相互覆盖面积及极间介质不变，当动极板 2 在被测参数作用下发生上下位移时，改变了两极板之间的距离 d，引起电容量的变化，电容量与位移不是线性关系，其灵敏度也不是常数。

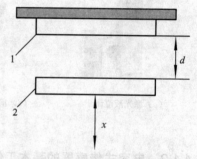

图 4-4　变极距型电容器结构原理

如传感器的初始电容为 C_0，当动极板 2 移动 x 值后，其电容值 C_x 为：

$$C_x = \frac{\varepsilon A}{d_0 - x} = \frac{C_0}{1 - \dfrac{x}{d_0}} = C_0 \left(1 + \frac{x}{d_0 - x} \right) \qquad (4-2)$$

式中，d_0——两极板距离的初始值，单位为 m。

当 $x \ll d_0$ 时，即位移 x 远小于极板初始距离 d_0 时，则上式可近似为

$$C_x \approx C_0 \left(1 + \frac{x}{d_0} \right) \qquad (4-3)$$

此时，电容变化量为

$$\Delta C = C_x - C_0 = \frac{x}{d} C_0 \qquad (4-4)$$

变极距型电容器灵敏度 K 与极距平方成反比，极距愈小，灵敏度愈高。极距变化较大时，非线性误差要明显增大。为了减小这一误差，通常是在较小的极距变化范围内工作，以使输入输出特性保持近似的线性关系。一般取极距变化范围 $\Delta d/d_0 \leqslant 0.1$。此时，传感器的灵敏度近似为常数。减小初始间隙 d 也可提高灵敏度，但是容易引起击穿。应放置云母、塑料薄膜

等介电常数高的物质。变极距型电容传感器一般用来测量能转化为微小线位移（零点几微米～零点几毫米）的非电量。

2. 变面积型电容式传感器

变面积型电容传感器有平行板式、角位移式、圆筒式等几种。

（1）平行板式变面积型电容器

平行板式变面积型电容器结构原理如图 4-5 所示。

如果两极板间极距及极间介质不变，当动极板 2 在被测参数作用下发生位移时，改变了两极板之间的面积 A，引起电容的变化，设初始电容为 $C_0 = \dfrac{\varepsilon ba}{d}$，两极板遮盖面积为 $A = ab$，当动极移动 x 后，A 值发生变化，$A_x = a(b-x)$，电容量 C_x 也随之改变。

$$C_x = \frac{\varepsilon b(a-x)}{d} = C_0\left(1 - \frac{x}{a}\right) \tag{4-5}$$

变面积型灵敏度为常数，不存在非线性误差，即输入输出为理想的线性关系。实际上由于电场的边缘效应等因数的影响，仍存在一定的非线性误差，与变极距型电容传感器相比，灵敏度较底，适用于能转化为较大的直线位移和角位移测量的场合。

（2）角位移式变面积电容传感器

图 4-6 为角位移式变面积电容传感器，设初始电容为 $C_0 = \dfrac{\varepsilon A_0}{d}$。

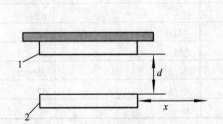

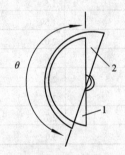

图 4-5　平行板式变面积型电容器结构原理
1—定极板；2—动极板

图 4-6　角位移式变面积电容传感器
1—定极板；2—动极板

当动极板 2 有一角位移 θ 时，两极板的相对应面积 A 发生改变，导致两极板间的电容发生变化，这时，电容为

$$C_\theta = \frac{\varepsilon A_0\left(1 - \dfrac{\theta}{\pi}\right)}{d} = C_0\left(1 - \frac{\theta}{\pi}\right) \tag{4-6}$$

由式（4-6）可知，电容 C_θ 与角位移 θ 间成线性关系。

（3）圆筒式变面积电容传感器

图 4-7 为圆筒式变面积电容传感器，设内外筒

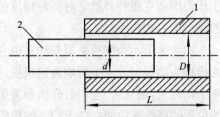

图 4-7　圆筒式变面积电容传感器
1—外圆筒；2—内圆筒

长度为 L，则初始电容为

$$C_0 = \frac{2\pi\varepsilon L}{\ln(r_1/r_2)} \tag{4-7}$$

式中，L——外圆筒与内圆筒覆盖部分长度（m）；

r_1、r_2——外圆筒内半径与内圆筒外半径，即它们的工作半径（m）。

当内圆筒 2 向左移动 x 时，电容量为

$$C_x = \frac{2\pi\varepsilon(L-x)}{\ln(r_1/r_2)} \tag{4-8}$$

3. 变介质型电容式传感器

变介质型电容传感器的极距、覆盖面积不变，被测量的变化使其极板之间的介质发生变化，因为各种介质的介电常数不同，所以电容器的电容量也会随之变化，这类传感器主要用于固体或液体的物位测量以及各种介质的湿度、密度的测定。表 4-2 为常见电介质材料的相对介电常数。

表 4-2　电介质材料的相对介电常数

材 料 名 称	相对介电常数（ε_r）/（F/m）	材 料 名 称	相对介电常数（ε_r）/（F/m）
真空	1.00000	硫磺	3.4
干燥空气	1.00004	石英玻璃	3.7
其它气体	1～1.2	聚氯乙烯	4.0
液态空气	1.5	石英	4.5
液态二氧化碳	1.59	陶瓷	5.3～7.5
液氮	2.0	盐	6
纸	2.0	三氧化二铝	8.5
石油	2.2	乙醇	20～25
聚乙烯	2.3	乙二醇	35～40
沥青	2.7	丙三醇	47
砂糖	3.0	水	80

 分析

　　如果两极板间分别插入干的纸和湿的纸，哪个电容值大？

4. 差动型电容式传感器

实际应用中，为了提高传感器的灵敏度、增大线性工作范围和克服外界扰动对测量精度的影响，常常采用差动型电容式传感器。

图 4-8 所示为变极距型差动式电容器原理图。中间的极板为动极板，上下两块为定极板，这样就构成上下两个电容 C_1 和 C_2，它们的介质和覆盖面积都相同，初始位置动极板在中间，C_1 和 C_2 的极距相同，所以电容相同，当动极板向上移动 x 距离后，C_1 的极距变为 $d-x$，

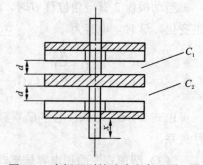

图 4-8　变极距型差动式电容器原理图

而 C_2 的极距则为 $d+x$，电容 C_1 和 C_2 成差动变化，即其中一个电容增加，而另一个电容则相应减小，将 C_1、C_2 差接后，能使灵敏度提高一倍。同样，变面积型也可以做成差动结构。

4.1.3　电容式传感器的转换电路

电容式传感器将被测物理量转换为电容变化后，必须采用转换电路将其转换为电量。电容式传感器的转换电路种类很多，目前较常采用的有电桥电路、谐振电路、调频电路及运算放大电路等。

1. 交流电桥

这种转换电路是将电容传感器的两个电容作为交流电桥的两个桥臂，另两个臂可以是电阻或电容或电感，也可以是变压器的两个二次线圈。变压器式电桥使用组件最少，桥路内阻最小，因此目前采用较多。图 4-9 所示为变压器式电桥转换电路，变压器的两个二次绕组 L_1、L_2 与差动电容传感器的两个电容 C_1、C_2 作为电桥的 4 个桥臂，由高频稳幅的交流电源为电桥供电。$C_1=C_2=C_0$ 时，交流电桥平衡；当 $C_1=C_0+\Delta C$，$C_2=C_0-\Delta C$ 时，空载输出电压为

$$\dot{U}_o = \frac{Z_{C2}}{Z_{C1}+Z_{C2}}\dot{U}_i - \frac{\dot{U}_i}{2} = \frac{Z_{C2}-Z_{C1}}{Z_{C2}+Z_{C1}}\frac{\dot{U}_i}{2} = \frac{C_2-C_1}{C_2+C_1}\frac{\dot{U}_i}{2} = -\frac{\Delta C}{C_0}\frac{\dot{U}_i}{2} \qquad (4-9)$$

式中，C_0 ——传感器初始电容值；

ΔC ——传感器电容的变化值。

变压器式电桥转换电路将电容的变化转换成了输出电压的变化。

若将 $C_1 = \dfrac{\varepsilon A}{d-\Delta d}$，$C_2 = \dfrac{\varepsilon A}{d+\Delta d}$ 代入，则

$$\dot{U}_o = -\frac{\Delta d}{d}\frac{\dot{U}_i}{2} \qquad (4-10)$$

由式（4-10）可知，在放大器输入阻抗极大的情况下，输出电压与位移呈线性关系。该线路的输出还应经过相敏检波才能分辨 $\dot{U}_o$ 的相位，即判别电容传感器的位移方向。

2. 运算放大器电路

对于变极距型电容传感器，电容与极距之间的关系为非线性关系，而采用运算放大器的反相比例运算可以使转换电路的输出电压与极距之间关系变为线性关系，从而使传感器的非线性误差得到很大的减小。图 4-10 所示为电容传感器的运算式转换电路。

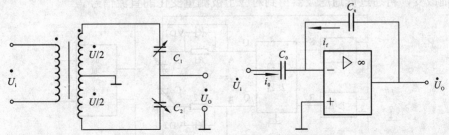

图 4-9　变压器式电桥转换电路　　　图 4-10　电容传感器的运算式转换电路

反馈回路中的 C_x 为变极距型电容式传感器，C_0 为固定电容，由于放大器的高输入阻抗

和高增益特性，相关的运算关系为

$$\dot{U}_o = -\frac{Z_{C_x}}{Z_{C_0}}\dot{U}_i = -\frac{C_0}{C_x}\dot{U}_i \tag{4-11}$$

对于变极距型电容传感器，$C_x = \dfrac{\varepsilon A}{d}$，则

$$\dot{U}_O = -\frac{C_0}{\varepsilon A}d\dot{U}_i \tag{4-12}$$

可见，这种转换电路输出电压与传感器极板间距 d 成正比，解决了变极距式电容传感器的非线性问题。为了保证测量精度，要求电源输入电压和固定电容稳定。

3．调频电路

如图 4-11 所示，把电容式传感器作为调频振荡器谐振回路的一部分，当被测量的变化引起传感器电容的变化时，就使振荡器的谐振频率发生变化，经过鉴频器转换成电压的变化，放大后就可以用仪表指示或记录下来。

调频振荡器的振荡频率为

$$f = \frac{1}{2\pi\sqrt{LC}} \tag{4-13}$$

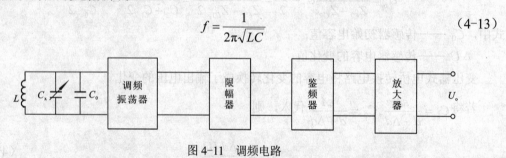

图 4-11　调频电路

这种测量电路具有灵敏度很高，抗外来干扰能力强、特性稳定、能取得高电平的直流信号等优点，缺点是电缆电容、温度变化的影响很大，需要校正输出电压与被测量之间的非线性误差，因此电路比较复杂。

4．脉冲宽度调制电路

脉冲宽度调制电路（PWM）由电压比较器 A_1、A_2，双稳态触发器及电容充放电回路组成。如图 4-12 所示，它利用传感器电容的充放电使电路输出脉冲的宽度随电容传感器的电容量变化而改变，再通过低通滤波器得到对应于被测量变化的直流信号。

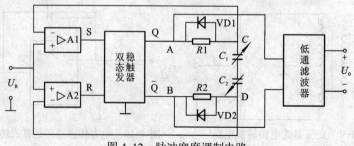

图 4-12　脉冲宽度调制电路

工作时，如 Q 端输出高电平，$\overline{Q}$ 端输出低电平，则通过 R_1 对 C_1 充电，C 点电位升高，而 D 点电位 U_D 被钳制在低电平，当 $U_C > U_R > U_D$ 时，电压比较器 A_1 的输出为低电平，A_2 的输出为高电平，即双稳态触发器的 S 端为低电平，R 端为高电平；双稳态触发器的 Q 端翻转为低电平，$\overline{Q}$ 端输出为高电平，通过 R_2 对 C_2 充电，D 点电位升高，同时 U_C 经二极管 VD_1 快速放电，C 点电位很快由高电平降为低电平，当 $U_D > U_R > U_C$ 时，电压比较器 A_1 的输出为高电平，A_2 的输出为低电平，即双稳态触发器的 S 端为高电平，R 端为低电平；双稳态触发器的 Q 端又翻转为高电平，$\overline{Q}$ 端输出为低电平，如此周而复始，在双稳态触发器的两输出端各产生一宽度分别受 C_1、C_2 调制的脉冲波形，经低通滤波器后，获得的输出电压为

$$U_0 = \frac{C_1 - C_2}{C_1 + C_2} \cdot U_1 = \frac{\Delta C}{C_0} U_1 \qquad (4-14)$$

式中，U_0 ——输出直流电压值；

　　　U_1 ——触发器输出高电平值。

由式（4-14）可知，输出电压 U_0 与 ΔC 成线性关系。脉冲宽度调制电路不论是对于变面积型还是变极距型电容传感器均能获得线性输出；双稳态输出信号一般为 100 kHz~1 MHz 的矩形波，所以不需要相敏检波即能获得直流输出。

5. 消除电容传感器寄生电容的方法

由于电容式传感器的初始电容很小，电容变化也很小，只有几十 pF 甚至几 pF，而连接传感器与电子线路的电缆电容、电子线路的杂散电容以及传感器内极板与周围导体构成的电容等所形成的寄生电容却较大，不仅降低了传感器的灵敏度，影响测量精度，甚至使传感器无法正常工作，所以必须设法消除寄生电容对电容传感器的影响。主要有以下几种方法：

（1）增加初始电容值法

采用增加初始电容值的方法可以使寄生电容相对电容传感器的电容量减小。采用减小极片或极筒间的间距，如平板式间距可减小为 0.2 mm，圆筒式间距可减小为 0.15 mm；增加工作面积 A 或工作长度；在两电极之间覆盖一层玻璃介质，用以提高相对介电常数，从而增加初始电容值 C_0。要注意的是，这种方法要受到加工工艺和装配工艺、精度、示值范围、击穿电压等的限制，一般电容的变化值在 $10^{-3} \sim 10^3$ pF 之间。

（2）采用驱动电缆技术，减小寄生电容

如图 4-13 所示，在电容传感器和放大器 A 之间采用双层屏蔽电缆，并接入增益为 1 的驱动放大器，这种接法可使得内屏蔽与芯线等电位，进而消除了芯线对内屏蔽的容性漏电，克服了寄生电容的影响，而内外层之间的电容 C_x 变成了驱动放大器的负载，由于电容传感器容量都很小，故容抗很大，为高阻抗组件，所以，驱动放大器可以看成是一个输入阻抗很高，且具有容性负载，放大倍数为 1 的同相放大器。

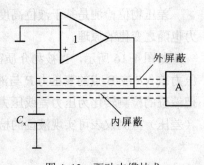

图 4-13　驱动电缆技术

（3）运算放大器驱动法

采用驱动电缆法消除寄生电容，要在很宽的频带上严格实现驱动放大器的放大倍数等于1，并且输入输出的相移为零，这给设计带来困难。而采用运算放大器驱动法就可有效地解决这个问题。如图 4-14 所示，运算放大器驱动法无任何附加电容，特别适用于传感器电容很小情况下的检测电路。

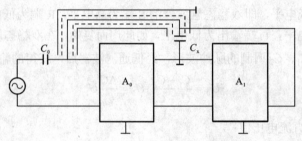

图 4-14　运算放大器驱动法

（4）整体屏蔽法

屏蔽技术就是利用金属材料对于电磁波具有较好的吸收和反射能力来进行抗干扰的。如图 4-15 所示，差动电容式传感器的整体屏蔽法是把图中整个电桥（包含电源电缆等）一起屏蔽起来，传感器公用极板与屏蔽体之间的寄生电容 C_1 与测量放大器的输入阻抗相并联，从而可把 C_1 视作为放大器的输

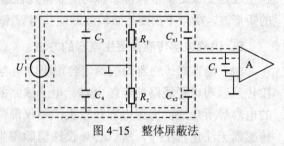

图 4-15　整体屏蔽法

入电容。由于放大器的输入阻抗应具有极大的值，C_1 的并联也不希望存在，但它只是影响传感器的灵敏度，而对其它性能无有影响。另外的两个寄生电容 C_3、C_4 分别并联在两桥臂 R_1、R_2 上，这样就会影响到电桥的初始平衡和整体的灵敏度，但是并不会影响到电桥的正常工作。因此，寄生参数对传感器电容的影响基本上就可以消除。整体屏蔽法是解决电容传感器寄生电容问题的很好方法，其缺点就是使得结构变得比较复杂。

4.1.4　差压式物位检测

1. 差压式物位检测工作原理

差压物位检测是基于液位高度变化时，由液柱产生的压力也随之变化的原理。

如图 4-16 所示，当被测介质密度已知时，A、B 两点的压力差 ΔP 或 B 点的表压力 P 与液位高度 H 成正比，这样就把液位的检测转化为压力差或压力的检测，选择合适的压力（差压）检测仪表可实现液位的检测。

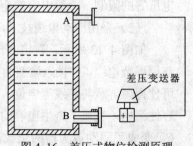

图 4-16　差压式物位检测原理

$$\Delta P = P_B - P_A = \rho g H \qquad (4-15)$$

式中，H——液体高度；

ρ——被测介质密度；

g——被测当地的重力加速度；

P_A、P_B——A、B 两点的压力。

对常压开口容器，可直接使用压力仪表。因为 P_A 为大气压，式（4-15）变为

$$\Delta P = P_B - P_0 = \rho g H \qquad (4-16)$$

对密闭容器液位测量，差压液位计指示值除与液位高度有关外，还与液体密度和差压仪表的安装位置有关。一般要求差压变送器的正、负压室与容器的取压点处在同一水平面上，否则会产生附加静压误差。

（分析）

> 如果差压变送器的正、负压室与容器的取压点不在同一水平面上怎么减小误差？

在实际应用中，出于对设备安装位置和便于维护等方面的考虑，测量仪表不一定都能与取压点在同一水平面上；或者被测介质是强腐蚀性或重粘度的液体，不能直接把介质引入测压仪表，必须安装隔离液罐传递压力信号，以防被测仪表被腐蚀。这就需要量程迁移。

量程迁移是指通过计算进行校正，或对差压变送器进行零点调整，使它在零液位时输出为零。迁移分为无迁移、负迁移和正迁移。

（1）无迁移

如图 4-16 所示，差压变送器的正压室取压口正好与容器的最低液位处于同一水平位置。作用于变送器正、负压室的差压 ΔP 与液位高度 H 的关系为 $\Delta P = \rho g H$。

（2）负迁移

如图 4-17 所示，为了防止容器内的液体和气体进入变送器的取压室而造成导压管线堵塞或腐蚀，以及保持负压室的凝液高度恒定，往往在变送器的正、负压室与取压点之间分别加装隔离罐，并充以密度为 ρ_2 的隔离液。

这时正压室压力为

$$p_+ = h_1 \rho_2 g + H \rho_1 g + P_1 \qquad (4-17)$$

负压室压力为

$$p_- = h_2 \rho_2 g + P_1 \qquad (4-18)$$

差压为

$$\Delta p = p_+ - p_- = h_1 \rho_2 g + H \rho_1 g - h_2 \rho_2 g = H \rho_1 g - (h_2 - h_1) \rho_2 g \qquad (4-19)$$

式中 P_1 为大气压，当 $H=0$ 时，$\Delta p < 0$，需要调整变送器的迁移弹簧，使 $H=0$ 时，$\Delta p=0$。

（3）正迁移

如图 4-18 所示，当差压变送器的测量室的安装位置低于容器最低液位 h 高度时，不论实际液位如何变化，差压计变送器的输出均为

$$\Delta p = (H + h) \rho_1 g \qquad (4-20)$$

变送器的测量室增加了一个固定的压差 $h\rho g$，需要抵消固定正值 $h\rho g$ 的作用，其方法叫做正迁移。

正、负迁移的实质是通过调整变送器的迁移弹簧，改变量程的上、下限值，而量程的大小不变。

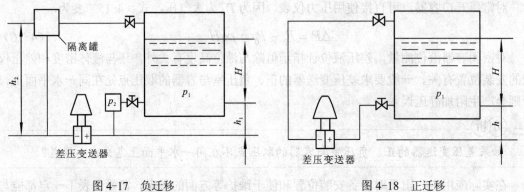

图 4-17　负迁移　　　　　　　　　　　　　　　图 4-18　正迁移

2. 电容式差压变送器

（1）电容式差压变送器的结构

电容式差压变送器是指利用电容敏感组件将被测差压转换成与之成一定关系的标准电信号输出的变送器。从差压变送器制作的结构上来分有普通型和隔离型。普通型的测量膜盒为一个，它直接感受被测介质差压，膜盒的膜片为内膜片，当外膜片上接受压力信号时通过硅油的传递将外膜片的压力传递到膜盒上，测出了外膜片所感受的压力。隔离型的测量膜盒接受到的是导压硅油的压力，硅油被密封在两个膜片中间，接受被测压力的膜片为外膜片。隔离型变送器主要是针对特殊的被测量介质使用的，如被测介质离开设备后会产生结晶，而使用普通型变送器需要取出介质，会将导压管和膜盒室堵塞使其不能正常工作，所以必须选用隔离型。隔离型通常作成法兰式安装，即在被测设备上开口加法兰使变送器安装后它的感应膜片是设备壁的一部分，这样它不会取出被测介质，一般不会造成结晶堵塞。

图 4-19 所示为一种隔离型电容式差压变送器的示意图。左右对称的不锈钢基座内有玻璃绝缘层，其内侧的凹形玻璃球面上镀有金属镀层作为固定电极，中间被夹紧的弹性膜片作为可动测量电极，左、右固定电极和测量电极经导线引出，从而组成了两个电容器 C_1 和 C_2。不锈钢基座和玻璃绝缘层中心开有小孔，不锈钢基座两边外侧焊上了波纹密封隔离膜片，这样测量电极将空间分隔成左、右两个腔室，其中充满导压硅油。当隔离膜片感受两侧压力的作用时，通过硅油将差压传递到弹性测量膜片的两侧从而使膜片产生位移，使得电容 C_1 和 C_2 极板间极距发生变化，引起它们电容值的改变，通过测量转换电路即可输出与电压成一定关系的标准电信号。

差压变送器除了测量两个被测量压力的差值以外，还可以配合各种节流组件来测量流量，可以直接测量受压容器的液位、常压容器的液位以及压力和负压。电容式差压变送器的外形如图 4-20 所示。

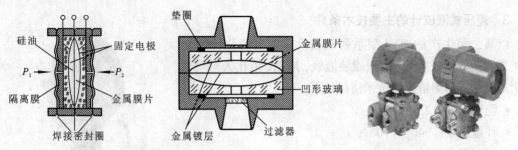

图 4-19 电容式差压变送器　　　图 4-20 电容式差压变送器的外形

（2）电容式差压变送器的技术指标

FD1151 电容式压力/差压变送器的技术指标如下：

- 测量介质：气体、液体或蒸气（腐蚀或非腐蚀）；
- 精度等级：0.25 级或 0.5 级；
- 测量范围：0～1.24 到 0～7.46 kPa；0～6.22 到 0～37.29 kPa；0～31.08 到 0～186.45 kPa；
- 输出信号：4～20 mA DC（二线制）；
- 工作电源：15～45 V DC（标准 24 V DC）；
- 负载电阻：600 V DC 供电；
- 稳定性：最大量程的±0.25%（12 个月）；
- 静压影响：≤±0.25%F·S（可调样消除）；
- 超压影响：≤±0.25%F·S；
- 迁移：最大正迁移量为最小调校量程的 500%；最大负迁移量为最小调校量程的 600%；
- 环境温度：-20～+90℃；
- 工作温度：传感器工作在-40～+100℃；
- 超压极限：输入 0～14 Mpa（绝对压力）压力到变送器任意一侧，变送器不损坏。

（3）电容式差压变送器的安装和使用

差压变送器是一种测量差压值的变送器，用于测量液体、气体或蒸汽的液位的差压，然后将差压信号转变成 4～20 mA DC 信号输出，再通过显示仪表将差压值显示出来。例如，在油库油罐液位的测量设计中选用电容式差压变送器，安装时应注意：

① 安装时应考虑油罐底部的取压开孔尽可能放低，以消除温度变化而造成的误差，必要时引入温度补偿。

② 在油罐的罐体水平截面不等的情况下（如上小下大），要考虑补偿措施。例如，二次表选用 WP-H80 系列液位-容量控制仪。

③ 为达到一定精度，如油罐顶部装有呼吸阀时，必须采用差压变送器而不能采用压力变送器。对敞口油罐或精度要求不高时，可直接采用压力变送器以方便安装。

④ 加到变送器上的电压不能高于 36 V 电压，否则易导致变送器损坏；

⑤ 安装过程中不要用硬物碰触膜片，否则易导致隔离膜片损坏；

⑥ 二次表尽量采用智能表，可方便改变量程，实现温度补偿等。

3. 差压式液位计的主要技术条件

以某公司生产的 CYJ 型系列双波纹管差压液位计（见图 4-21）为例，它主要适用于罐装液氧、液氮、液化天然气、液化二氧化碳的测量。其技术指标如下：

- 测量精度：2.5 级；
- 环境温度：-40～+70℃；
- 相对湿度：5%～95%；
- 大气压力：86～106 kPa；
- 公称工作压力：2.5 MPa

图 4-21　差压式液位计的外形

测量范围包括以下系列：0～15 kPa、0～20 kPa、0～25 kPa、0～30 kPa、0～50 kPa、0～75 kPa、 0～100 kPa、0～125 kPa、0～150 kPa、0～200 kPa、0～250 kPa。

4. 差压式液位计的安装和使用

（1）安装

差压变送器安装在被测对象的下方，引压导管从仪表保护箱上部引入差压变送器，具体配管方式如图 4-22 所示。此配管方式，能保证正、负引压管里充满介质（或隔离液），并不受最低液面的影响，所以能精确测量差压，从而精确测出液位。

当从仪表箱顶部敷设正引压管不方便、不合适时，或差压式变送器安装在正取压点上方时，正引压管的敷设应从仪表箱底部引入，从正取压一次阀后开始（隔离罐后）引出连接管，先向下然后再弯曲向上，以形成 U 型液封。上弯高度要低于正压放空阀，至差压式变送器受压室不要有分叉，低于差压式变送器的排液阀除外。

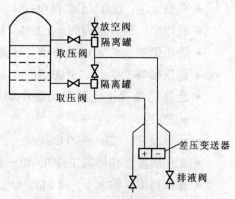

图 4-22　差压变送器安装配管示意图

（2）使用中注意的问题

① 在使用中要注意隔离液的充灌，同时要确保引压管里不留气泡。

② 判断实施了量程迁移后测量是否准确。

如是正迁移，首先关闭差压变送器三阀组的正、负压测量室，打开平衡阀及仪表放空堵头，此时仪表输出应低于 4 mA。如果输出不低于 4 mA，可能是正压室引线或三阀组有些堵。其次，关闭正压室取压点，打开放空开关，这时输出应为 4 mA。如果输出低于 4 mA，可能是迁移量变小或零位偏低，若灌有隔离液，可能是隔离液没有灌满或从旁处漏掉。如果输出高于 4 mA，说明迁移量变大或零位偏高。

如是负迁移，首先关闭差压变送器三阀组的正、负压测量室，打开平衡阀及仪表放空堵头，仪表输出应为 20 mA；其次，关闭正、负压室取压点，打开放空开关，此时，仪表输出应为 4 mA。如果不为 20 mA 或 4 mA，应检查正、负压室引线是否堵，迁移量是否改变，零位是否准确，隔离液是否流失等。

4.1.5　电容式传感器的应用

电容式传感器把非电量转换为与被测量成比例的电容量，再通过转换电路将电容的变化转换为电压、电流或频率信号，不但应用于压力、差压、位移的测量，还广泛应用于液位、料位、湿度、位移、振动等参数的测量。

1. 电容式测厚仪

电容式测厚仪可以用来测量介质的厚度。其工作原理如图 4-23 所示。

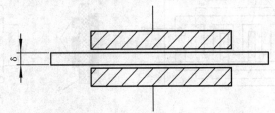

图 4-23　电容式测厚仪工作原理图

此时电容值为：

$$C = \frac{S}{\dfrac{d-\delta}{\varepsilon_0} + \dfrac{\delta}{\varepsilon_1}}$$

（4-21）

式中，d——两固定板极间的距离，单位为 m；

　　　ε_0——间隙内空气的介电常数，单位为 F/m；

　　　δ——被测介质的厚度，单位为 m；

　　　ε_1——被测介质的介电常数，单位为 F/m。

可见，电容量与厚度 d 之间呈非线性关系。应该注意的是，如果电极之间的被测介质导电时，在电极表面应涂覆绝缘层（如 0.1 mm 厚的聚四氟乙烯等），以防止电极间短路。

2. 电容式荷重传感器

图 4-24 所示为电容式荷重传感器的结构示意图。它是在镍铬钼钢块上加工出一排尺寸相等且等距离的圆孔，然后在圆孔内壁上粘贴有待绝缘支架的平板式电容，将每个圆孔内的电容并联，当钢块端面承受重量 F 时，圆孔将产生形变，从而使每个电容器的极板间距变小，电容量增大，电容量的增值正比于被测载荷 F。这种传感器主要的优点是受接触面的影响小，因此测量精度较高，另外电容器放于钢块的孔内也提高了抗干扰能力。它在地球物理、表面状态检测以及自动检测和控制系统中也得到了广泛应用。

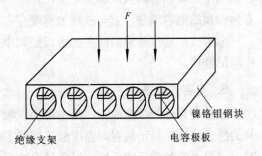

图 4-24　电容式荷重传感器示意图

3. 电容式湿度传感器

电容式湿度传感器主要用来测量环境的相对湿度，其结构如图 4-25 所示。它的上电极 1

有两个，呈梳结构，下电极 2 是一网状多孔金属电极，上下电极间是亲水性高分子介质膜，两个梳状上电极、高分子薄膜和下电极构成两个串联的电容器，当环境相对湿度改变时，高分子薄膜通过下电极吸收或放出的水分，使高分子薄膜的介质常数发生变化，从而导致电容量变化。

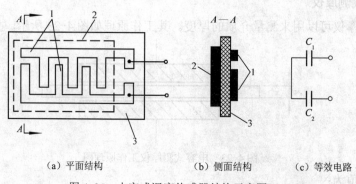

（a）平面结构　　　　　　（b）侧面结构　　　（c）等效电路

图 4-25　电容式湿度传感器结构示意图

4．电容式加速度传感器

图 4-26 所示为差动电容式加速度传感器结构图。它主要由两个固定极板和一个质量块组成，中间的质量块采用弹簧片来进行支撑，它的两个端面经过磨平抛光后作为可动极板。

如传感器壳体随被测对象在垂直方向上有加速度时，质量块由于惯性作用保持相对静止，而两个固定电极将相对质量块在垂直方向上产生正比于被测加速度的位移，此位

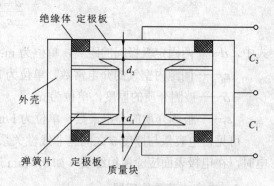

图 4-26　差动电容式加速度传感器

移使两个差动电容的极距 d 发生变化，一个增加，一个减小，从而使 C_1 和 C_2 产生大小相等，方向相反的电容增量，它与被测加速度存在对应关系。

电容式加速度传感器的主要特点是频率响应快且量程范围大，大多采用空气或其它气体作阻尼物质。

5．电容式触摸屏

触控屏又称为触控面板，是个可接收触头等输入信号的感应式液晶显示装置，当接触了屏幕上的图形按钮时，屏幕上的触觉反馈系统可根据预先编写的程序驱动各种连结装置，可用以取代机械式的按钮面板、鼠标或键盘。我们首先用手指或其它物体触摸安装在显示器前端的触摸屏，然后系统根据手指触摸的图标或菜单位置来定位选择信息输入。图 4-27 所示为手机触摸屏。

图 4-27　手机触摸屏

触摸屏由触摸检测部件和触摸屏控制器组成。触摸检测部件安装在显示器屏幕前面，用于检测用户触摸位置，接受后送触摸屏控制器；而触摸屏控制器的主要作用是从触摸点检测装置上接收触摸信息，并将它转换成触点坐标，再送给 CPU，它同时能接收 CPU 发来的命令并加以执行。按照触摸屏的工作原理和传输信息的介质，通常把触摸屏分为 4 种，分别为电阻式、电容感应式、红外线式以及表面声波式。

电容式触摸屏是利用人体的电流感应进行工作的。它是一块 4 层复合玻璃屏，如图 4-28 所示，玻璃屏的内表面和夹层各涂有一层透明的特殊金属导电物质 ITO，最外层是一薄层硅土玻璃保护层，夹层 ITO 涂层作为工作面，4 个角上引出 4 个电极，内层 ITO 为屏蔽层以保证良好的工作环境。当手指触摸在金属层上时（见图 4-29），人体电场、用户和触摸屏表面形成以一个耦合电容。对于高频电流来说，电容是直接导体，于是手指从接触点吸走一个很小的电流。这个电流从触摸屏的四角上的电极中流出，并且流经这 4 个电极的电流与手指到四角的距离成正比，控制器通过对这 4 个电流比例的精确计算，得出触摸点的位置。

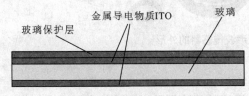

图 4-28　电容式触摸屏结构

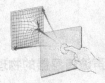

图 4-29　电容触摸屏工作示意

相比传统的电阻式触摸屏，电容式触摸屏的优势主要有以下几点：

① 电容式触摸屏支持多点触控，操作更加直观。

② 由于电容式触摸屏需要感应到人体的电流，只有人体才能对其进行操作，用其它物体触碰时并不会有所反应，所以基本避免了误触的可能。

③ 温度、湿度或环境电场等因素发生改变时，会引起电容式触摸屏的不稳定甚至漂移。

④ 电容值虽然与极间距离成反比，却与相对面积成正比，并且还与介质的绝缘系数有关。因此，当较大面积的手掌或手持的导体靠近电容屏而不是触摸时就能引起电容屏的误动作。

触摸屏的数据分析过程以手机触摸屏为例，想让触摸屏正确分析输入数据，手机的处理器和软件至关重要。电容材料会将原始触摸位置数据传送给手机的处理器。处理器使用手机内存储的软件将原始数据转化为命令和动作。手机触摸屏的数据分析过程如图 4-30 所示。

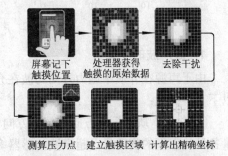

图 4-30　手机触摸屏的数据分析过程

信号以电脉冲的形式从触摸屏传送到处理器；处理器使用软件分析数据，确定每次触摸是为了使用什么功能，这一过程包含确定屏幕上被触摸的区域大小、形状和位置；处理器使用动作转换软件来确定用户的动作指令。它将用户的手指运动与用户在使用哪种应用程序的信息、用户触摸屏幕时应用程序在做什么联系起来；处理器将用户的指令传送给使用中的程序。

目前，触摸屏应用范围已变得越来越广泛，从工业用途的工厂设备的控制、公共信息查询的电子查询设施、商业用途的提款机，到消费性电子的移动电话、PDA、数码照相机等，其中应用最为广泛的是手机。

4.2　超声波传感器检测物位

超声波具有穿透力强，指向性好，在液体、固体中衰减小等特点，同时有类似光波的反射、折射和波型转换等现象，使其在检测技术中获得了广泛的应用，如无损探伤、物位检测、流速测量等。图 4-31 所示为超声波传感器的外形。

图 4-31　超声波传感器的外形

4.2.1　超声波传感器的物理基础

物质的质点在其平衡位置附近进行的往返运动称为振动，振动状态通过空气媒质传播便是声波。也就是说，声波是物体机械振动状态（或能量）的传播形式。

人能听见声波的频率为 20 Hz～20 kHz，即为可闻声波，20 Hz 以下的声波称为次声波，20 kHz 以上的声波称为超声波，一般说话的频率范围为 100 Hz～8 kHz。声波频率的界限划分如图 4-32 所示。

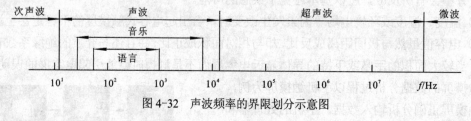

图 4-32　声波频率的界限划分示意图

1. 超声波的波型

由于声源在介质中施力方向与波在介质中传播方向的不同，声波的波型也不同，通常有以下 3 种类型：

① 纵波：质点振动方向与传播方向一致的波，它能在固体、液体和气体中传播。为了测量各种状态下的物理量，超声波传感器多采用纵波。

② 横波：质点振动方向垂直于传播方向的波，它只能在固体中传播。

③ 表面波：质点的振动介于横波与纵波之间，沿着表面传播的波。表面波只在固体表面传播，表面波随深度增加衰减很快。

2. 超声波传播速度

超声波可以在气体、液体及固体中传播，并有各自的传播速度，但三者传播速度不同，横波声速约为纵波声速的 1/2，而表面波声速是横波声速的 90％左右。纵波、横波及表面波的传播速度取决于介质的弹性系数、介质的密度以及声阻抗，声速不仅与介质有关，还与介质所处的状态有关，例如，气体的声速与绝对温度 T 的平方根成正比。

超声波的波长 λ 与频率 f 乘积恒等于声速 c，即

$$\lambda f = C \tag{4-22}$$

3．扩散角

声波从声源向四面八方辐射时，如果声源的尺寸比波长大，则声源集中成一波束，以某一角度扩散出去，在声源的中心轴线上声压最大，偏离中心轴线时，声压逐渐减小，形成声波束，如图 4-33 所示。如果声源为圆板形，扩散角 θ 的大小可用下式表示

$$\sin \theta = K \frac{\lambda}{D} \tag{4-23}$$

式中，λ 为声波在介质中的波长；D 为声源直径；K 为常数，一般取 $K = 1.22$，即波束边缘声压为零时的值。

 分析

比较人说话的声音和超声波哪个扩散角小。

4．超声波的反射和折射

当超声波从一种介质中传播到界面或遇到另一种介质，其方向不垂直于界面时，将产生声波的反射及折射现象。当声波传播至两介质的分界面，一部分能量重返回原介质，称为反射波；另一部分能量透过介质面，到另一介质内继续传播，称为折射波，各种波型都符合反射及折射定律，如图 4-34 所示。

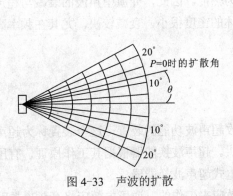

图 4-33　声波的扩散

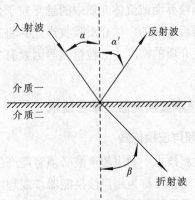

图 4-34　超声波的反射与折射

反射定律：入射角 α 的正弦与反射角 α' 的正弦之比，等于波速之比。当入射波和反射波的波形一样时，波速一样，入射角 α 即等于反射角 α'。

折射定律：入射角为 α，折射角为 β，在第一介质中的波速为 C_1，在第二介质中的波速为 C_2，则有

$$\frac{\sin\alpha}{\sin\beta} = \frac{C_1}{C_2} \tag{4-24}$$

当声波从一种介质向另一种介质传播时，两种介质的密度不同和声波在其中传播的速度不同，在分界面上，声波会产生反射和折射，反射声强 I_R 与入射声强 I_0 之比，称为反射系数，反射系数 R 的大小为

$$R = \frac{I_R}{I_0} = \left(\frac{Z_2\cos\alpha - Z_1\cos\beta}{Z_2\cos\alpha + Z_1\cos\beta}\right)^2 \tag{4-25}$$

式中 Z_1 为第一介质的声阻抗；Z_2 为第二介质的声阻抗。

在声波垂直入射时，$\alpha = \beta = 0$，上式可简化为

$$R = \left(\frac{Z_2 - Z_1}{Z_2 + Z_1}\right)^2 \tag{4-26}$$

若两种介质的声阻抗相等或者相接近时，R 等于 0 或近似为 0，即不产生反射波，可以视为全透射；两种介质的声阻抗相差悬殊时，声波几乎全部被反射，超声波从密度小的介质射向密度大的介质时，透射较大，超声波从密度大的介质射向密度小的介质时，透射较小。

5. 超声波的衰减

当声波在介质中传播时，由于扩散、散射以及介质吸收原因，能量会不断衰减。

声波在介质中传播时，能量的衰减决定于声波的扩散、散射和吸收。在理想介质中，声波的衰减仅来自于声波的扩散，即声波传播距离的增加引起声能的减弱；散射衰减是固体介质中的颗粒界面或流体介质中的悬浮粒子使声波散射；吸收衰减是由介质的导热性、粘滞性及弹性滞后造成的，如介质吸收声能并将其转换为热能。因此，介质中声波的衰减与超声波的频率及介质的密度、晶粒粗细等因素有关。气体的密度很小，衰减较快，尤其在频率高时衰减更快。

4.2.2 超声波换能器及耦合技术

1. 超声波换能器

在检测技术中利用超声波必须有能产生和接收超声波功能的装置，这个装置称为超声波传感器，习惯上称为超声波换能器，或超声波探头。超声波换能器根据其工作原理，有压电式、磁致伸缩式和电磁式等多种，最常用的是压电式超声波换能器。

压电式超声波换能器是利用压电材料的压电效应来工作的。逆压电效应将高频电振动转换成高频机械振动，从而产生超声波，可作为发射探头；而利用压电效应，将接收到的超声波转换成电信号，可作为接收探头。

由于其结构不同，超声波探头又分为直探头、斜探头、双探头、表面波探头、聚焦探头、空气传导探头以及其它专用探头。图 4-35 所示为几种不同的探头。

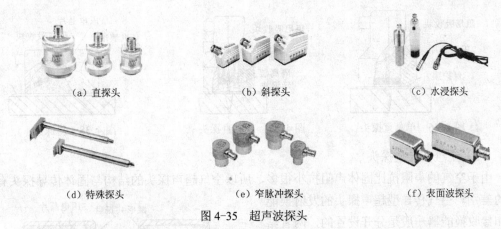

| (a) 直探头 | (b) 斜探头 | (c) 水浸探头 |

| (d) 特殊探头 | (e) 窄脉冲探头 | (f) 表面波探头 |

图 4-35　超声波探头

下面介绍几种常见的探头：

（1）单晶直探头

直探头由压电芯片、阻尼吸收块和保护膜组成，基本结构如图 4-36 所示。压电芯片采用 PZT 压电陶瓷材料制作，多为圆片形，外壳用金属制作，其厚度与超声波频率成反比，芯片的两面镀有银层，作为导电极板；阻尼吸收块用钨粉、环氧树脂等浇注，用于吸收压电芯片背面的超声脉冲能量，防止杂乱反射波产生，提高分辨率；保护膜可以用三氧化二铝、碳化硼等硬度很高的耐磨材料制作以避免芯片磨损。超声波的发射和接收虽然均是利用同一块芯片，但时间上有先后之分，所以单晶直探头是处于分时工作状态，必须用电子开关来切换这两种不同的状态。

（2）双晶直探头

双晶直探头是由两个单晶探头组合而成，基本结构如图 4-37 所示，装配在同一壳体内，其中一片芯片发射超声波，另一片芯片接收超声波，两芯片之间用一片吸声性能强、绝缘性能好的薄片隔离，使超声波的发射和接收互不干扰，芯片略倾斜，芯片间的倾斜角通常为 3°～8°，芯片下设置用有机玻璃或环氧树脂制作延迟块，它使声波延迟一段时间后射入工件中，从而可检测近表面缺陷，减小了盲区，并可提高分辨率。双晶探头的结构虽然复杂些，但检测精度比单晶直探头高，且超声信号的反射和接收的控制电路较单晶直探头简单。

（3）斜探头

有时为了使超声波能倾斜入射，在工件中折射横波，芯片应倾斜放置，可选用斜探头。它主要由压电芯片、阻尼块及斜楔块组成，其结构示意图如图 4-38 所示。压电芯片粘贴在与地面成一定角度（如 30°、45° 等）的有机玻璃斜楔块上，压电芯片的上方用吸声性强的阻尼块覆盖。当斜楔块与不同材料的被测工件接触时，超声波产生一定角度的折射，倾斜入射到试件中去，折射角可通过计算求得。

（4）聚焦探头

由于超声波的波长很短，所以它也像光波一样可以被聚焦成细束，在焦点处声能集中，分辨试件中细小的缺陷，这种探头称为聚焦探头。超声波的聚焦有两种方法，一种是将压电芯片做成凹面，发射的声波直接聚焦；另一种是用声透镜的方法将声束聚焦，一般后一种方法应用较多。

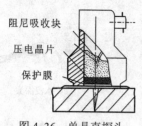

图 4-36 单晶直探头

图 4-37 双晶直探头

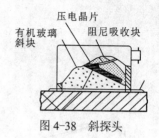

图 4-38 斜探头

（5）空气传导型探头

由于空气的声阻抗比固体声阻抗小很多，所以空气超声探头的结构与固体传导探头有很大的差别。空气传导型超声探头的发射换能器和接收换能器一般是分开设置的，两者结构也略有不同。图 4-39 所示为空气传导用的超声波发射换能器和接收换能器的结构示意图。发射器的压电片上粘贴锥形共振盘，以提高发射效率和方向性；接收器在共振盘上增加了一只阻抗匹配器，以滤除噪声，提高接收效率。

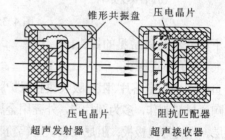

图 4-39 空气传导型超声发生器、接收器结构示意图

常用的在空气中传播的小型超声波传感器的主要参数如表 4-3 所示。

表 4-3 常用超声波传感器主要参数

型号	功能	中心频率/kHz	灵敏度/dB	电容/pF
T/R40-12	发射接收	40	-67	2 500
UCM-40-R	接收	40	-65	1 700
UCM-40-T	发射	40	110	1 700
MA40A5R	接收	40	-67	2 000
MA40A5S	发射	40	112	2 000
MA40E1R	接收	40	-74	2 200
MA40E1S	发射	40	106	2 200

 分析

为什么空气中传播的超声波传感器频率较低？

2. 耦合技术

为了防止探头的磨损，一般不直接将超声波探头放在被测介质表面来回移动，并且由于超声探头与被测物体接触时，探头与被测物体表面间必然存在一层空气薄层，引起界面间强烈的杂乱反射波，造成干扰，同时空气也将对超声波造成很大的衰减。因此，在工业中通常使用耦合剂（见图 4-40）充满在接触层中，将接触面之间的空气排挤掉，使超声波能顺利地入射到被测介质中。耦合剂的厚度应尽量薄一些，以减小耦合损耗。常用的耦合剂有机油、甘油、水玻璃、胶水、化学浆糊等。有时为了减少耦合剂的成本，还可在单晶直探头、双晶直探头或斜探头的侧面，加工一个自来水接口。在使用时，自来水通过此孔压入到保护膜和试件之间的空隙中。使用完毕，将水迹擦干即可，这种探头称为水冲探头。

图 4-40　耦合剂

4.2.3　超声波传感器的应用

1．超声波物位测量

物位测量是超声波传感器最常见的应用，超声物位计具有安装维修方便，无机械可动部分，能实现非接触测量，使用寿命长等特点，适用于料仓或容器内料位的测量，特别是有毒、高黏度及密封容器内的液位测量。

根据超声物位计的使用特点可分为定点式物位计和连续式物位计两大类。

（1）定点式物位计

定点式物位计用来测量被测物位是否达到预定高度，并发出相应的开关信号。常用的有声阻式、液介穿透式和气介穿透式 3 种。

声阻式液位计利用气体和液体对超声振动的阻尼有显着差别这个特性来判断测量对象是液体还是气体，由于气体和液体的声阻抗差别很大，当探头发射面分别与气体或液体接触时，发射电路中通过的电流也就明显不同。因此，利用一个超声波探头，就能通过指示仪表判断出探头前是气体还是液体，从而测定液位是否到达检测探头的安装高度，如图 4-41（a）所示。声阻式液位计结构简单，使用方便，适用于化工、石油等工业中的各种液面测量，也用于检测管道中有无液体存在，但不适用于粘滞液体，因为粘滞液体有部分液体粘附，不随液面下降而消失，容易误动作，同时也不适用于溶有气体的液体。

液介穿透式超声液位计利用两个超声波探头工作，如图 4-41（b）所示，发射和接收压电体分别被接到放大器的输出端和输入端，在发射与接收探头之间留有一定间隙，当间隙内充满液体时，由于固体与液体的声阻抗率接近，超声波穿透时界面损耗较小，从发射到接收，是放大器由于声反馈而连续振荡；当间隙内是气体时，由于固体与气体声阻抗率差别极大，在固、气分界面上声波穿透式的衰减极大，所以声反馈中断，振荡停止。可根据放大器振荡与否来判断换能器间隙是空气还是液体，从而判断液面是否到达预定高度，继电器发出相应信号。

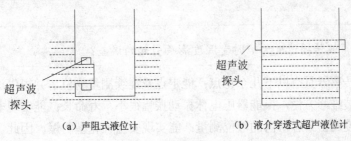

（a）声阻式液位计　　　　　　　　　　（b）液介穿透式超声液位计

图 4-41　超声波定点式物位计

气介穿透式超声物位计将发射换能器中压电陶瓷和放大器接成正反馈振荡回路,振荡在发射换能器的谐振频率上。接收换能器同发射换能器采用相同的结构,使用时,将两换能器相对安装在预定的高度上,使其声路保持畅通。当被测料位升高而遮断声路时,接收换能器收不到超声波,控制器内继电器动作,发出相应的控制信号。

（2）连续指示式物位计

连续指示式物位计大都采用脉冲回波式连续测量物位,以液位计为例,根据不同应用场合所使用的传声媒介质不同,液位计可分为气介式、液介式和固介式 3 种;根据超声换能器的工作方式又可分为单换能器式和双换能器式,单换能器的传感器发射和接收超声波使用一个换能器,而双换能器的传感器,发射和接收超声波被各由一个换能器完成。

超声波发射和接收换能器可安装在水中,如图 4-42（a）、（b）所示,让超声波在液体中传播,由于超声波在液体中的衰减比较小,所以即使发出的超声波脉冲幅度较小也可以传播;超声波发射接收换能器也可以安装在液面的上方,让超声波在空气中进行传播,如图 4-42（c）、（d）所示,这种方式安装简单,便于维修,但超声波在空气中的衰减比较大。

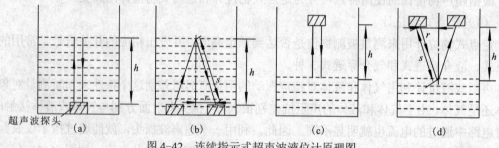

图 4-42　连续指示式超声波液位计原理图

设超声波在介质中传播的速度为 c,对于图 4-42（a）、（c）所示的单换能器来说,如测得声波从发射到液面又从液面反射到换能器的时间为 t,则换能器距液面的距离 h 为

$$h = \frac{1}{2}ct \qquad\qquad (4\text{-}27)$$

对于图 4-42（b）、（d）所示的双换能器来说,如测得声波从发射到液面又从液面反射到换能器的时间为 t,则换能器距液面的距离 h 为

$$h = \sqrt{s^2 - r^2} = \sqrt{\left(\frac{1}{2}ct\right)^2 - r^2} \qquad\qquad (4\text{-}28)$$

分析

如何消除超声波传播速度为 c 时受温度影响引起的误差?

超声式物位传感器具有以下几个特点:能定点及连续测量物位,并提供遥控信号;无机械可动部分,安装维修方便,换能器压电体振动振幅很小,寿命长;能实现非接触测量,适用于有毒、高黏度及密封容器内的液位测量;能实现安全火花型防爆。因此,广泛应用于化工、石油、食品及医药等工业部门。

（3）超声波传感器在电厂煤仓料位检测中的应用

电厂对煤仓料位的准确性要求严格，但煤仓结构的复杂性和被测介质的比重、颗粒度等给仓位测量带来很大困难。由于超声波传感器适合于固体颗粒和块状物料的料位测量，所以在电厂煤仓检测中被普遍采用。料位检测是通过测量超声波换能器发射声波并接收到被测物体返回声波的时间，来计算出传感器到物体表面的距离。

电厂煤仓料位检测的应用如下：

① 针对料仓情况（如图 4-43 所示，一般仓高 7~8m，仓口直径 2~3 m），可选用量程大的超声波传感器。

② 必须安装在仓口中心位置，注意最好不要高于仓口面，同时也要保证超声波传感器垂直安装于煤料表面，如图 4-44 所示。

图 4-43　某电厂煤仓　　　　　图 4-44　超声波传感器安装现场

③ 尽量保证超声波在有效测量范围内的波束不会"接触"到任何障碍物，如横梁等。

④ 安装完毕后，可通过电位器调节旋钮或按键来调整传感器工作范围（2~6 m），同时观察传感器指示灯状态，使其测量信号达到最佳状态。

⑤ 检验传感器输出值与仓位实际标定值是否相符。

2．超声波测厚

超声波测量金属零件的厚度，具有测量精度高，操作安全简单，易于读数、可连续自动检测等优点，但是对于声衰减很大的材料，以及表面凹凸不平或形状很不规则的零件，利用超声波测厚比较困难。超声波测厚仪外形如图 4-45 所示。

超声波测厚常用脉冲回波法。图 4-46 所示为脉冲回波法检测厚度的工作原理，超声波探头与被测物体表面接触，产生超声波脉冲。因为工件底面与空气交界，到达钢板底部的超声波的绝大部分能量被底部界面所反射，其反射波经过短暂的传播时间被反射回来，被同一探头接收。设工件厚度为 d，已知超声波在工件中的声速为 v，测出脉冲波从发射到接收的时间间隔 t 就可求出工件厚度为 δ。

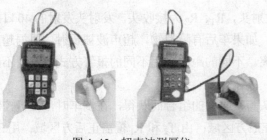
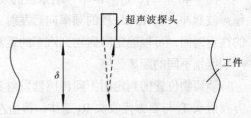

图 4-45　超声波测厚仪　　　　　图 4-46　脉冲回波法检测厚度的工作原理

$$\delta = \frac{vt}{2} \qquad\qquad (4-29)$$

几种常见超声波测厚仪技术数据如表 4-4 所示。

表 4-4 常见超声波测厚仪技术数据

型号	UM-1	UM-2	UM-3
工作原理	脉冲~回波方式	脉冲~回波方式	界面波~回波方式（普通模式） 回波~回波方式（精密模式）
测量范围/mm	0.8~300	0.80~300	1.5~18（普通模式） 0.25~10（精密模式）
分辨率/mm	-0.1	-0.01，0.1	-0.001，0.01，0.1
示值误差/mm	±0.1（10mm 以下） ±0.1%H+0.1（10mm 以上）	±0.05（10mm 以下） ±0.5%H+0.01（10mm 以上）	±0.005（3 mm 以下） ±0.05（20 mm 以下）
重复性/mm	±0.1	±0.05	
材料声速范围 /m/s	1 000~9 999	1 000~9 999	1 000~9 999
工作温度	-10℃～+50℃，有特殊要求可达-20℃		

注：H 为被测物厚度。

3. 超声波倒车报警系统

在倒车时，超声波距离传感器利用超声波检测车辆后方障碍物的位置，再利用指示灯和蜂鸣器把车辆到障碍物的距离及位置通知驾驶员，起到安全倒车作用。超声波的倒车系统外形如图 4-47 所示。超声波倒车系统有两对超声波传感器，并排均匀地分布在汽车的后保险杠上，如图 4-48 所示。其中，两个为发射传感器，两个为接收传感器，该系统由微机进行自动检测、控制、显示及报警。

图 4-47 超声波倒车系统外形

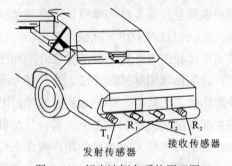

图 4-48 超声波倒车系统原理图

图 4-48 中 T_1、T_2 为倒车声纳系统的发射头，R_1、R_2 为接收头。发射头发射的 40 kHz 的超声波脉冲，以 15 次/秒的频率向后发射。如果车后有障碍物，超声波被反射，根据超声波的往返时间，可以确定障碍物到汽车的距离。不同的距离采用不同的报警方式，可用不同的声响区别不同的距离范围。

障碍物位置的判定用不同传感器发射头与接收头的组合而获得，在倒车时，微机控制左方发射头 T_1 与右方接收头 R_1 工作，覆盖左后方区域；由 T_2 和 R_1 覆盖正后方区域；用 T_2 和 R_2 覆盖右后方区域。这样不同的组合巡回检测，即可确定障碍物在汽车后左、中或右的位置。

4. 超声波无损探伤法

超声波无损探伤法是利用超声波在物体中传播特性来发现物体内部的不连续性，即检测板材、管材、锻件和焊缝等材料中有无裂缝、气孔、夹渣等的缺陷或损伤，如图 4-49 所示。作为无损检验的一种重要手段，它具有检测灵敏度高、速度快、成本低等优点，因而在工业检测中已经获得广泛应用。

图 4-49　超声波无损探伤

（1）超声波无损探伤工作原理

超声波无损探伤根据其工作原理可以分为共振法、穿透法、脉冲反射法。

① 共振法：根据声波在工件中呈共振状态来测量工件厚度或判断有无缺陷的方法。这种方法主要用于表面较光滑的工件的厚度检测，也可用于探测复合材料的黏合质量和钢板内的夹层缺陷检测。声波在工件内传播时，如入射波与反射波同相位，即工件厚度为超声波波长 λ 的一半或成整数倍时，则引起共振。如测得共振频率 f 和共振次数 n，便可计算出材料的厚度 d 为

$$d = n\frac{\lambda}{2} = \frac{nc}{2f} \tag{4-30}$$

共振法可精确地测厚，特别适宜测量薄板及薄壁管，但对工件表面光洁度要求较高，否则不能进行测量。

② 穿透法：通常采用两个探头，分别放置在试件两侧，一个将脉冲波发射到试件中，另一个接收穿透试件后的脉冲信号，依据脉冲波穿透试件后能量的变化来判断内部缺陷的情况。工件内无缺陷时，接收到的超声波能量较强；一旦有缺陷，声波受缺陷阻挡，则将在缺陷后形成声影，这样就可根据接收到的超声波能量的大小来判定缺陷的大小。在穿透法探伤中，可采用连续波和脉冲波两种不同的方法。

穿透法探伤能根据能量的变化判断有无缺陷，指示简单，便于自动探伤，但灵敏度较低不易发现小缺陷，不能定位，对两探头的相对距离和位置要求较高，适宜探测薄板及超声波衰减大的材料。

③ 脉冲反射法：由超声波探头发射脉冲波到试件内部，通过观察来自内部缺陷或试件底面的反射波的情况来对试件进行检测的方法。超声波探伤最常用的是脉冲反射法，而脉冲反射法根据超声波入射波型的不同可分为纵波探伤、横波探伤和表面波探伤。

- 纵波探伤法：使超声波波束垂直或倾斜入射（倾斜角不大于临界角）被测试件而进行探测的方法。测试时在探头上加上高频电脉冲，激励压电晶体片振动，使之产生超声波，探头放于被测工件上，并在工件上来回移动进行检测。这时探头发出的纵波超声

波，以一定的速度向工件内部传播，当试件
中不存在缺陷时，显示图形中仅有发射脉冲
T 和底面反射脉冲 B 两个信号，如图 4-50
位置 I 所示。当试件中存在有缺陷时，一部
分超声波脉冲在缺陷处产生反射脉冲 F，另
一部分声波继续传至试件底面后反射回来，
如图 4-50 位置 II 所示。通过观察探伤仪面板
上显示屏的波形可确定缺陷的情况，显示屏
的水平亮线为扫描线，其长度与工件的厚度
成正比，通过缺陷脉冲在显示屏上的位置可

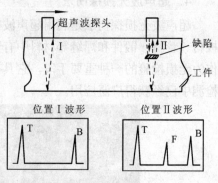

图 4-50　纵波探伤法

确定缺陷在工件中的位置；通过缺陷脉冲幅度的高低来判别缺陷面积的大小，如果缺
陷面积大，则缺陷脉冲幅度就高反之则低。用纵波探测时，也可用组合双探头：一个
探头发射声波，另一个接收声波。采用组合双探头可减少盲区。

- 横波探伤法：超声波波束中心线与缺陷截面积垂直时，探头灵敏度最高，但遇到不垂
  直的缺陷时，用直探头探测虽然可探测出缺陷存在，但并不能真实反映缺陷大小。横
  波探伤法大多采用斜探头进行探伤，声波以一定角度入射到试件产生波形转换，则探
  伤效果较佳。横波探测时也可用双探头法。在实际应用中，应根据缺陷性质、方向，
  采用不同的探头进行探伤，有些工件的缺陷性质及方向事先不能确定，为了保证探伤
  质量，则应采用几种不同探头进行多次探测。如图 4-51 所示，（a）图为正常情况，
  无底波反射，声波呈锯齿形向前传播；（b）图为工件有缺陷的情况，在荧光屏上有
  缺陷波 F 出现；（c）图表示缺陷平行于板面，声束虽被反射，但探头接收不到，因
  此荧光屏上也无缺陷波出现，这种情况需要配合直探头检测。

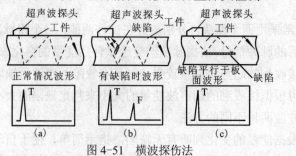

图 4-51　横波探伤法

- 表面波探伤法：这种方法是表面波沿着试件的表面传播来进行检测的。入射角超过一
  定值后，折射角可达到 90°，这时固体表面受到超声波引起的交替变化的表面张力作
  用，质点在介质表面的平衡位置附近作椭圆轨迹振动，这种振动称为表面波。表面波
  沿试件表面传播的过程中，遇到缺陷时，产生反射，在荧光屏上出现缺陷波。表面波
  在传播过程中遇到曲面也会反射，曲率越小，反射越大，在棱角 90° 处反射最大，在
  反射的同时，部分表面波会沿着棱角继续在表面传播。表面波的能量随表面深度的增
  加而显着降低，在大于一个波长的深度处表面声波的能量很小，不能探测。

（2）超声波探伤仪

以 YUT2620 型超声波探伤仪（见图 4-52）为例，其操作简单方便；能实时包络显示缺陷的最高波，记录缺陷最大值，有助于缺陷精确定位和快速扫查；能自动调整增益到设置的波幅高度，并设计了距离补偿功能，在近场分辨能力不受影响的情况下，只对远距离的信号进行灵敏度补偿，从而大大地提高了仪器的扫查范围。

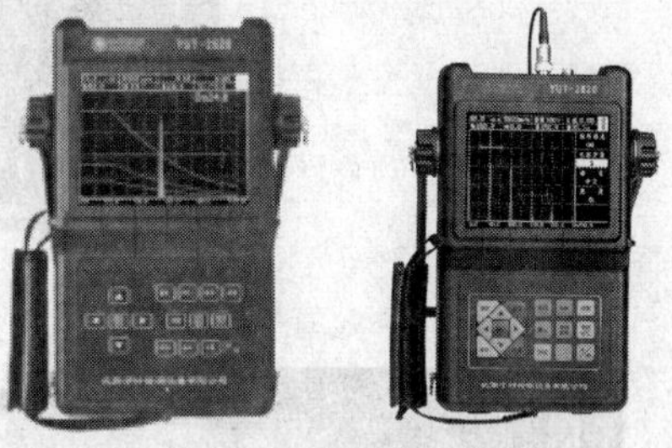

图 4-52　超声波探伤仪

YUT2600 数字式超声波探伤仪的主要技术参数如下：

- 工作频率：0.5～15 MHz；
- 探测范围：0～4 500 mm；
- 材料声速：1 000～9 999 m/s；
- 工作方式：脉冲回波、双晶；
- 脉冲移位：0～1 000 mm；
- 探头零点：0～199.99 μs；
- 增益调节：0～110 dB，分 0.1 dB、2 dB、6 dB 步进，全自动调节；
- 垂直线性误差：≤3%；
- 水平线性误差：≤0.3%；
- 分辨率：≥32 dB（5P14）；
- 动态范围：≥30 dB。

（3）超声波无损检测车身焊接

在汽车车身的生产过程中，点焊是连接汽车金属薄板的一种常用方法，这种焊接方法简便易行、经济有效，而且适用于高速自动化生产。一个典型的汽车车身约含有5 000 个点焊接头。为了确保安全，需要检查焊接质量，点焊接头主要的质量问题是虚焊，由于它与合格的接头在外观上完全一样，目测很难区别其质量的好坏，利用超声波技术对电阻点焊进行无损检测效率较高，几乎能够识别各种有缺陷的焊点。所以，超声波无损检测对于电阻点焊来说，是一种有效、可靠的技术，如图 4-53 所示。自 1998 年 Mansour

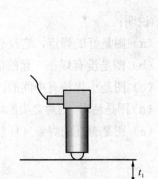

图 4-53　超声波无损检测车身焊接

提出了基于脉冲回波技术的点焊超声检测方法以来，这一方法在国内外汽车工业中得到广泛应用。

探头频率一般为 15～20 MHz，采集到的不同超声回波曲线可反映不同的焊点缺陷形式。图 4-54 列出了常见焊点缺陷的超声回波曲线。

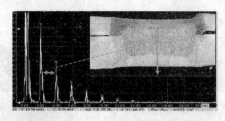

（a）好的焊点

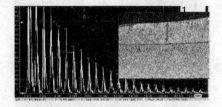

（b）没有焊在一起

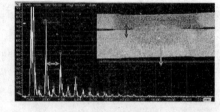

（c）小焊核

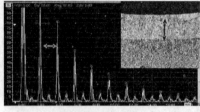

（d）粘焊、虚焊

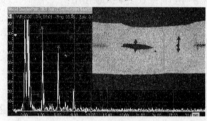

（e）有孔的焊点

图 4-54　焊点缺陷的超声回波曲线

说明：

（a）图是好的焊点，它没有明显的中间信号，并且信号按焊接厚度排列。

（b）图是没有焊在一起的信号，按单片厚度排列。

（c）图是小焊核有中间的回波信号，信号与焊核大小和声束直径成比例。

（d）图是粘焊、虚焊之类的坏焊点与好焊点相比有较低的衰减，通常上层板底面回波很明显。

（e）图是有孔的焊点（环状焊点）有快速声衰减的信号。

4.3　流量的检测

在工业生产过程和日常生活中，流量是需要经常测量和控制的重要参数之一。流量是指单位时间内流过管道某截面流体的体积或质量，可以分别称为体积流量 q_v 或质量流量 q_m，如设流体的密度为 ρ，则二者之间的关系为：$q_m=q_v\rho$。在一段时间内流过的流体量就是流体总量，它是瞬时流量对时间的积累。

由于流体的性质各不相同，如液体和气体在可压缩性上差别很大，其密度受温度、压力的影响也相差悬殊；各种流体的黏度、腐蚀性、导电性等也不一样，尤其是工业生产过程情况复杂，某些场合的流体伴随着高温、高压，甚至是气液两相或固液两相的混合流体。因此，很难用同一种方法测量流量。为满足各种情况下流量的检测，目前已有上百种流量计，以适用于不同的测量对象和场合。

4.3.1　流量检测的方法

常见的流量检测方法有节流差压法、容积法、速度法、流体振动法、质量流量测量等。

1. 节流差压法

在管道中安装一个直径比管径小的节流件，当充满管道的单向流体流经节流件时，由于流道截面突然缩小，流体将在节流件处形成局部收缩，使流速加快。由能量守恒定律可知，动压能和静压能在一定条件下可以互相转换，流速加快必然导致静压力降低，于是在节流件前后产生静压差，而静压差的大小和流过的流体流量有一定的函数关系，所以通过测量节流件前后的静压差即可求得流量。

2. 容积法

应用容积法可连续地测量密闭管道中流体的流量，它是由壳体和活动壁构成流体计量室。当流体流经该测量装置时，在其入、出口之间产生压力差，此流体压力差推动活动壁旋转，将流体一份一份地排出，记录总的排出份数，则可得出一段时间内的累积流量。

3. 速度法

通过测出流体的流速，再乘以管道截面积即可得出流量。显然，对于给定的管道其截面积是常数。流量的大小仅与流体的流速大小有关，流速大流量大，流速小流量小。该方法是根据流速进行测量的，故称为速度法。

4. 流体振动法

流体振动法是在管道中设置特定的流体流动条件，使流体流过后产生振动，而振动的频率与流量有确定的函数关系，从而实现对流体流量的测量。

5. 质量流量测量

流体的体积是流体温度、压力和密度的函数。在工业生产和科学研究中，由于产品质量控制、物料配比测定、成本核算及生产过程自动调节等许多应用场合的需要，仅测量体积流量是不够的，还必须了解流体的质量流量。质量流量的测量方法，可分为间接测量和直接测量两类。间接式测量方法通过测量体积流量和流体密度计算得出质量流量，这种方式又称为推导式；直接式测量方法则由检测组件直接检测出流体的质量流量。几种常用流量传感器的外形如图 4-55 所示。

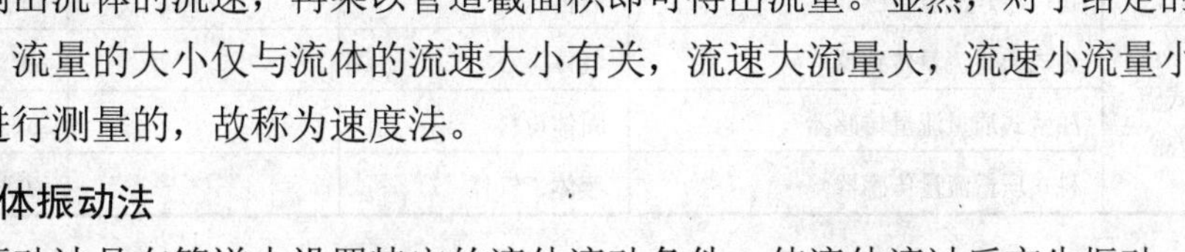

（a）电磁流量计

（b）质量流量计

（c）涡街流量计

（d）椭圆齿轮流量计

（e）靶式流量计

（f）孔板流量计

图 4-55　几种常用流量传感器的外形

工程上常用流量传感器的检测方法和性能如表 4-5 所示。

表 4-5　常用流量传感器检测方法和性能

类别	检测方法	传感器		被测流体	管径/mm	精度（被测量值误差范围）/%
体积流量检测	差压式流量检测	节流式流量传感器	孔板	液体、气体、蒸汽	50～1 000	±1～±2
			喷嘴		50～500	
			文丘里嘴		100～1 200	
		转子式流量传感器		液体、气体	4～150	±2
		靶式流量传感器		液体、气体、蒸汽	15～200	±1～±4
		弯管式流量传感器		液体、气体		±0.5～±5
	容积式流量检测	椭圆齿轮		液体	10～400	±0.2～±0.5
		腰轮式流量传感器		液体、气体		
		刮板式流量传感器		液体		±0.2
	速度式流量检测	涡轮式流量传感器		液体、气体	4～600	±0.1～±0.5
		电磁式流量传感器		导电液体	6～2 000	±0.5～±1.5
		超声波式流量传感器		液体	>10	±1
质量流量检测	质量式流量检测	热式质量流量传感器		气体		±1
		冲量式质量流量传感器		固体粉料		±0.2～±1.5
		科式质量流量传感器		液体、气体		±0.15

4.3.2　差压式节流流量计

差压式流量计（见图 4-56）具有检测方法简单、使用广泛、性能可靠、适应性强、可不经流量标定就能保证一定的精度等优点，广泛应用于工业生产中气体、蒸汽、液体流量的检测。

差压式流量计是根据安装于管道中流体产生的差压来计算流量的仪表。按检测件的作用原理分为节流式、动压头式、水力阻力式、离心式、动压增益式和射流式等几大类，其中节流式和动压头式应用最为广泛。

图 4-56　差压式流量计

1．差压式节流流量计组成

差压式节流流量计主要由三部分组成：第一部分为节流装置，安装于管道中产生差压，将被测流量值转换成差压值；第二部分为取压装置，包括环室、取压法兰、夹持环、导压管等，它是将节流装置前后产生的差压，传送给差压变送器的装置；第三部分差压变送器，用来检测差压并转换成标准电信号（4～20 mA）。差压式节流流量计组成框图如图 4-57 所示。

图 4-57　差压式节流流量计组成框图

2. 节流式差压式流量计工作原理

连续流动的流体流经管道内的节流件时（见图 4-58），由于节流装置中间有个圆孔，孔径比管道内径小，在节流件处形成局部收缩，因而流速增加，静压力降低。流过孔口后，由于惯性作用，流动截面还继续收缩一定距离后才逐渐扩大到整个管截面。流速又由于流通面积的变大和流束的扩大而降低，静压力升高，在节流件前后便产生了压差。流过的流量愈大，在节流装置前后所产生的压差也就愈大，因此可通过测量压差来计量流体流量的大小。

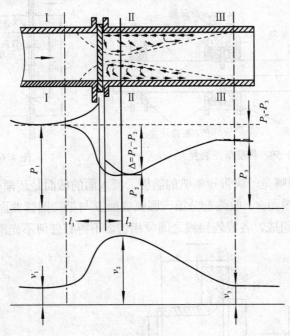

图 4-58   孔板附近的流速和压力分布

根据质量守恒定律和能量守恒定律可得流量方程，流体的体积流量为：

$$q_v = \alpha \varepsilon A \sqrt{\dfrac{2(p_1 - p_2)}{\rho}} \tag{4-31}$$

式中 A 为为节流件的开孔面积；ε 为流体膨胀性系数；ρ 为流体密度；ε 为流体的膨胀系数，是对流体通过节流件时密度发生变化而引起的流出系数变化的修正，对于不可压缩的流体 $\varepsilon=1$，对于可压缩的流体 $\varepsilon<1$；α 为流量系数，与节流装置的形式、取压方式、雷诺数（流体流动的惯性力与粘滞力之比）、孔径比、管道情况和流体性质等有关，因为影响因素复杂，较难确定，所以通常通过实验求取。

3. 节流装置

（1）标准节流装置

按照 ISO 5167 或 GB/T 2624 标准文件设计、制造、安装和使用，无须经实流校准即可确定其流量值并估算流量测量误差的节流装置。标准节流装置是由节流件、取压装置和节流件上游侧阻力件、下游侧阻力件以及它们间的直管段所组成。图 4-59 所示为全套标准节流装置。标准节流装置同时规定了它所适应的流体种类、流体流动条件以及对管道条件、安装条件、流体参数的要求。

（2）标准节流件

① 标准孔板：孔板的结构非常简单，它实际上是一块中心带圆孔的板，孔板与管道同心，管道直径为 D，标准孔板的开孔直径为 d。图 4-60 所示为最常用的标准孔板，直径比 $\beta=d/D$ 在 $0.20\sim0.23$ 和 $0.75\sim0.80$ 之间。孔板开孔上游侧的直角入口边缘，应锐利无毛刺和划痕。

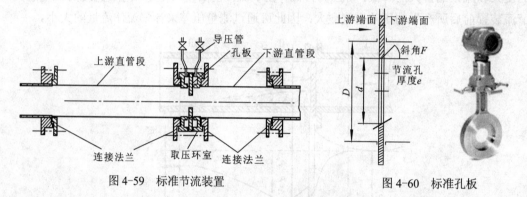

图 4-59　标准节流装置　　　　　　　　　图 4-60　标准孔板

② 标准喷嘴：喷嘴是一块带短喇叭的圆板，流入面的截面是逐渐变化的。图 4-61 所示的标准喷嘴，由进口端面 A、收缩部分第一圆弧曲面 B 与第二圆弧曲面 C、圆筒形喉部 E 和出口边缘保护槽 F 所组成，各段连接线之间须相切，不得有任何不光滑的部分。

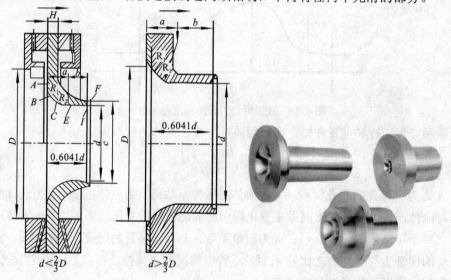

图 4-61　标准喷嘴

③ 文丘里管：文丘里管像一个长喇叭管，如图 4-62 所示，其内表面的形状和流体的线性非常接近，流体通过时速度是逐渐变化的。由于实现了逐渐收缩与扩散，压损较小。但由于其内部表面是一个特殊的曲面，所以制造很复杂，总重量太大，同时铺设的总长度太长，目前一般的工业生产中用得很少。

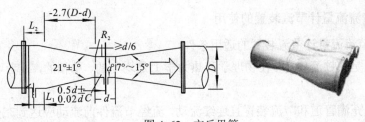

图 4-62　文丘里管

（3）取压方式

如果取压孔在节流装置前后的位置不同，即节流装置取压的方式不同，会使流量系数 C_0 也不同。对标准节流装置的每种节流组件的取压方式都有明确规定。以孔板为例，标准孔板有 3 种取压方式：角接、法兰及 D–$D/2$ 取压，如图 4-63 所示。

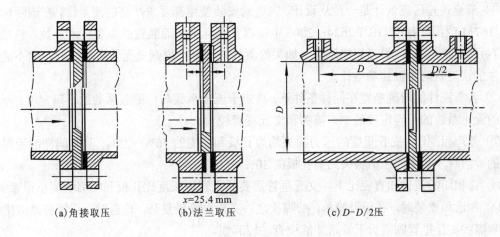

（a）角接取压　　　　（b）法兰取压　　　　（c）D–$D/2$ 压

图 4-63　孔板的 3 种取压方式

① 角接取压：采用角接取压时，取压口应紧靠节流组件上、下游端面。角接取压又有单独钻孔取压和环室取压两种方式。单独钻孔取压是在孔板前后夹紧环上各钻一取压孔，压力信号管直接接在两孔上；环室取压则是在孔板上、下端各装一环室，压力信号由孔板与环室空腔之间的缝隙引到环室空腔，再由环室通到压力信号管道。环室的作用主要是均衡端面边缘部分的压力，如图 4-63（a）所示。

② 法兰取压：采用法兰取压时，标准孔板夹于两片法兰之间；上、下游侧取压孔中心距离孔板上、下端面为 25.4 mm±0.8 mm，取压孔径不大于 0.08 D，并在 6～12 mm 之间取值，如图 4-63（b）所示。

③ D–$D/2$ 取压：采用 D–$D/2$ 取压时，上游侧取压孔中心距离孔板上端面为 D，即管道直径，下游侧取压孔中心距离孔板下端面为 $D/2$，即管道直径，如图 4-63（c）所示。

4．差压变送器

差压变送器经导压管与节流装置连接，接受被测流体流过节流装置时所产生的差压信号，将测得的差压信号转换为 0.02～0.1 MPa 的气压信号和 4~20 mA 的直流电流信号，传递给显示仪表，从而实现对流量参数的显示、记录和自动控制。

5. 差压式节流流量计节流装置的使用

（1）差压式节流流量计节流装置的适用条件

① 流体必须是牛顿流体，即在物理学和热力学上是均匀的、单相的，或者可认为是单相的流体。

② 流体必须充满管道和节流装置且连续流动，流经节流件前流动应达到充分紊流，流束平行于管道轴线且无旋转，流经节流件时不发生相变。

③ 流量是稳定的或随时间缓变的。

（2）差压式节流流量计节流装置的选择

为了选择最合适的标准节流装置，应从标准限制条件、测量准确度、允许的压力损失、要求的最短直管长度、流体的腐蚀程度等几个方面综合考虑。

① 节流式差压流量计是一种从设计、制造到安装使用都要求严格的流量计，在国际标准 ISO 5167-1 或国家标准 GB/T 2624—2006 中可以见到标准节流装置的主要技术参数，包括管径、直径比、雷诺数、管道粗糙度等。如果检测件符合标准原则上无须实流校准，如不能满足产生的误差有时难以定量估计。

② 各节流件的准确精度在同样条件下，决定于流出系数与可膨胀系数的不确定度，一般孔板的流出系数的不确定度最小，喷嘴和文丘里管较大。

③ 差压相同时，文丘里管的压力损失约为孔板和喷嘴的 16%～25%，具有同样的流量和相同的 β 值时，喷嘴的压力损失约为孔板的 30%～50%。

④ 在相同的流体和直径比下，文丘里管需要的直管道长度比孔板和喷嘴的要小很多。

⑤ 制造和安装时，孔板最简单，喷嘴次之，文丘里管最复杂；检查时，孔板容易取出检查，喷嘴和文丘里管则需拆下管道才能检查，较麻烦。

（3）技术参数

以某公司生产的 GLT-LK500 系列一体化差压式流量计为例，表 4-6 列出了其技术参数。

表 4-6 GLT-LK500 系列一体化差压式流量计技术参数

参 数 名 称	说 明	
采用标准	ISO 5167-1	
公称压力/MPa	0.6、1.0、1.6、2.5、4.0、6.4	
适用温度	≤450℃	
适用管径	DN20～DN1000	
被测介质	液体、气体、蒸汽	
系统精度及测量范围度	高精度型	量程 1:13（扩展 1:20,1:40）精度 ±1.0%RS
	经济型	量程 1:6（扩展 1:10）精度：±1.5S%RS

（4）节流装置的安装

① 节流件应与管道同心，不同心度不得超过 $0.015D(1/\beta-1)$ 的数值。其前端面必须与管道轴线垂直，不垂直度不得超过±1°。

② 节流装置上下游要根据取压方式和节流件的要求保证有足够的直管段长度。

③ 密封垫应尽量薄，且不应凸入管道内壁。

（5）取压装置的正确安装

① 导压管应按被测流体的性质和参数使用耐压、耐腐蚀的材料，其内径不得小于 6 mm，长度最好在 16 m 以内，可视流体的性质而定。管线的弯曲处应该是均匀的圆角。

② 安装时设法排除导压管中可能积存有气体、水分、液体或固体微粒等影响压差精确而可靠地传送的其它成分，导压管应垂直或倾斜敷设，其倾斜度不得小于 1:12。黏度较高的流体，其倾斜度还应增大。此外，还要加装气体、冷凝液、微粒的收集器和沉降器，定期进行排放。

③ 为了避免差压信号传送失真，正、负压导压管应尽量靠近敷设。导压管应不受外界热源的影响，为防止冻结，应有伴热装置。

④ 对于黏性和有腐蚀性的介质，为了防堵防腐，应加装充有隔离液的隔离罐。

⑤ 全部取压管路应保证密封而无渗漏现象。

（6）差压变送器的安装

① 测量液体流量时，应将差压变送器安装在低于节流装置处，如图 4-64（a）所示。

② 测量气体流量时，应将差压变送器安装在高于节流装置处，如图 4-64（b）所示。

③ 测量黏性的、腐蚀性的或易燃的流体流量时，应安装隔离器，如图 4-64（c）所示。

④ 测量蒸汽流量时，差压计和节流装置之间的相对配置和测量液体流量相同，如图 4-64（d）所示。

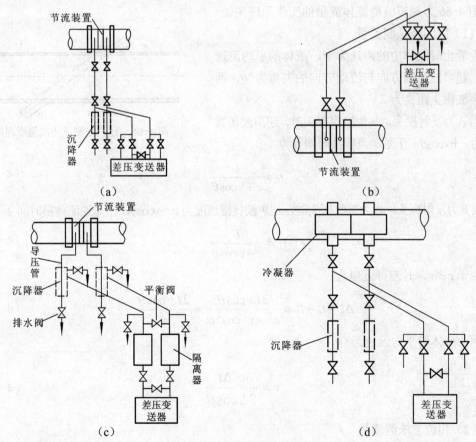

图 4-64　差压变送器的安装

4.3.3 超声波式流量计

超声波流量计是近 20 年来随着集成电路技术迅速发展才开始应用的一种非接触式仪表，适于测量不易接触和观察的流体以及大管径流量。超声测量仪表的流量测量准确度几乎不受被测流体温度、压力、黏度、密度等参数的影响，可制成非接触及便携式测量仪表，因此它越来越受到重视并且向产品系列化、通用化发展，现已制成适应不同介质，不同场合和不同管道条件的流量测量仪表。超声波式流量计（见图 4-65）具有不阻碍流体流动的特点，传输特性不受流体物理和化学性质的影响，只要能传输超声波就可以测量。

图 4-65 超声波式流量计

1. 超声波流量检测原理

超声波流量计常用的测量方法为传播速度差法、多普勒法等。传播速度差法又包括时间差法、相位差法和频率差法，其基本原理都是超声波在顺流和逆流时流体的传播速度是不同的，因而形成传播时间、相位和频率上的变化，从而测出流量；多普勒法的基本原理则是应用声波中的多普勒效应测得顺流和逆流的频差来反映流体的流速从而得出流量。

图 4-66 为超声波测流体流量的工作原理图。

（1）时间差法测流量

设静止时流体中的声速为 c，流体的平均流速为 v，超声波传播方向与流动方向的夹角为 θ，两个超声波探头距离为 L。

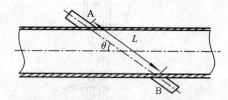

图 4-66 超声波测流体流量原理图

当 A 为发射探头，B 为接收探头时，超声波传播速度为 $c+v\cos\theta$，于是顺流传播时间 t_1 为

$$t_1 = \frac{L}{c + v\cos\theta} \tag{4-32}$$

当 B 为发射探头，A 为接收探头时，超声波传播速度为 $c-v\cos\theta$，于是逆流传播时间 t_2 为

$$t_2 = \frac{L}{c - v\cos\theta} \tag{4-33}$$

由于 $c \gg v$，时差可近似为

$$\Delta t = t_1 - t_2 = \frac{2Lv\cos\theta}{c^2 - v^2\cos^2\theta} \approx \frac{2Lv\cos\theta}{c^2} \tag{4-34}$$

因此流体的平均流速为

$$v \approx \frac{c^2 \Delta t}{2L\cos\theta} \tag{4-35}$$

（2）相位差法测流量

在时差法测量中，时间差 Δt 约为 $10^{-8} \sim 10^{-9}$ s，量级很小，测量时需要很复杂的电子仪

器，所以常用测量连续超声波在顺流和逆流传播时接收信号之间的相位差的方法来实现流量检测。设连续波的角频率为 ω，A 为发射探头，B 为接收探头，接收信号相对发射超声波的相位角为

$$\varphi_1 = \frac{L}{c + v\cos\theta} \cdot \omega \tag{4-36}$$

当 B 为发射探头，A 为接收探头时，接收信号相对发射超声波的相位角为

$$\varphi_2 = \frac{L}{c - v\cos\theta} \cdot \omega \tag{4-37}$$

由于 $c \geqslant v$，相位差可近似为

$$\Delta\varphi = \varphi_1 - \varphi_2 = \frac{2Lv\cos\theta}{c^2 - v^2\cos^2\theta} \cdot \omega \approx \frac{2Lv\cos\theta}{c^2} \cdot \omega \tag{4-38}$$

流体的平均流速为

$$v \approx \frac{c^2 \Delta\varphi}{2\omega L\cos\theta} \tag{4-39}$$

（3）频率差法测流量

当 A 为发射探头、B 为接收探头时，顺流发射时，接收的声波频率为 f_1 为

$$f_1 = \frac{c + v\cos\theta}{L} \tag{4-40}$$

当 B 为发射探头，A 为接收探头时，逆流发射时，接收的声波频率 f_2 为

$$f_2 = \frac{c - v\cos\theta}{L} \tag{4-41}$$

频率差为

$$\Delta f = f_1 - f_2 = \frac{2v\cos\theta}{L} \tag{4-42}$$

流体的平均流速为

$$v = \frac{L\Delta f}{2\cos\theta} \tag{4-43}$$

时间差法相位差法检测流量时，流速除与时间差、相位差有关，还与声速 c 有关，而声速 c 受传播介质的温度影响，因此当被测湿度变化时必然引起测量误差。频率法检测时流体的平均流速 V 与 Δf 有关与 c 无关，因此，该法能获得较高的测量精度。

2．超声波流量计的特点及分类

超声流量计准确度几乎不受被测流体温度、压力、黏度、密度、电导率等参数的影响，又可制成非接触及便携式测量仪表，可解决难以测量的强腐蚀性、非导电性、放射性及易燃易爆介质的流量测量问题。另外，一台超声波流量仪表可适应多种管径测量和多种流量范围测量，其适应能力也是很强的。因此，它正越来越多地应用于各类工业装置中。

超声流量计根据测量方法的不同可分为以下几种类型：

（1）插入式超声流量计

可不停产安装和维护，一般为单声道测量，为了提高测量准确度，可选择三声道。

（2）管段式超声流量计

需切开管路安装，但以后维护时可不停产，可选择单声道或三声道传感器。

（3）外夹式超声流量计

能够完成固定和移动测量。采用专用耦合剂（室温固化的硅橡胶或高温长链聚合油脂）安装，安装时不损坏管路。

（4）便携式超声流量计

便携使用，内置可充电锂电池，适合移动测量，配接磁性传感器。

由于超声波流量计采用声速测量原理，解决了该物料测量的难点，得到良好的应用。

 分析

某装置中的物料蒸汽为混合气体和水蒸气共存，测量要求压损小，且物料中含有细小液滴，用其它差压式流量计测量，难以解决小液滴的黏附，该如何选用流量计？

3. 超声波流量计的主要技术指标

以 TUF-2000H 的手持式超声波流量计（见图 4-67）为例，TUF-2000H 手持式超声波流量计适用于各种工业现场中液体流量的在线标定和巡检测量。它具有非接触式测量、测量精度高、测量范围大、电池供电、操作简单、携带方便、内置数据记录器等特点，是真正意义上的便携式超声波流量计。TUF-2000H 的手持式超声波流量计主要技术指标如表 4-7 所示。

图 4-67　TUF-2000H 的手持式超声波流量计

表 4-7　TUF-2000H 的手持式超声波流量计主要技术指标

参 数 名 称	说 明
线 性 度	0.5%
重 复 性	0.2%
准 确 度	优于±1%，流速＞0.03 m/s
响 应 时 间	0～999 s，使用者任选
流 速 范 围	±32 m/s
管 段 尺 寸	15～6 000 mm
液 体 种 类	各种能传导超声波的单一均匀的液体
通 信 接 口	RS-232，波特率 75～57 600 Bd，同时兼容富士超声流量计，也应用户的要求兼容其它产品

4. 超声波流量计的使用

（1）超声波流量计的选用

根据实际需要，选择满足要求的超声波流量计。如果是临时性测量，可选择便携式超声波流量计，它主要用于校对管道上已安装其它流量仪表的运行状态，进行一个区域内的流体平衡测试，检查管道内的瞬时流量情况等，测量精度较低；如果测量精度要求较高，可选择管段式超声波流量计，它的精度最高，可达到±0.5%，而且不受管道和衬里材质的限制，适用于流量测量精度要求较高的场合，但安装必须断流才能进行；如果含有适量能反射超声波信号的颗粒或气泡的流体，可选择多普勒式超声波流量计，它对被测介质要求比较苛刻，即不能是洁净水，同时杂质含量要相对稳定，才可以正常测量；选择此类超声波流量计要对所选用的超声波流量计的性能、精度和对被测介质的要求有深入的了解；时差式超声波流量计是目前应用范围最广的超声波流量计，主要用来测量洁净的流体流量，但也可以测量杂质含量不高的均匀流体，如污水等介质的流量；选用时差式超声波流量计，对相应流体的测量都可以达到满意的效果，其测量线精度高于 1.0%。

（2）超声波流量计的安装

为了提高超声波流量计的精度、可靠性和稳定性，降低日后的维护工作，要正确安装超声波流量计。安装步骤如下：

① 详细了解现场情况。超声波流量计在安装之前应了解现场情况，如管道材质、管壁厚度及管径等管道情况，流体类型，是否含有杂质、气泡、流体温度等流体情况；安装现场是否有变频、强磁场等干扰源。

② 正确选择安装位置。为了保证仪表的测量准确度，通常选择上游 10 倍管径长度、下游 5 倍管径长度的均匀直管段；该直管段的材质要均匀无疤、裂痕以利于超声波传输；该直管段要充满流体；上游 30 倍管径长度内不能装泵、阀等扰动设备。

③ 确定探头安装方式。目前，通常采用 3 种安装方式：W 型、V 型、Z 型。根据不同的管径和流体特性来选择安装方式，通常 W 型适用于小管径（25～75 mm），V 型适用于中管径（25～250 mm），Z 型适用于大管径（250 mm 以上）。为了提高测量的准确性和灵敏度，选择合适的安装方式安装超声波探头。

④ 求得安装距离，确定探头位置。将管道参数输入流量计，选择探头安装方式，得出安装距离。在水平管道上，一般应选择管道的中部，避开顶部和底部（顶部可能含有气泡、底部可能有沉淀）。V 法安装：先确定一个点，按安装距离在水平位置量出另一个点。Z 法安装：先确定一个点，按安装距离在水平位置量出另一个点，然后测出此点在管道另一侧的对称点。

⑤ 管道表面处理。确定探头位置之后，在两安装点±100 mm 范围内，使用角磨砂轮机、锉、砂纸等工具将管道打磨至光亮平滑无蚀坑。打磨点要求与原管道有同样的弧度，切忌将安装点打磨成平面，用酒精或汽油等将此范围擦净，以利于探头粘接。

⑥ 探头与仪表接线。安装超声探头并与仪表接线，接完线后把探头内部用硅胶注满，放置半小时，然后用硅胶和卡具把探头固定到打磨好的管道上（注意探头方向，引线端向外），并观察仪表的信号强度与传输时间比，如发现不好，则细微调整探头位置，直到仪表的信号达到规定的范围之内。

⑦ 固定探头。仪表信号调整好以后，用所配卡具将探头固定好，注意不要使钢丝绳倾斜，以免拉动探头，使探头移位，再用硅胶将探头与管道接触的四周封住。此胶凝固大约需一天时间，在未干之前必须注意探头防水。

（3）超声波流量计的检查和调试

安装超声波流量计传感器探头后，要进行检查，主要检查传感器（即探头）的安装位置是否适宜；与水管外壁的结合是否光滑紧密；通过主机检查信号强度和信号质量，观察传感器是否能够接收到使主机正常工作的超声波信号。

检测前先进行调试，包括按流量计要求输入管道参数，并记录；对上下游传感器（即探头）的安装位置、间距、管道接合度进行调整，将上下游两个方向上接收的信号强度调整至最强（信号强度越大测量值越稳定、可信度越大，越能长时可靠运行）。

4.4　超声波测距装置的制作和调试

超声波测距是一种非接触式测量方法,不受光线、电磁波、粉尘等影响,同时具有制作简单、成本低等优点,广泛应用于液位测量、倒车雷达、建筑施工工地、物体识别等场合。制作器件包括 AT89S51 单片机、CX20106A 红外接收芯片、TCT40-10 超声波传感器。

4.4.1　电路制作

相关电路由单片机系统及显示电路、超声波发射部分和超声波检测接收部分三部分组成。参考电路如图 4-68 所示。

单片机采用 AT89S51，采用 12 MHz 高精度的晶振，以获得较稳定的时钟频率，减小测量误差。单片机通过 P1.0 引脚经发射部分来控制超声波的发送，然后单片机不停的检测 INT0 引脚，以检测超声波接受电路输出的返回信号，当 INT0 引脚的电平由高电平变为低电平时就认为超声波已经返回。计数器所计的数据就是超声波所经历的时间，通过换算就可以得到传感器与障碍物之间的距离。显示电路采用简单实用的 4 位 LED 数码管。

超声波发射部分是为了让超声波发射换能器 TCT40－10T 能向外界发出 40 kHz 左右的方波脉冲信号。40 kHz 左右的方波脉冲信号的产生通常有两种方法：采用硬件如由 555 振荡产生或软件如单片机软件编程输出，本测距系统采用后者。编程由单片机 P1.0 端口输出 40 kHz 左右的方波脉冲信号，由于单片机端口输出功率不够，40 kHz 方波脉冲信号分成两路，一路经一级反向器后送到超声波换能器的一个电极，另一路经两级反向器后送到超声波换能器的另一电极，用这种推挽形式将方波信号加到超声波换能器两端可以提高超声波的发射强度。输出端采用两个反向器并联，用以提高驱动能力。上拉电阻一方面可以增加超声波换能器的阻尼效果，以缩短其振荡的时间，提高反向器 74LS04 输出高电平的驱动能力；另一方面可以提高反向器 74LS04 输出高电平的驱动能力。

由于 TCT40-10 超声波传感器的声压能级、灵敏度在 40 kHz 时最大，接收部分采用集成电路 CX20106A。这是一款红外线检波接收的专用芯片，其具有功能强、性能优越、外围接口简单、成本低等优点。由于红外遥控常用的载波频率 38 kHz 与测距的超声波频率 40 kHz 比较接近，而且 CX20106 内部设置的滤波器中心频率 f_0 可由其 5 脚外接电阻调节，阻值越大中心频率越低，范围为 30～60 kHz。当 CX20106A 接收到 40 kHz 的信号时，会在第 7 脚产生一个低电平下降脉冲，单片机外部中断接到这个信号并采取相应动作。

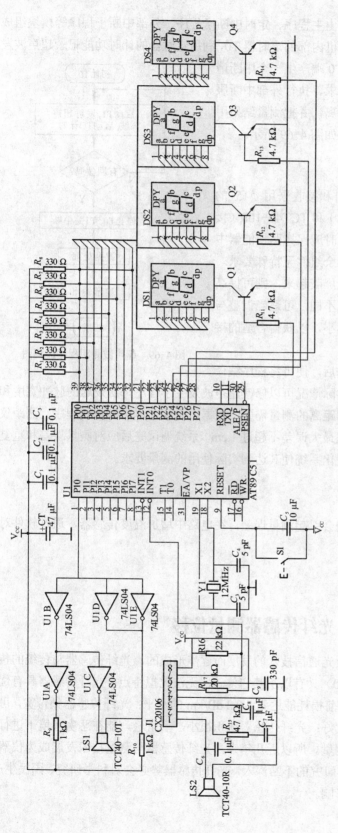

图 4-68　超声波数字测距仪电路图

软件设计采用模块化设计，由主程序、定时中断子程序、外部中断子程序等模块组成。在启动发射电路的同时启动单片机内部的定时器T0，利用定时器的计时功能记录超声波发射的时间和收到反射波的时间。INT0端产生一个中断请求信号，单片机响应外部中断请求，执行外部中断服务子程序，读取时间差，计算距离，并把测量结果用显示子程序显示出来。程序流程如图4-69所示。

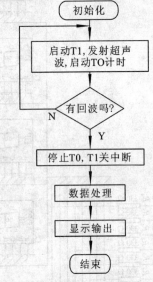

图4-69 超声波测距程序流程图

4.4.2 电路调试

超声波测距仪的超声波发射和接收采用 $\phi15$ 的超声波换能器 TCT40-10T（发射）和 TCT40-10R（接收），中心频率为 40 kHz，安装时应保持两换能器中心轴线平行并相距 4～8 cm，其余组件无特殊要求。若能将超声波接收电路用金属壳屏蔽起来，则可提高抗干扰能力。根据测量范围要求不同，可适当调整与接收换能器并接的滤波电容的大小，以获得合适的接收灵敏度和抗干扰能力。

硬件电路制作完成并调试好后，便可将程序编译好下载到单片机试运行。根据实际情况可以修改超声波发生子程序每次发送的脉冲宽度和两次测量的间隔时间，以适应不同距离的测量需要。根据所设计的电路参数和程序，测距仪能测的范围为 0.07～5.5 m，测距仪最大误差不超过 1 cm。系统调试完后应对测量误差和重复一致性进行多次实验分析，不断优化系统使其达到实际使用的测量要求。

拓展训练

超声波的声速受温度的影响会引起测量误差，在电路中增加温度传感器，通过软件对声速进行修正。

拓展阅读

光纤传感器测量位移

光纤传感器是伴随着光纤及光通信技术的发展而逐步形成的。光纤传感器与传统的传感器相比，光纤传感器（见图4-70）具有以下其它传感器无法比拟特点：光纤传感器具有优良的传光性能，传光损耗很小，目前损耗能达到≤0.2 dB/km 的水平；光纤传感器频带宽，可进行超高速测量，灵敏度和线性度好；光纤传感器体积很小，重量轻，能在恶劣环境下进行非接触式、非破坏性以及远距离测量。所以近几年来，光纤传感器与测量技术发展成为仪器仪表领域新的发展方向，随着对其研究的不断深入，光纤传感器势必会对科学研究、国民生产、日常生活等诸多领域产生深远影响。

图 4-70　光纤传感器

1. 光纤

（1）光纤的结构和种类

光纤是光导纤维的简称。它是一种约束光并传导光的多层同轴圆柱实体介质光波导，又称光介质传输线。光纤由透明通光性良好的材料做成的纤芯和在其周围采用比纤芯的折射率稍低的材料做成的包层所被覆，并将射入纤芯的光信号，经包层界面的全反射，使光信号保持在纤芯中传播的媒体，达到传输通信信号的目的。光纤的基本结构如图 4-71 所示。

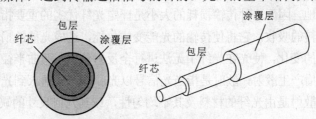

图 4-71　光纤典型结构

光纤的纤芯主要由具有高折射率 n_1 的导光材料制成，直径约为 $5 \sim 100 \mu m$，其作用是传导光，使光信号在芯层内部沿轴向向前传输；光纤的包层由折射率较纤芯低的低折射率（n_2）导光材料制成，例如，SiO_2 光纤包层材料多为 SiO_2、B_2O_3 或 SiO_2、P_2O_5，其作用是约束光，使大部分光全反射的能量被阻止在芯层中，从而导致光信号沿芯层轴向前传输；纤芯和包层二者构成的光纤称为裸光纤，光纤涂覆层是为保护裸光纤、提高光纤机械强度和抗微弯强度并降低衰减而涂覆的高分子材料层。

光纤按纤芯和包层材料性质分类，有玻璃光纤及塑料光纤两大类；按折射率分布分类，有阶跃折射率型和梯度折射率型两类。按光纤的传输模式分类，有多模光纤和单模光纤两类。

（2）传光原理

光纤的传光原理，可以用几何光学的反射、折射特性来分析。图 4-72 所示为多模光纤基本结构，设纤芯的折射率为 n_1，包层的折射率为 n_2（$n_1 > n_2$）。当光源发出的光，以一定的发射角进入光纤（阶跃型）端面时，以 θ_1 角入射到纤芯与包层的界面上。若入射角 θ_1 大于临界角 θ_c，则入射的光线就能在界面上产生全反射，光线就不会透射过界面进入包层，而全部反射入纤芯，称为光的全反射。然后，在光纤内部以同样的角度反复逐次全反射向前传播，直至从光纤的另一端射出。因光纤两端都处于同一媒质（空气）之中，所以出射角也为 θ_1。光纤即便弯曲，光也能沿着光纤传播。但是光纤过分弯曲，以致使光射至界面的入射角小于临界角，那么，大部分光将透过包层损失掉，从而不能在纤芯内部传播。

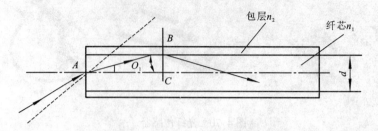

图 4-72　阶跃型多模光纤中光的传播

射入光纤的光全反射所满足的条件是：内层折射率 n_1 必须大于外层折射率 n_2；光线向包层界面的入射角应大于临界角。光纤对能够出现全反射的外部光射线的接收能力是由光纤的数值孔径来决定的，这个值只和两种材料的折射率差有关系。

（3）传光损耗

光信号在光纤中传播，随着传播距离的增长，能量逐渐损耗，信号逐渐减弱，不可能将光信号全部传输到目的地，因而这种传输损耗的大小是评定光纤优劣的重要指标。光纤的传输损耗可能的原因有：材料的吸收，它将使传输的光能变成热能，造成光能的损失；弯曲损耗，这是由于光纤边界条件的变化，使光在光纤中无法进行全反射传输，弯曲半径越小，造成的损耗越大；光在光纤中传播产生散射，散射是指当光信号以光脉冲形式输入到光纤，经过光纤传输后脉冲变宽的现象，散射是由光纤的材料及其不均匀性，或其几何尺寸的缺陷所引起的。

2．光纤传感器

光纤是利用光的全反射原理来引导光波的。当光波在光纤中传输时，表征光波的特征参量（如振幅、相位、偏振态、波长等），会由于被测参量对光纤的作用而发生变化，使光波成为被调制的信号光，再经过光探测器和解调器从而获得被测参量的参数。最后，利用微处理器进行信息处理。

（1）光纤传感器按光波在光纤中被调制的原理分类

光纤传感器按光波在光纤中被调制的原理分为：光强调制型、相位调制型、偏振态调制型和波长调制型等几种形式。

① 光强调制型：光强调制型传感器是一种利用被测量的变化引起光纤中的光强发生变化的光纤传感器。能够引起光纤中光强发生变化的因素有：光纤的微弯状态、光纤对光波的吸收特性、光纤包层的折射率。

利用微弯效应制成的光纤位移传感器是利用多模光纤在受到弯曲时，一部分芯模能量会转化为包层模能量这一原理，通过测包层模能量的变化来测量位移。例如，可以制成压力传感器，能检测小至 100 μPa 的压力变化。

改变光纤对光波的吸收特性制成的光纤位移传感器是利用 x 射线和 γ 射线使光纤材料的吸收损耗增加，从而使光纤输出功率减小这一原理进行工作。例如，可以制成光纤辐射传感器，用于核电站大范围的监测；制成光纤紫外光传感器，紫外光照射会使光纤激发荧光，由荧光强弱探测紫外光强。

改变光纤包层的折射率制成的光纤位移传感器是利用被测参量发生变化时，光纤端面包层的折射率发生变化，全反射的条件被破坏，因而输出光强下降的原理进行工作，可制成光纤液体浓度传感器、光纤折射率计等。

② 相位调制型：相位调制型传感器的基本原理是利用被测参量对光学敏感组件的作用，使敏感组件的折射率、传感常数或光强发生变化，从而使光的相位随被测参量而变化，即可得到被测参量的信息。用以上原理制成的光纤干涉仪可测量地震波、水压（包括水声）、温度、加速度、电流、磁场等，并可检测液体、气体的成分。这类光纤传感器的灵敏度很高，传感对象广泛，但是需要特种光纤。

③ 偏振态调制型：被测参量可使光纤中光波的偏振态发生变化，检测该种变化的光纤传感器称为偏振态调制型传感器。最典型的是测量大电流用的光纤电流传感器。

（2）光纤传感器按传感原理分类

光纤传感器可以按传感原理分为两类：一类是传光型，也称非功能型光纤传感器；另一类是传感型，或称为功能型光纤传感器。

功能型光纤传感器中光纤对被测信号兼有敏感和传输的作用，即它是敏感组件又起传光作用，主要使用单模光纤。其原理为利用光纤本身的传输特性受被测物理量作用发生变化，而使光纤中光的属性（如光强、相位、偏振态、波长等）被调制。功能型光纤传感器的灵敏度很高，尤其是利用干涉技术对光的相位变化进行测量的光纤传感器，具有超高的灵敏度。但这一类光纤传感器技术上难度较大，结构比较复杂，而且调整也比较困难。

非功能型光纤传感器中光纤不是敏感组件，只是作为光的传输回路，它是利用在光纤的端面或在两根光纤中间放置敏感组件感受被测物理量的变化，使透射光或反射光强度随之发生变化。为了得到较大受光量和传输的光功率，非功能型光纤传感器使用的光纤主要是数值孔径和芯径大的阶跃型多模光纤。非功能型光纤传感器的结构简单、可靠，技术上容易实现，但灵敏度一般比功能型光纤传感器低，测量精度也差些。非功能型传感器主要是强度调制型光纤传感器，主要有反射式强度调制和透射式强度调制。

3. 光纤液位传感器

在石油、化工、电力、冶金、国防军事部门因生产或储存须用各种型式的储罐，来存放各种易燃、易爆的油料或化工液体原料。对这些储罐的液位进行检测，不仅要求仪表具有较高的测量精度和将液位信号远传的功能，而且要求测量仪表具有本质安全防爆功能。光纤液位计就是应用光纤传导的先进技术，实现了将被测液位信号远传显示、报警的功能。光纤液位计可用于易燃、易爆场合，但不能探测污浊液体以及会黏附在测头表面的黏稠物质。

（1）传光型光纤液位传感器

传光型光纤液位传感器由三部分组成：接触液体后光反射量的检测器件即光敏感组件；传输光信号的双芯光纤；发光、受光和信号处理的接收装置。光纤液位传感器的工作原理如图 4-73 所示。LED 光源发射出来的光通过传输光纤送到测头上，测头没有接触液面时，光线发生全反射而返回到光电二极管；当测头接触液面时，由于液体折射率与空气不同，全反射被破坏，将有部分光线透入液体内，使返回到光电二极管的光强变弱，由此可知敏感组件是否接触液体。返回光强决定于敏感组件玻璃的折射率和被测定物质的折射率，被测物质的折射率越大，返回光强越小。

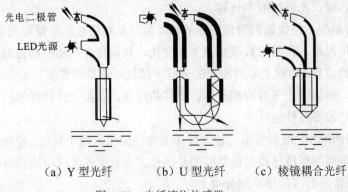

（a）Y 型光纤　　　　（b）U 型光纤　　　　（c）棱镜耦合光纤

图 4-73　光纤液位传感器

图 4-73（a）主要是由一个 Y 型光纤、全反射锥体、LED 光源和光电二极管等组成。

图 4-73（b）是一种 U 型结构。当测头浸入到液体内时，无包层的光纤光波导的数值孔径增加，液体起到了包层的作用，接收光强与液体的折射率和测头弯曲的形状有关。为了避免杂光干扰，光源采用交流调制。

图 4-73（c）中，两根多模光纤由棱镜耦合在一起，它的光调制深度最强，而且对光源和光电接收器的要求不高。由于同一种溶液在不同浓度时的折射率也不同，所以经过标定，这种液位传感器也可作为浓度计。

（2）UQG-Ⅱ型光纤液位计

UQG-Ⅱ型光纤液位计是根据力平衡原理测量储罐液位的仪表，它采用了隔离式模块化结构，适用于一般常压储罐和压力储罐。UQG-Ⅱ型光纤液位计由浮球、光纤传感器、力平衡传动机构、光电变换器、光缆及智能式数显表等所组成，如图 4-74 所示。在力平衡机构的作用下，浮球把感测到的液位的变化量，通过钢丝绳传递给测量装置内的磁耦合器，在磁耦合器的作用下使隔离的光纤传感器感受到位移的变化量，并通过光纤送出光信号给光电变换器变换成电信号给智能式数显表显示液位，智能式数显表可以根据用户的要求实现声光报警，输出 4～20 mA 和 RS-232 通信，实现液位的检测与控制。有些储罐介质温度很低，导杆内的空气易产生冷凝沉积，耦合头容易结冻，不能有效地跟踪液位的变化。为此，UQG-Ⅱ型光纤液位计设计成隔离式密封结构，隔绝了空气交换。采用防水罩保护传感器，光缆采用 FC式直插接头，使光栅检测系统可以不受被测介质雾化气氛的污染，保护了光纤检测传感器。

UQG-Ⅱ型光纤液位计根据巡视、检修、液位设置、断电封罐的需要，还备有现场指针式油位位置显示表,油罐可以在长期无电封的情况下，

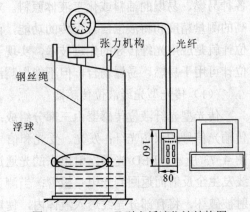

图 4-74　UQG-Ⅱ型光纤液位计结构图

指示油罐内的液位，还可以为仪表校准液位值提供直接数据，免去人工检尺的麻烦。UQG 系列光纤液位计技术参数如表 4-8 所示。

表 4-8　UQG 系列光纤液位计技术参数

参数名称	产品型号 技术参数	UQG-II UQD-II	UQG-II UQD-II	UQG-I UQD-I	UQG-I UQD-I
测量范围	M	0～16	0～16	0～16	0～16
精确度	mm	±4	±8	±2	±6
分辨率	mm	1	1	1	1
储罐压力	Mpa	常压	≤2.5 MPa	常压	≤2.5 MPa
介质比重	$0.5～1.5 \text{ g/cm}^3$				
介质温度	40～250 ℃				
环境温度	40～80 ℃				
相对湿度	≤95%				
传输距离	电流：导线电阻≤250 Ω				
防爆等级	本质安全型				
保护等级	Ip6				

激 光 测 距

与普通光相比，激光的特点是亮度高、方向性好、单色性好、相干性好。

1. 激光的产生

根据量子理论，原子中的电子都是处于不连续的能级上，与光子相互作用时，粒子从一个能级跃迁到另一个能级进入的激发态，并相应地吸收或辐射光子。光子的能量值为此两能级的能量差△E，△$E = h\nu$（h 为普朗克常量）。

粒子的激发态，不是粒子的稳定状态，如存在着可以接纳粒子的较低能级，即使没有外界作用，粒子也有一定的概率，自发地从高能级激发态（E_2）向低能级基态（E_1）跃迁，同时辐射出能量为 E_2-E_1 的光子，光子频率 $\nu = (E_2-E_1)/h$，这种辐射过程称为自发辐射。众多原子以自发辐射发出的光，不具有相位、偏振态、传播方向上的一致，是物理上所说的非相干光。普通光源发光主要是靠自发辐射，如日光灯、白炽灯。

除了可产生自发辐射，还可产生受激辐射。处于低能级 E_1 的原子，吸收外来辐射 $h\nu$ 后，跃迁到能量为 E_2 = E_1+$h\nu$ 的高能级或激发态，称之为受激吸收；处于激发态 E_2 的原子，受到频率恰好为 $h\nu$ 的光子感应后，会放出一个与外来感应光子能量 $h\nu$ 相同的光子，原子因而跃迁到能量为 E_1＝E_2-$h\nu$，的低能级或基态，称之为受激辐射。

受激辐射中发出的光，与外来感应的光具有相同的物理特征，两者具有相同的频率、相位、传播方向、偏振方向，并且将原来的光信号放大了，这种在受激辐射过程中产生并被放大的光就是激光。

物体中绝大多数原子都处于基态，处于激发态的原子只占极少数，所以发生的受激辐射远小于受激吸收。要想使受激辐射占优势，就必须使处于高能级的粒子数超过处于低能级的粒子数。粒子按能级的这种分布，叫做粒子数的反转分布。为使系统中的粒子发生反转分布，必须用某种外部力量去激励系统，如光激励、电激励、化学激励、核激励等。研究表明，并非任何一种物质在外界激励下，都能产生粒子数反转分布，只有其构成粒子的能级结构满足一定的条件才有可能，我们称能在某两能级间形成粒子数反转分布的粒子所构成的物质为激活介质。激光器就是用激活介质中的原子或分子来产生激光的。激活介质可以是气体、液体和固体，相应的激光器分别叫做气体激光器、液体激光器和固体激光器。

仅有实现了粒子数反转分布的激活介质，是不能产生激光的，还需在激活介质的两端安装反射镜，它们相互平行且与激活介质轴线垂直地对称放置，可以是平面镜，也可是球面镜，就构成了激光器的谐振腔。光子在两反射镜间往返运动，不断碰撞处于激发态的原子，形成强度极高的激光。

与之相对应的激光器，分别叫做固体激光器、气体激光器、半导体激光器和液体激光器。

（1）固体激光器

固体激光器的激活介质为固体。它是采用人工的方法，把能产生受激发射的金属离子掺入晶体或玻璃基质中而制成。掺杂到固体基质中的金属离子，是一些容易产生粒子数反转的粒子，图 4-75 所示为固体激光器实物图。具有较宽的有效吸收光谱带、较高的荧光效率、较长的荧光寿命和较窄的荧光谱线等特点。

（2）气体激光器

气体激光器的激活介质是气体，此类激活介质数目最多，激励方式最多，激光发射波长分布区域最广。气体可以是原子气体、分子气体和离子气体，相应的激光器叫做原子气体激光器、分子气体激光器和离子气体激光器。在原子气体激光器中，产生激光作用的是没有电离的气体原子。在分子气体激光器中，产生激光作用的是没有电离的气体分子等。离子气体激光器，是利用电离化的气体离子产生激光作用的。图 4-76 所示为氦氖激光器实物图。

（3）半导体激光器

半导体激光器以半导体材料为激活介质。其激励方式主要有 3 种：电注入式、光泵式和高能电子束式。电注入式半导体激光器，一般是由砷化镓等材料制成的半导体面结型二极管，沿正方施加电压，注入电流而进行激励后，在结平面区域产生受激发射。光泵式半导体激光器一般以 N 型或 P 型半导体单晶为激活介质，以其它激光器发出的激光作为光泵进行激励。高能电子束激励式半导体激光器，一般也是以 N 型或 P 型半导体单晶为激活介质，由外部注入高能电子束进行激励。图 4-77 所示为半导体激光器实物图。

（4）液体激光器

这类激光器以液体为激活介质。可供激光器使用的液体有两类：有机染料溶液和含有稀土金属离子的无机化合物溶液。有机染料液体激光器应用较普遍，目前已在数十种有机荧光染料溶液中实现了激光发射作用。无机液体激光器所采用的工作物质，是将稀土金属化合物溶于一定的无机物液体中而制成，其中稀土金属离子起工作粒子的作用，而无机物液体则起基质的作用。

图 4-75　固体激光器

图 4-76　氦氖激光器

图 4-77　半导体激光器

2．激光测距原理

目前，激光测距系统虽然种类很多，但从工作方式上可分为两类：脉冲激光测距机和连续波激光测距机。

（1）脉冲激光测距机

脉冲激光测距机利用脉冲法测距，首先用脉冲激光器对目标发射一个或一列很窄的光脉冲（脉冲宽度小于 50 ns），光达到目标表面后部分被反射，通过测量光脉冲从发射到返回接收机的时间，可算出测距机与目标之间的距离。测距原理如图 4-78 所示。

脉冲激光测距机工作时，首先用瞄准光学系统瞄准目标，然后接通激光电源，激光器受激辐射，从输出反射镜发射出一个激光脉冲，通过发射光学系统射向目标。同时由目标漫反射回来的激光回波脉冲经接收光学系统接收后，通过光电探测器转变为电信号和放大器放大后，输送到电路，通过计数器计数出从激光发射至接收到目标回波期间所进入的脉冲个数，而得到目标距离，并通过显示器显示出距离数据。

脉冲激光测距机能发出较强的激光，测距能力较强，最大测程也能达 30 km。脉冲激光测距机既可在军事上用于对各种非合作目标的测距，也可在气象上用于测定能见度和云层高度，或可应用在人造地球卫星的精密距离测量上。

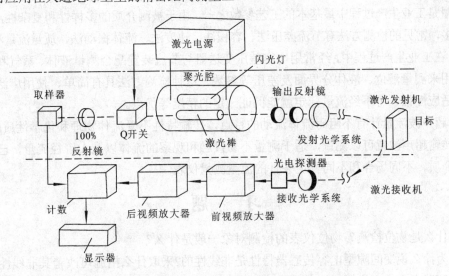
图 4-78　固体脉冲激光测距原理图

（2）连续波激光测距机

连续波激光测距机采用相位法测距，首先向目标发射一束调制过的连续波激光波，光波达到目标表面后被反射，通过测量发射的调制激光束与接收机接收的回波之间的相位差，可得出目标的距离。测量相位差或相位移的方法有多波长法和频率调制法两种。

与脉冲激光测距机比较，连续波激光测距机发射的功率较低，因而测距能力要差一些。但连续波激光测距机的测距精度高，可达 2 mm。因此，连续波激光测距机大多用来对合作目标进行较为精确的测距。如自动目标跟踪系统中的精密距离跟踪；要求高精度的距离测量。

小　结

物位检测包括液位、料位、界位的检测。物位检测的传感器种类很多，如差压式、浮子式、电容式、电感式、超声式、微波式、激光式、核辐射式等传感器。

① 电容式传感器是利用非电信息量改变传感器的电容量输出来进行测量的器件。电容式传感器具有良好的温度稳定、动作能量低、响应快、结构简单、可在恶劣环境下工作，并可实现非接触式测量等优点，在位移、压力、厚度、液位、湿度、振动以及成分分析等非电量的测量中得到了广泛应用，尤其是缓慢变化或微小量的测量。

② 超声波传感器是利用超声波的特性对被检测物进行检测。超声波是一种振动频率高于声波的机械波，具有频率高、波长短指向性好、能够成为射线而定向传播等特点。超声波对液体、固体的穿透能力很强，碰到杂质或分界面会产生显着反射形成反射回波。以超声波作为检测手段，必须使用超声换能器产生超声波和接收超声波，压电式超声波换能器是利用压电材料的压电效应来工作的。逆压电效应将高频电振动转换成高频机械振动，从而产生超声波，可作为发射探头；而利用压电效应，将接收到的超声波转换成电信号，可作为接收探头。超声波传感器的检测是非接触式的，对金属或非金属物体，固体、液体、粉状物质均能检测，其检测性能几乎不受任何环境条件的影响。

流量是工业生产过程中最基本的工艺参数之一，由于被测介质的多样性和复杂性，其测量方法很多，常见的检测方法有节流差压法、容积法、速度法、流体振动法、质量流量测量等。

① 在工业生产过程中，经常用电容差压变送器与节流装置配合测量液体、蒸气和气体流量，或用来测量液位、液体分界面及差压等参数。这种检测方法具有简单、使用广泛、性能可靠、适应性强、可不经流量标定就能保证一定的精度等优点。

② 超声波流量计有不阻碍流体流动的特点，传输特性不受流体物理和化学性质的影响，只要能传输超声波就可以测量，适于测量不易接触和观察的流体以及大管径流量，已制成适应不同介质、不同场合和不同管道条件的流量测量仪表。

习　题

1. 什么是物位检测？物位仪表的检测对象一般是什么？

2. 为什么说变间隙型电容传感器特性是非线性的?采取什么措施可改善其非线性特征？

3. 利用电容式变换原理，可以构成几种类型的位移传感器？说明其主要的使用特点。

4. 试分析变面积式电容传感器和变间隙式电容传感器的灵敏度。为了提高传感器的灵敏度可采取什么措施并应注意什么问题？

5．什么叫零点迁移？应用中如何调整零点迁移？

6．寄生电容与电容传感器相关联影响传感器的灵敏度，它的变化为虚假信号影响传感器的精度。试阐述消除和减小寄生电容影响的几种方法。

7．什么叫流量？流量有哪几种表示方法？它们之间有什么关系？说明工业生产中流量测量的意义。

8．说明使用不同节流装置时的取压方式，在测量不同介质时差压式流量计应怎样安装？

9．用超声波探头测工件时，往往要在工件与探头接触的表面上加一层耦合剂，这是为什么？

10．设计一个超声波防失报警器。报警器分发射器和接收器两部分，将发射器放在旅行包上，接收器件带在主人身上。如果旅行包与主人的距离越过 $5\sim8\,m$，接收器就会发出报警声。

11．粮食部门在收购、存储粮食时，须测定粮食的干燥程度，以防霉变。请应用电容传感器设计一个粮食水份含量测试仪。

第 **5** 章　速度的检测

速度是机械量中非常重要的参量，它的检测为机械加工、机械设计、安全生产以及提高产品质量提供了重要数据。速度有线速度、转速、加速度之分，为了测量它们，研究了各种类型的速度传感器。线速度传感器有电感式、电容式、多普勒效应测速传感器、微波测速传感器等。转速传感器有磁电式、电涡流式、电容式、光电式、霍尔式、测速发电动机等。加速度传感器有电容式、压电式、压阻式、光纤式等。

📖 学习目标

- 了解电涡流式、霍尔式、光电式传感器的基本结构，熟悉其原理特性和应用。
- 掌握电涡流式、霍尔式、光电式传感器测量转速的方法。
- 学会识别速度检测仪表，掌握速度检测仪表的选用原则。
- 能使用速度传感器进行速度的检测与信号处理。

5.1　电涡流式传感器测量转速

电涡流式传感器是利用电涡流效应进行工作的。金属导体置于变化的磁场中或在磁场中作切割磁力线运动时，导体内就会有感应电流产生，这种电流在金属体内自行闭合，通常称为电涡流。电涡流的产生必然要消耗一部分磁场能量，从而使激励线圈的阻抗发生变化，这就是电涡流效应。

电涡流式传感器（见图 5-1）在金属体内产生的电涡流由于存在集肤效应，它的渗透深度与传感器线圈激磁电流的频率有关。因此，电涡流式传感器主要可分为高频反射式涡流传感器和低频透射式涡流传感器两类。高频反射式涡流传感器的应用较为广泛。

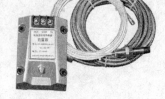

图 5-1　电涡流式传感器

5.1.1　高频反射式和低频透射式电涡流传感器

1. 高频反射式电涡流传感器

如图 5-2 所示，当给线圈通以交变的电流 i_2 时，在线圈周围就产生一个交变的磁场 H_1，将金属导体置于交变磁场时，在导体内就会产生感应自行闭合的电涡流 i_2，此电涡流也将产生一个磁场 H_2，由于 H_1 和 H_2 方向相反，因而削弱了原磁场，从而导致线圈的电感量、阻抗和品质因数发生变化。

一般来说，传感器的电感量、阻抗和品质因数的变化与金属导体的电导率 σ、磁导率 μ、尺寸因子 r 有关，也与金属导体与线圈的距离 x，激励电流 I 和其角频率 ω 等参数有关，可以用激励电流线圈有效阻抗 Z 表示为

$$Z = f(\sigma, \mu, r, x, \omega, I) \qquad (5\text{-}1)$$

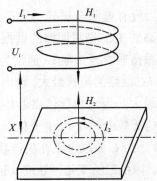

图 5-2　高频反射式电涡流传感器原理图

改变这些参数中的任一物理量，固定其中的其他参数，都将引起 Z 的变化。利用这种电涡流现象，可以把距离 x 的变化变换为 Z 的变化，从而做成位移、振幅、厚度等传感器；也可利用这种电涡流效应，把电导率 σ 的变化变换为 Z 的变化，从而做成表面温度、电解质浓度、材质判别等传感器；还可利用磁导率 μ 的变化变换为 Z 的变化，从而做成应力、硬度等传感器。

2. 低频透射式电涡流传感器

低频透射式电涡流传感器的工作原理如图 5-3 所示，发射线圈 Φ_1 和接收线圈 Φ_2 分别置于被测金属板材料的上、下两侧。由于低频磁场集肤效应小，渗透深，当低频电压 u_1 加到线圈 Φ_1 的两端后，所产生磁力线的一部分透过被测金属板，使线圈 Φ_2 产生感应电动势 u_2。但由于电涡流消耗部分磁场能量，使感应电动势 u_2 减少，被测金属板越厚，损耗的能量越大，输出电动势 u_2 就越小。因此，u_2 的大小与被测金属板的厚度 h 及材料的性质有关，试验表明，u_2 随被测金属板厚度 h 的增加按负指数规律减少，如图 5-4 所示。因此，若金属板材料的性质一定，则利用 u_2 的变化即可测量其厚度。

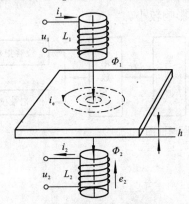

图 5-3　低频透射式传感器原理图

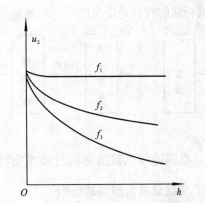

图 5-4　低频透射式电涡流传感器的特性

5.1.2　电涡流传感器测量转换电路

电涡流传感器的测量转换电路有调幅式、调频式和电桥式等。

1. 调幅式

调幅式测量电路原理如图 5-5 所示。传感器线圈 L 和电容 C 并联组成谐振电路，由石英晶体振荡电路提供一个稳定的高频激励信号。

当没有被测金属导体靠近时，应先使电路的 LC 谐振回路的谐振频率等于激励振荡器的振荡频率（通常为1 MHz），此时 LC 回路的阻抗最大，输出电压的幅值也最大；当金属导体靠近传感器时，线圈的等效电感 L 发生变化，导致回路

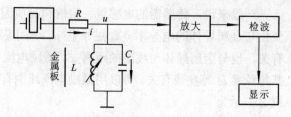

图 5-5　调幅式测量电路

失谐，而 LC 并联电路在失谐状态下的阻抗下降，从而使电压 u 也下降，L 随检测距离而变化，阻抗跟随变化，导致 u 也变化，经放大、检波后，指示表调整后可直接显示距离的大小。

电路电阻 R 称为耦合电阻，它既可以用来降低传感器对振荡器工作的影响，又可作为恒流源的内阻，其大小将直接影响转换电路的灵敏度。R 大，灵敏度低；R 小，灵敏度高。但是 R 值又不宜太小，因为 R 太小了由于振荡器旁路作用反而会使灵敏度降低。耦合电阻的选择应考虑振荡器的输出阻抗和传感器线圈的品质因素。

2. 调频式

调频式测量电路原理如图 5-6 所示。传感器线圈接入 LC 并联振荡回路，回路的谐振频率为

$$f = \frac{1}{2\pi\sqrt{LC}} \tag{5-2}$$

当传感器与被测导体距离 x 改变时，电涡流线圈的电感量 L 也随之改变，引起 LC 振荡器的输出频率改变，该频率可由数字频率计直接测量或通过频率电压变换后，再由电压表测得。调频法的特点是受温度、电源电压等外界因素的影响较小。

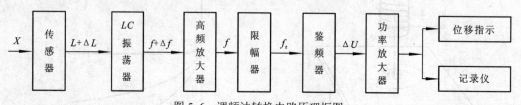

图 5-6　调频法转换电路原理框图

5.1.3　电涡流传感器的结构及技术指标

1. 电涡流式传感器的结构

电涡流式传感器的结构比较简单，如图 5-7 所示，它主要是一个固定在框架上的电涡流线圈，线圈的导线要求选用电阻率小的材料，一般采用多股漆包铜线或银线绕制而成，放在传感器的端部。框架要求损耗小、电性能好、热膨胀系数小的材料，一般可选用聚四氟乙烯、高频陶瓷等制成。

2. 电涡流传感器的技术指标

以 YH-DO 型电涡流传感器为例，它由 YH-DO 探头、YH-DO 延伸电缆、YNQZ 前置器三部份组成，其技术参数如表 5-1 所示。

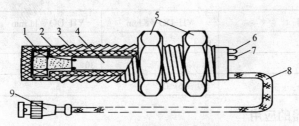

图 5-7　电涡流传感器的内部结构

1—电涡流线圈；2—壳体；3—调节螺纹；4—印制线路板；5—夹持螺母；
6—电源指示；7—阈值指示灯；8—输出屏蔽电缆线；9—电缆插头

（1）YH-DO 系列探头

探头由电感、保护罩、不锈钢壳体、高频电缆、高频接头等组成，根据不同的测量范围，可以选用不同直径规格的探头；根据不同的安装要求，可以选用不同安装方式和 1m 或 0.5m 电缆长度的探头。

（2）YH-DO 系列延伸电缆

延伸电缆的两端都安装有 SMA 自锁插头，其中一头配备了防油保护套，专用于保护自锁插头不受油污介质污染，以提高系统可靠性。延伸电缆长度可分为 4 m、4.5 m、8 m、8.5 m 四种。

（3）YH-DO 系列前置器

前置器是系统的核心部分，它包括了整个传感器系统的振荡、线性检波、滤波、线性补偿、放大等电路，与延伸电缆、探头一起构成各种规格的 YH-DO 型电涡流传感器。根据配用探头的直径规格，YH-DO 前置器分为 $\phi 8$ mm、$\phi 11$ mm、$\phi 25$ mm 3 种规格，根据系统电缆总长（探头电缆长度＋延伸电缆长度），每种规格又分为 5 m、9 m 两种类型。

表 5-1　YH-DO 系列电涡流传感器主要技术参数

传感器型号	YH-DO $\phi 8$ mm	YH-DO $\phi 11$ mm	YH-DO $\phi 25$ mm
探头直径/mm	8	11	27.1
静态线性范围/mm	2	4	12.7
静态灵敏度/（V/mm）≤1.0%	8	4	0.8
静态幅值线性度	±1.0%		±2.50%
动态幅值线性度	±10%		
静态零值误差	0.5%		
静态幅值稳定度	0.5%		
动态参考灵敏度误差	3.0%		
静态幅值重复性	1.0%		
频率响应	0 ～ 5 kHz(0.5dB)		
系统温漂	0.1%		
被测物材料、形状	金属材料，基准材料为 45 ＃钢，轴，平面，轴上测量盘		

续表

传感器型号	YH-DO φ8 mm	YH-DO φ11 mm	YH-DO φ25 mm
轴的直径不小于/mm	80	——	——
测量盘直径不小于/mm	18	30	70
电源电压/V	−20～26V DC		

5.1.4 电涡流传感器的应用

1. 厚度测量

如图 5-8 所示，高频反射式电涡流式传感器可以无接触地测量金属板厚度和非金属板的镀层厚度，也可用低频透射式涡流传感器来测厚。

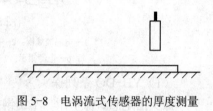

图 5-8 电涡流式传感器的厚度测量

分析

测量金属板厚度和非金属板的镀层厚度有何不同？

2. 电涡流接近开关

（1）接近开关种类

接近开关又称无触点行程开关，当物体接近开关的感应面到动作距离时，不需要机械接触及施加任何压力即可使开关动作，从而驱动交流或直流电器或给计算机装置提供控制指令。接近开关是一种开关型传感器，它即有行程开关、微动开关的特性，同时也具有传感性能，具有工作可靠、寿命长、功耗低、复定位精度高、操作频率高以及抗干扰能力强等特点。此外，它还具有动作可靠，性能稳定，频率响应快，应用寿命长，并具有防水、防震、耐腐蚀等特点。

常见的接近开关有以下几种类型：

① 电涡流式接近开关：这种开关有时也叫电感式接近开关（见图 5-9），它由 LC 高频振荡器和放大处理电路组成，金属物体在接近这个能产生电磁场的振荡感应头时，物体内部产生涡流，这个涡流反作用于接近开关，使接近开关振荡能力衰减，内部电路的参数发生变化，由此识别出有无金属物体接近，进而控制开关的通或断。这种接近开关所能检测的物体必须是金属物体。

② 电容式接近开关：这种开关（见图 5-10）的感辨头通常是构成电容器的一个极板，而另一个极板是开关的外壳，这个外壳在测量过程中通常是接地或与设备的机壳相连接。当有物体移向接近开关时，不论它是否为导体，由于它的接近，总要使电容的介电常数发生变化，从而使电容量发生变化，使得和感辨头相连的电路状态也随之发生变化，由此便可控制开关的接通或断开。这种接近开关检测的对象不限于导体，可以是绝缘的液体或粉状物等。

③ 光电式接近开关：利用光电效应做成的开关叫光电式接近开关，如图 5-11 所示。光电式接近开关是通过把光强度的变化转换成电信号的变化来实现控制的。当有被检测物体接近时，光电器件接收到反射光后便有信号输出，由此便可"感知"有物体接近。光电

传感器在一般情况下，由发送器、接收器和检测电路三部分构成。

图 5-9　电涡流式接近开关　　图 5-10　电容式接近开关　　图 5-11　光电式接近开关

④ 霍尔接近开关：利用霍尔元件做成的开关，叫霍尔开关，如图 5-12 所示。当磁性物件移近霍尔开关时，由于霍尔效应而使霍尔开关内部的触发器翻转，霍尔开关的输出电平状态也随之翻转。由此识别附近有磁性物体存在，进而控制开关的通或断。这种接近开关的检测对象必须是磁性物体。

⑤ 超声波接近开关：声纳型超声波接近开关（见图 5-13）以一定的周期发送超声波脉冲，这些脉冲信号像声音一样被物体反射，接近开关通过比较接收反射信号的时间和发射时间来确定物体到开关的距离。

图 5-12　霍尔接近开关　　　　　图 5-13　超声波接近开关

（2）接近开关的技术指标

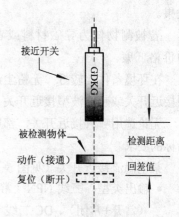

- 动作距离：当被测物由正面靠近接近开关，使接近开关动作时测得的开关感应表面到检测面的距离。额定动作距离指接近开关动作距离的标称值。
- 复位距离：接近开关动作后，被测物由正面离开接近开关时，使接近开关复位的最大距离。
- 回差：回差指复位距离与动作距离之差。它用动作距离的比率来表示，一般在动作距离的 20% 以下。
- 动作频率：在规定的 1s 的时间间隔内，允许接近开关动作循环的次数。

接近开关技术指标示意图如图 5-14 所示。

图 5-14　接近开关技术指标示意图

（3）接近开关外部接线

接近开关有两线制和三线制之区别，三线制接近开关又分为 NPN 型和 PNP 型，它们的接线是不同的。两线制接近开关的接线比较简单，接近开关与负载串联后接到电源即可，如图 5-15 所示。

图 5-15　两线制接法

两线制接近开关受工作条件的限制，导通时开关本身产生一定压降，截止时又有一定的剩余电流流过，选用时应予考虑。三线制接近开关虽多了一根线，但不受剩余电流之类不利因素的困扰，工作更为可靠，如图 5-16 所示。

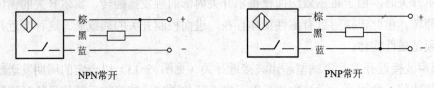

图 5-16　三线制接法

（4）接近开关的选型

对于不同材质的检测体和不同的检测距离，应选用不同类型的接近开关，一般在选型中应遵循以下原则：

在一般的工业生产场所，当检测体为金属材料时，通常都选用涡流式接近开关，因为它的响应频率高，抗环境干扰性能好，应用范围广，价格较低。

当检测体为非金属材料时，如木材、纸张、塑料、玻璃和水等，通常都选用电容型接近开关。因为它稳定性好，对环境的要求条件较低。电容式接近开关理论上可以检测任何物体，当检测过高介电常数物体时，检测距离要明显减小，这时即使增加灵敏度也起不到效果。

若被测物体为导磁材料或者可把磁钢放在被测物体内时，应选用霍尔接近开关，它的价格低廉。

在环境条件比较好、无粉尘污染的场合，或者要进行远距离检测和控制时，应选用光电型接近开关或超声波型接近开关。

无论选用哪种接近开关，都应注意对工作电压、负载电流、响应频率、检测距离等各项指标的要求。

某电涡流接近开关（见图 5-17）技术参数如下：

- 输出类型：三线 NPN（常开或常闭）、三线 PNP（常开或常闭）、四线 NPN 或 PNP（常开+常闭）、DC 二线（常开或常闭）、AC 二线（常开或常闭）；
- 工作电压：10～30 V DC（90～250 V AC）；
- 输出电流：200 mA（交流电时输出 300 mA）；
- 检测距离（Sn）：10 mm/15 mm；

- 回差：≤5%Sn；
- 开关频率：800 Hz / 400 Hz / 25 Hz；
- 工作环境温度：−25～70℃。

图 5-17　电涡流接近开关

（5）电涡流接近开关测量转速

在带有凹槽或凸槽的转轴旁边安装一个电涡流式接近开关，如图 5-18 所示，当转轴转动时，接近开关的输出信号周期性地发生变化，经放大、变换后，可以用频率计测出其变化频率，从而测出转轴的转速，若转轴上有 Z 个槽，频率计读数为 f，则转轴的转速 n 为：

$$n = \frac{60f}{Z}$$

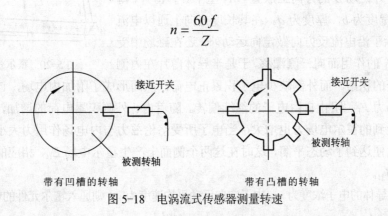

图 5-18　电涡流式传感器测量转速

这种传感器对油污等介质不敏感，能进行非接触检测，可安装在被测轴的近旁长期监视其转速，检测转速范围可达 6 000 r/min。

5.2　霍尔传感器测量转速

霍尔传感器（见图 5-19）是一种磁传感器，可以检测磁场及其变化，可在各种与磁场有关的场合中使用。由于它具有体积小、灵敏度高、响应速度快、温度性能好、精确度高、可靠性高、功耗小，频率高，耐震动等特点，在工业生产、日常生活以及现代军事技术领域获得了广泛应用。例如，无触点开关、汽车点火器、刹车电路、位置、转速检测与控制、安全报警装置、纺织控制系统等。

图 5-19　霍尔传感器

5.2.1　霍尔传感器的基本工作原理

霍尔式传感器是基于霍尔效应的一种磁电感应式传感器。霍尔效应是 1879 年美国物理学家霍尔首先在金属材料中发现的，但由于金属材料的霍尔效应太弱而没有得到应用。随着半导体技术的发展，开始使用半导体材料制成霍尔元件，霍尔效应显著增加，因而随之得到广泛应用。

金属或半导体薄片置于磁场中，当有电流流过时，在垂直于电流和磁场的方向上将产生电动势，这种物理现象称为霍尔效应。霍尔效应原理如图 5-20 所示。

在垂直于外磁场 B 的方向上放置一 N 型半导体薄片，薄片长度为 l，宽度为 b，厚度为 d。在其长度方向上通以电流 I，此时电子除了沿电流反方向做定向运动外，还在磁场中受到洛仑兹力 F_L 的作用而向一侧漂移，于是半导体薄片在内侧

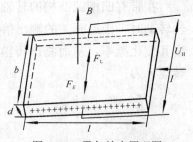

图 5-20　霍尔效应原理图

形成自由电子的积累，而外侧缺少电子积累正电荷，从而形成了附加内电场，该电场对自由电子产生电场力 F_E，阻止自由电子的继续偏转。随着内、外侧积累电荷的增加，内电场逐渐增大，电子受到的霍尔电场力也增大，当电子所受洛伦兹力与内电场作用力大小相等时，自由电子的积累便达到了动态平衡，这时在这两个侧面上产生霍尔电场 E_H，相应的电动势称为霍耳电动势 U_H。

若 N 型半导体的电子浓度为 n，电子定向运动平均速度为 v，则通入霍尔元件的电流可表示为

$$I = nevld \tag{5-3}$$

即电子定向运动平均速度 v 为

$$v = \frac{I}{neld} \tag{5-4}$$

在磁感应强度 B 作用下，半导体中电子受到的洛仑兹力 F_L 为

$$F_L = evB \tag{5-5}$$

式中，e——电子电量，1.602×10^{-19}C；

　　　v——电子速度，m/s；

　　　B——磁感应强度，Wb/m²。

同时，霍尔电场产生的电场力 F_E 为

$$F_E = eE_H = e\frac{U_H}{l} \tag{5-6}$$

式中，E_H——霍尔电场强度，V / m；

　　　U_H——霍尔电动势，V。

当 $F_L = F_E$，达到动态平衡时

$$U_H = vBl = \frac{BI}{ned} = K_H BI \tag{5-7}$$

式中，K_H——霍尔片的灵敏度，$K_H = 1/ned$。

霍尔元件的灵敏度 K_H 与 n、e、d 成反比关系。金属的电子浓度 n 较高，使得 K_H 太小；绝缘体的 n 很小，但需施加极高的电压才能产生很小的电流 I，故这两种材料都不宜来制作霍尔元件。只有半导体的 n 适中，而且可通过掺杂来获得所希望的 n，故只有半导体材料才适于制造霍尔片。此外，d 越小则 K_H 越高，因此霍尔元件常制成薄片形状，但 d 也不能太小，否则霍尔元件的机械强度下降，且输入、输出电阻增加。

若磁感应强度 B 与霍尔元件平面不垂直，设 B 与霍尔元件平面的法线成一角度 θ，则作用于霍尔元件的有效磁感应强度为 $B\cos\theta$，此时霍尔电动势变为

$$U_H = K_H BI \cos\theta \tag{5-8}$$

由式 5-8 可知，只要通过测量电路测出 U_H，那么 B、I 和 θ 3 个参数中，2 个参数已知就可求出另一个参数，因而任何可转换成 B、θ 的未知量均可利用霍尔元件进行测量。此外，可转换成 B 和 I 乘积的未知量亦可进行测量。

 注意

　　一般通过霍尔元件的电流由恒流源提供，不作为被测量。

5.2.2　霍尔元件

1. 霍尔元件基本结构

霍尔元件体积小，质量轻，使用方便，频率范围宽，稳定性好，输出信号的信噪比大。用于制造霍尔元件材料主要有 N 型锗（Ge）、锑化铟（InSb）、砷化铟（InAs）、砷化镓（GaAs）及磷砷化铟（1nAsP）、N 型硅（Si）等。砷化铟和锗半导体制成的霍尔元件灵敏度较低，但它的温度特性及线性区较好；锑化铟半导体制成的霍尔元件受温度的影响较大，但灵敏度最高，因此应用较多；砷化镓元件的温度特性和输出线性好，但价格贵。图 5-21 所示为霍尔元件实物图。

图 5-21　霍尔元件

霍尔元件的结构非常简单，由霍尔片、引线和外壳组成，如图 5-22（a）所示，将半导体材料做成矩形霍尔薄片，4 个侧面各有一个电极，分别焊接上两对导线，在长边的两个端面为控制电流端引线，在短边上为两根霍尔输出端引线，然后用非磁性金属、陶瓷或环氧树脂封装。典型的外形如图 5-22（b）所示，霍尔元件在电路中常用图 5-22（c）所示的两种符号之一表示。

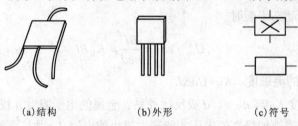

(a)结构　　　　　　　(b)外形　　　　　　　(c)符号

图 5-22　霍尔元件的结构、外形和符号

2. 霍尔元件主要技术指标

（1）额定控制电流和最大激励电流

由于在相同的磁感应强度下，霍尔电动势随激励电流增大而增大，故在应用中应选用较大的激励电流。但激励电流增大，霍尔元件的功耗增大，元件的温度升高，从而引起霍尔电动势的温漂增大，因此霍尔元件规定了相应的额定控制电流 I_c。以元件允许最大温升所对应的激励电流称为最大允许激励电流，每种型号的元件均规定了相应的最大激励电流，它的数值从几毫安至几百毫安。改善霍尔元件的散热条件，可以使激励电流增加。

（2）最大磁感应强度

磁感应强度超过最大磁感应强度时，霍尔电动势的非线性误差将明显增大，最大磁感应强度数值一般小于零点几特斯拉。

（3）输入电阻 R_i 和输出电阻 R_o

霍尔元件两激励电流端的直流电阻称为输入电阻，它的数值从几欧到几百欧。温度升高，输入电阻变化，从而使输入电流改变，最终引起霍尔电动势变化。为了减少这种影响，最好采用恒流源作为激励源。

两个霍尔电动势输出端之间的电阻称为输出电阻，它的数值与输入电阻同一数量级，一般小于输入电阻，输出电阻也会随温度改变而改变，选择适当的负载电阻 R_L 与之匹配，可以使由温度引起的霍尔电动势的漂移减至最小。

（4）不等位电动势 U_M 和不等位电阻 R_M

不等位电动势指不加外磁场时，有一定控制电流输入，在输出电压电极之间仍旧有一定的电位差。产生这一现象的主要原因有霍尔器件制作时霍尔电极安装位置不对称或不在同一等电位面上；半导体材料不均匀造成了电阻率不均匀或几何尺寸不均匀；激励电极接触不良造成激励电流不均匀分布等。

不等位电动势 U_M，与额定控制电流 I_C 之比，称为不等位电阻 R_M。

（5）霍尔电动势温度系数 α

在控制电流和磁感应强度作用下，温度变化 1℃时，霍尔电动势 U_H 的相对变化值。

HSJ 型砷化镓霍尔元件具有灵敏度高、使用温度范围宽、输出电压大、温漂小、线性度好、稳定性好、体积小、抗干扰和抗辐射能力强等特点。它广泛用于精密测量、自动化控制、通信、航空航天等领域。HSJ 型砷化镓霍尔元件的主要技术指标如表 5-2 所示。

表 5-2　HSJ 型砷化镓霍尔元件特性参数

型　号	灵敏度/ (mV/mA·kg)	输入电阻/Ω	输出电阻/Ω	不等位电动势/ mV	工作温度/℃
HSJ-1A	2~5	<400	<350	≤1	−55~+125
HSJ-1B				≤0.5	
HSJ-1C				≤0.2	
HSJ-2A	5~10	350~700	350~700	≤1	
HSJ-2B				≤0.5	
HSJ-2C				≤0.2	
HSJ-3A	10~15	500~1 000	500~1 000	≤1	
HSJ-3B				≤0.5	
HSJ-3C				≤0.2	
HSJ-3A	>15	700~1 300	700~1 300	≤1	
HSJ-3B				≤0.5	
HSJ-3C				≤0.2	
HSJ-B	2~15	200~1 000	200~1 000	≤0.25	−25~+70

3. 霍尔元件的测量电路

（1）霍尔元件的基本测量电路

霍尔元件的基本测量电路如图 5-23 所示，控制电流 I 由电源 E 提供，R 是调节电阻，根据要求改变 I 的大小。霍尔电动势输出端的负载电阻 R_L，可以是放大器的输入电阻或表头内阻等，所施加的外磁场 B 一般与霍尔元件的平面垂直。

（2）霍尔元件不等位电动势补偿

不等位电动势与霍尔电动势具有相同的数量级，有时甚至超过霍尔电动势，但要消除不等位电

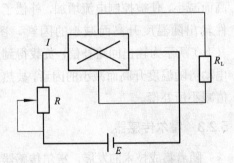

图 5-23　霍尔元件的基本测量电路

动势是非常困难的，因此必须采用补偿的方法。在分析不等位电动势时，可以把霍尔元件等效为一个电桥，如图 5-24（a）所示，电桥的 4 个臂列为 R_1、R_2、R_3、R_4。当 2 个霍尔电极在同一等位面上时，4 个桥臂电阻相等，此时电桥平衡，$R_0=0$，无不等位电动势；当霍尔电极不在同一等位面上时，4 个桥臂电阻不等，电桥处于不平衡状态，输出电压 R_0 不为零。因此，所有能使电桥达到平衡的方法都可用来补偿不等位电动势，比如在阻值较大的桥臂上并联可调电阻，如图 5-24（b）所示，通过调节可调电阻使电桥达到平衡状态，称为不对称补偿电路；或在两个桥臂上同时并联电阻，如图 5-24（c）所示，称为对称补偿电路。

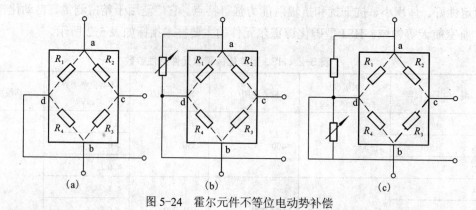

图 5-24　霍尔元件不等位电动势补偿

（3）霍尔元件温度误差及补偿

霍尔元件是由半导体材料制成的，因半导体对温度很敏感，霍尔元件的载流子迁移率、电阻率和霍尔系数都随温度而变化，因而使霍尔元件的特性参数，如霍尔电动势和输入、输出电阻等也将受到温度变化的影响，导致霍尔传感器产生温度误差。为了减小温度误差，通常选用温度系数小的材料制作霍尔元件或采取一些恒温措施。霍尔元件的温度误差也可以采用多种方法进行补偿，如采用恒流源提供控制电流等，而采用温度补偿元件是一种最常见的补偿方法。图 5-25 所示为采用热敏电阻进行补偿的几种补偿方法，R_t 为负温度系数热敏电阻。图 5-25（a）所示为输入回路补偿，由于负温度系数热敏电阻的阻值随温度升高而减小，使被控制电流增加，补偿了霍尔元件输出随温度升高而减小的因素。图 5-25（b）所示为输出回路补偿，负载得到的霍尔电动势随温度升高而减小的因素，被热敏电阻值减小所补偿。

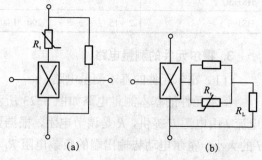

图 5-25　热敏电阻温度补偿回路

5.2.3　霍尔传感器

随着集成技术的发展，霍尔传感器已把霍尔元件、放大器、温度补偿电路及稳压电源或恒流电源等集成在一个芯片上，由于其外形与集成电路相同，故又称霍尔集成电路。霍尔集成电路按其输出信号的形式可分为线性型和开关型两种。

1. 线性型霍尔传感器

线性型霍尔传感器的输出电压与外加磁感应强度呈线性关系。这类传感器是将霍尔元件、稳压、恒流源、线性放大器等做在一个芯片上。按输出形式来分，线性霍尔传感器有单端输出和双端输出两种电路。图 5-26（a）为单端输出型线性型霍尔传感器内部结构框图，图 5-26（b）为线性型霍尔传感器的电磁特性。常见的线性集成电路有 SS49E、SS495A、A1302、A1321、OH49E UGN-3501 系列等。表 5-3 列出 UGN-3501 线性霍尔电路技术指标。

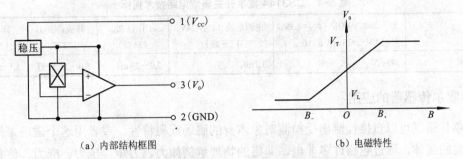

（a）内部结构框图　　　　　　　　　　（b）电磁特性

图 5-26　单端输出型线性型霍尔传感器内部结构框图和电磁特性

表 5-3　线性霍尔电路技术指标

型　号	V_{cc}/V	线性范围（mT）	R_o/kΩ	工作温度/℃	灵敏度 S/（mV/mT）			静态输出电压 V_0/V		
					min	typ	max	min	typ	max
UGN-3501	8～12	±100	0.1	−20～+85	3.5	7.0	—	2.5	3.6	5.0
UGN-3503	4.5～6	±90	0.05	−20～+85	7.5	13.5	30.0	2.25	2.5	2.75

2. 开关型霍尔传感器

开关型霍尔传感器主要由稳压电路、霍尔元件、差分放大器、施密特触发整形电路和开路输出等部分组成。开关型霍尔效应传感器主要分单极接近型和双极锁存型。常见的型号有 A3144、AH04E、SS441A、4913、S41、AH3144E/L、AH44 系列等。

图 5-27（a）为开关型霍尔传感器内部结构框图。磁场增强时，霍尔元件输出的霍尔电压 V_H 随磁感应强度的增加而增加，经放大器放大后，送至施密特整形电路，当放大后的霍尔电压大于开启阈值时，施密特整形电路翻转，输出高电平，使半导体管 V 导通，电路输出低电平；当磁场减弱时，霍尔元件输出的电压很小，经放大器放大后其值也小于施密特整形电路的关闭阈值，施密特整形电路再次翻转，输出低电平，使半导体管 V 截止，电路输出高电平。图 5-27（b）为开关型霍尔传感器磁电转换特性。

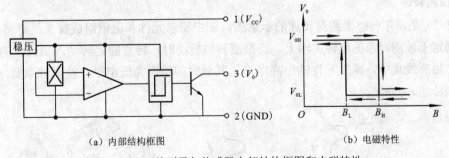

（a）内部结构框图　　　　　　　　　　（b）电磁特性

图 5-27　开关型霍尔传感器内部结构框图和电磁特性

CS3144 霍尔开关集成电路，它是由电压调整器、霍尔电压发生器、差分放大器、史密特触发器、温度补偿电路和集电极开路的输出级组成的电路，其输入为磁感应强度，输出是一个数字电压信号。CS3144 霍尔开关集成电路技术指标如表 5-4 所示。

表 5-4　CS3144 霍尔开关集成电路技术指标

电源电压（V_{CC}）	输出低电平电压（V_{CC}=4.5V，V_o=24 V I_o=20 mA $B \geqslant B_{OP}$）	电源电流（V_{CC}=24V，V_o 开路）	工作点 B_{OP}（25℃）	释放点 B_{RP}（25℃）	回差 B_H（25℃）
4.5～24 V	175 mV	3.0 mA	7.0～23 mT	5.0～17.5 mT	5.5 mT

5.2.4　霍尔传感器的应用

霍尔传感器可以直接检测出受检测对象本身的磁场或磁特性，或者用这个磁场来作被检测的信息的载体，通过它将许多非电、非磁的物理量例如力、力矩、压力、应力、位置、位移、速度、加速度等转变成电量来进行检测和控制。

1. 检测磁场

用霍尔线性传感器作探头，可以测量 10^{-6}～10 T 的交变和恒定磁场，如采用三端单输出型线性型霍尔传感器 UGN3503 测磁场，引脚一接电源，引脚二接地，引脚三接高输入阻抗（>10 kΩ）电压表，通电后，将电路放入被测磁场中，让磁力线垂直于电路表面，读出电压表的数值，即可从电路的校准曲线上查得相应的磁感应强度值。

目前，已有许多用霍尔线性传感器检测磁场仪器。例如，数字高斯计 BST200（见图 5-28），它可对永磁材料的表面磁场、空间的直流磁场进行测量。

图 5-28　高斯计 BST200 外形

数字高斯计 BST200 主要性能指标如下：

- 量程范围：0～2 000 mT（1 mT=10 Gs）；
- 分辨率：0.1 mT；
- 环境温度：5～40℃；
- 相对湿度：20%～80%（无凝露）；
- 供电电源：9 V。

2. 检测转速

图 5-29 是霍尔传感器测量转速的示意图，图中霍尔元件和磁钢组成探头，将带 Z 个齿的圆盘固定于被测对象的旋转主轴上，当被测转轴转动时，转盘随之转动，当圆盘的齿对准探头时，磁感线集中，霍尔元件输出高电平，其他时间输出为低电平，检测频率数 f，便可求出被测转速 $n=60f/Z$。

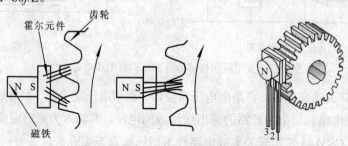

齿轮

霍尔元件

磁铁

图 5-29　霍尔传感器测量转速的示意图

3．检测压力

霍尔传感器测量压力首先要将压力转化为位移，通过弹性元件弹簧管或膜盒来实现。图 5-30（a）所示的弹性元件是一个弹簧管，当产生压力时，弹簧管变形使端部发生位移，带动霍尔元件移动。霍尔元件的两边放置两块极性相反的磁铁，构成均匀梯度磁场，当霍尔元件移动时作用在其上的磁场发生变化，输出的霍尔电动势随之改变，由此检测出压力的变化，霍尔电动势与压力成线性关系。图 5-30（b）所示的弹性元件是弹性膜盒，被测压力 p 使弹性膜盒膨胀并推动连接霍尔元件的杠杆，使霍尔元件产生相应的位移，位置的改变使加在霍尔元件上的磁场变化，输出的霍尔电动势与位移成线性比例关系。

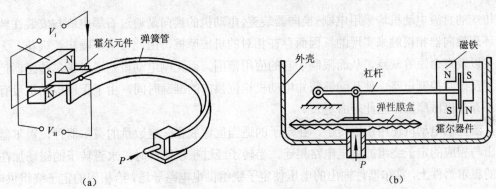

（a）　　　　　　　　　　　　　　　（b）

图 5-30　霍尔式压力传感器原理图

4．测量电流

霍尔电流传感器的结构如图 5-31 所示，其外形如图 5-32 所示。用一环形导磁材料作成磁心，将磁心做成张合结构，在磁心开口处放置霍尔器件，将环形磁心夹在被测电流流过的导线外，由安培环路定理知，在有电流流过的导线周围如磁心内部会感生出与之成正比的磁场，利用霍尔传感器测量出磁场，从而确定导线中电流的大小，利用这一原理可以设计制成霍尔电流传感器。其优点是传感器不与被测电路发生电接触，检测过程中，被测电路的状态不受检测电路的影响，检测电路也不受被检电路的影响。霍尔电流传感器可以检测从直流到 100 kHz 的各种波形的电流，响应时间可短到 1 μs 以下。由于这些优点，霍尔电流传感器得到了极其广泛的应用。

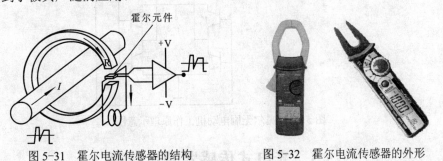

图 5-31　霍尔电流传感器的结构　　　图 5-32　霍尔电流传感器的外形

某公司生产的 LH2015 钳形电流表可以检测交流和直流电流，其技术指标如下：

- 量程：400A、2000A；

- 分辨率：100 mA（400A 量程）、1A（2000A 量程）；
- 最大可测负载：2 000 A 直流或交流峰值；
- 最大过载：10 000 A。

钳形电流表测量时，应先估计被测电流大小，选择适当量程，若无法估计，须在不带电情况下或者在钳口张开情况下先选较大量程，然后逐挡减少直至合适的挡位。测量 5 A 以下电流时，为得到较为准确的读数，在条件许可时，可将导线多绕几圈，放进钳口测量，其实际电流值应为仪表读数除以放进钳口内的导线根数。

5. 霍尔无刷直流电动机

传统的直流电动机均采用电刷-换向器装置，电动机的换向是通过石墨电刷与安装在转子上的环形换向器相接触来实现的。因而存在相对的机械摩擦，由此带来了噪声、火花、无线电干扰以及寿命短等缺点，从而限制了它的应用范围。而无刷电动机则通过霍尔传感器把转子位置反馈回控制电路，使其能够获知电动机相位换向的准确时间，由于无刷电动机没有电刷，不存在机械摩擦，因此寿命更长。

直流无刷电动机使用永磁转子，在定子的适当位置放置一定数量的霍尔器件，霍尔器件的输出与相应的定子绕组的供电电路相连。当转子经过霍尔器件时，永磁转子的磁场加在已通电的霍尔器件上，霍尔器件输出的电压使定子绕组供电电路导通，给相应的定子绕组供电，产生和转子磁场极性相同的磁场，推斥转子转动；转到经过下一个霍尔器件，前一个霍尔器件停止工作，下一个霍尔器件导通，使下一个绕组通电，产生和转子磁场极性相同的磁场，推斥转子继续转动。如此循环，维持电动机的工作，这里霍尔器件起定子电流的换向作用。其工作原理如图 5-33 所示。

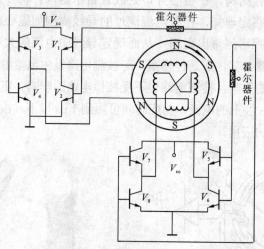

图 5-33　霍尔无刷电动机工作原理示意图

5.3　光电式传感器测量转速

光电式传感器具有高精度、高分辨率、高可靠性、动态特性较好、高转速测量不影响被测物的转动等特点，所以常采用光电式转速传感器来检测转速。图 5-34 所示为光电式传感器的外形。

图 5-34　光电式传感器

5.3.1　光电效应和光电元件

光电传感器是指能将光能转化成电信号的器件，其工作原理是基于光电效应。根据光的波粒二象性，我们可以认为光是一种以光速运动的粒子流，这种粒子称为光子，每个光子具有的能量 E 正比于光的频率 v，其大小为

$$E=hv \tag{5-9}$$

式中，h 为普朗克常量，$h= 6.63 \times 10^{-34}$ J · s。

可见，对不同频率的光，其光子能量是不相同的，频率越高，光子能量越大。用光照射某一物体，可以看做物体受到一连串能量为 hv 的光子所轰击，组成这物体的材料吸收光子能量而发生相应电效应的物理现象称为光电效应。由于被光照射的物体材料不同，所产生的光电效应也不同，通常光照射到物体表面后产生的光电效应分为外光电效应、内光电效应和光生伏特效应。

1．外光电效应及光电元件

在光线作用下能使电子逸出物体表面的现象称为外光电效应，基于外光电效应的光电元件有光电管（见图 5-35）、光电倍增管（见图 5-36）等。

图 5-35　光电管外形　　　　　　图 5-36　光电倍增管外形

（1）光电管

光电管的结构如图 5-37 所示。光电管由真空管、光电阴极和光电阳极组成，当一定频率入射光照射到阴极上时，每个光子就把它的能量传递到阴极表面的一个自由电子。当电子获得的能量大于阴极材料的逸出功 A 时，自由电子就可以克服金属表面束缚而逸出，形成电子发射。发射的电子称为光电子，当光电管阳极加上适当电压时，光电子在电场作用下被具有正电压的阳极所吸引，在光电管中形成电流，称为光电流。

根据爱因斯坦的假设，一个光子的能量只传递给一个电子，因此，如果要使一个电子从物质表面逸出，光子具有的能量 E 必须大于该物质表面的

图 5-37　光电管的结构

1—阳极 A；2—阴极 K；3—石英玻璃外壳；
4—抽气管；5—阳极引脚；6—阴极引脚

逸出功 A_0，这时逸出表面的光电子的初始动能 E_k 为

$$E_k=(1/2)mv^2=hv-A_0 \qquad (5-10)$$

式中，m——电子质量；

$\qquad v$——光的频率；

$\qquad V$——电子逸出时的初速度；

$\qquad A_0$——阴极金属材料的逸出功。

由式（5-10）可知，光电子逸出时所具有的初始动能 E_k 与光的频率有关，频率越高则初始动能越大。由于不同的阴极金属材料逸出功不同，对应某种阴极材料有一个频率限，当入射光的频率低于此频率限时，不管光通量有多大，都不可能有电子逸出，这个最低限度的频率称为红限频率。

光电管的光电特性如图 5-38 所示，光通量的单位为流明（lm），从图中可知，在光通量不太大时，光电特性基本是一条直线。光电管符号及测量电路如图 5-39 所示。

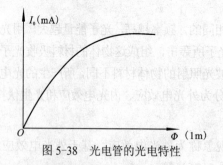

图 5-38　光电管的光电特性

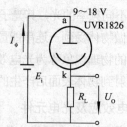

图 5-39　光电管符号及测量电路

（2）光电倍增管

光电管中形成的光电流较弱，而光电倍增管能放大光电流，光电倍增管工作原理图如图 5-40 所示。K 为阴极，A 为阳极，在阴极与阳极之间设置 D_1、D_2、D_3 等若干个涂有 Sb-Cs 或 Ag-Mg 等光敏物质的光电倍增极，也叫二次发射极。相邻电极之间通常加上百伏左右的电压，这些电极的电位逐级提高。当光线照射到阴极后，从阴极 K 上逸出的光电子在 D_1 的电场作用下，加速并打在 D_1 倍增极上，产生二次发射电子；二次发射电子在更高电位的 D_2 的电场作用下，又将加速入射到 D_2 上，在 D_2 上又将产生二次发射电子……，这样逐级前进，一直到达阳极 A 为止。若每级的二次发射倍增率为 A，共有 n 级，则光电倍增管阳极得到的光电流比普通光电管大 A^n 倍，因此光电倍增管具有很高的灵敏度，多用于微光测量。

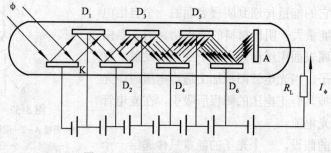

图 5-40　光电倍增管结构示意图

2. 内光电效应及光电元件

在光线作用下能使物体的电导性能发生变化的现象称为内光电效应，也叫光电导效应。基于内光电效应的光电元件有光敏电阻、光电二极管、光电晶体管、光电晶闸管等。

（1）光敏电阻

光敏电阻是一种电阻元件，由金属的硫化物、硒化物、碲化物等半导体光敏材料组成，为了避免灵敏度受潮湿的影响，因此将其严密封装在带有透明窗的管壳中。为了增加灵敏度，常将两电极做成梳状。光敏电阻外形和结构如图 5-41 所示。

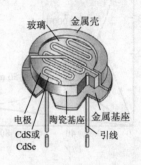

玻璃　金属壳

电极　陶瓷基座　金属基座
CdS或　　　　　引线
CdSe

（a）外形　　　　　　　　　　　　（b）结构

图 5-41　光敏电阻外形和结构

光敏电阻原理图如图 5-42 所示，在黑暗的环境下，光敏电阻的阻值很高，当受到光照并且光辐射能量足够大时，光导材料价带上的电子受到能量大于其禁带宽度的光子激发，由价带跃迁到导带上去，从而使导带的电子和价带的空穴增加，电导率变大，阻值降低。光照消失后，电子-孔穴对逐渐复合，电阻也逐渐恢复原值。

光敏电阻的图形符号如图 5-43 所示。

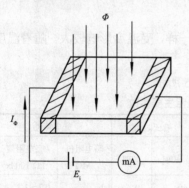

图 5-42　光敏电阻原理图　　　　　图 5-43　光敏电阻的图形符号

光敏电阻的特性和参数如下：

① 暗电阻：置于室温、全暗条件下的稳定电阻值称为暗电阻，此时流过电阻的电流称为暗电流。

② 亮电阻：置于室温和一定光照条件下测得稳定电阻值称为亮电阻，此时流过电阻的电流称为亮电流。

③ 伏安特性：光照度（单位为勒克司 lx）不变时，光敏电阻两端所加的电压和流过光

敏电阻的电流间的关系称为伏安特性，如图 5-44 所示。从图中可知，伏安特性近似直线，但使用时应不超过虚线所示的功耗区，以免导致光敏电阻损坏。

④ 光电特性：在光敏电阻两极间电压固定不变时，光照度与亮电流间的关系称为光电特性。需要注意的是，光敏电阻的光电特性呈非线性，如图 5-45 所示。

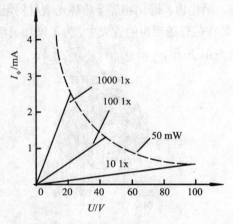

图 5-44　光敏电阻的伏安特性　　　　图 5-45　某光敏电阻的光电特性

⑤ 光谱特性：光敏电阻对不同波长的入射光对应的光谱灵敏度也不相同，而且各种光敏电阻的光谱响应峰值波长也不相同，入射光波长与光敏器件相对灵敏度间的关系称为光谱特性。在选用光敏电阻时，可根据被测光的波长范围选择不同材料的光敏电阻。

⑥ 响应时间：光敏电阻受光照后，光电流需要经过一段上升时间才能达到其稳定值，在停止光照后，光电流也需要经过一段下降时间才能恢复到其暗电流值，这段时间称为响应时间。光敏电阻上升响应时间和下降响应时间约为 $10^{-1} \sim 10^{-3}$ s，因此光敏电阻不能用在要求快速响应的场合，这是光敏电阻的另一个主要缺点。

⑦ 温度特性：光敏电阻和其他半导体器件一样，受温度影响较大。随着温度上升，暗电流增大，灵敏度下降。

几种 CdS 光敏电阻型号及主要参数如表 5-5 所示。

表 5-5　光敏电阻主要参数

型号参数	光谱响应范围/μm	峰值波长/μm	允许功耗/mW	最高工作电压/V	响应时间		光电特性		电阻温度系数/（-20～60℃）
					T_r/ms	t_f/ms	暗电阻值/MΩ	亮电阻值 kΩ/100 lx	
UR-74A	0.4～0.8	0.54	50	100	40	30	1	0.7～1.2	-0.2
UR-74B	0.4～0.8	0.54	30	50	20	15	10	1.2 ～4	-0.2
UR-74C	0.5～0.9	0.57	50	100	6	4	100	0.5～2	-0.5

（2）光电二极管

光电二极管的结构与一般二极管相似，都有一个 PN 结，不同之处在于光电二极管的 PN 结装在管的顶部，可以直接受到光的照射。光电二极管外形和结构如图 5-46 所示，其管芯构造如图 5-47 所示。

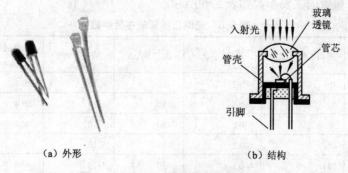

（a）外形　　　　　　（b）结构

图 5-46　光电二极管的外形和结构

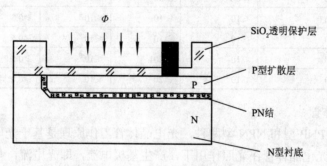

图 5-47　光电二极管管芯构造示意图

　　光电二极管在电路中一般处于反向偏置状态，如图 5-48 所示。当没有光照射时，其反向电阻很大，反向电流很小，这种反向电流称为暗电流。当有光照射时，PN 结及其附近产生电子-空穴对，它们在反向电压作用下参与导电，形成比无光照射时大得多的反向电流，这种电流称为光电流。入射光的照度增强，产生的电子-空穴对数量也随之增加，光电流也相应增大，光电流与光照度成正比。

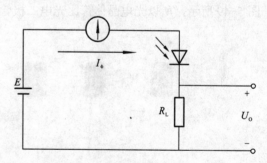

图 5-48　光电二极管的反向偏置接法

　　光电二极管的主要参数有以下几个：

　　① 最高工作电压 U_{max}：指在无光照射时，光电二极管反向电流不超过 0.1 μA 时，所加的反向最高电压值。

　　② 暗电流 I_D：在无光照射时，光电二极管加有正常工作电压时的反向漏电流，其值越小越好。

　　③ 光电流 I_L：光电二极管在受到一定光线照射时，在加有正常反向工作电压时的电流值，此值越大越好。

　　④ 响应时间 T_r：光电二极管把光信号转换为电信号所需的时间。

　　⑤ 光电灵敏度：也称电流灵敏度，用于表示光电二极管对光的敏感程度。它是指每 μW 入射光的能量条件下所产生的光电流的大小。

几种光电二极管的主要参数如表 5-6 所示。

表 5-6　光电二极管的主要参数

型　　号	最高工作电压/V	暗电流/μA	光电流/μA	响应时间/s	光电灵敏度/（μA /μW）	结电容/pF
2CU1A	10	≤0.2	≥80	≤10^{-7}	≥0.4	≤5.0
2CU1B	20	≤0.2	≥80	≤10^{-7}	≥0.4	≤5.0
2CU1C	30	≤0.2	≥80	≤10^{-7}	≥0.4	≤5.0
2CU1D	40	≤0.2	≥80	≤10^{-7}	≥0.4	≤5.0
2CU2A	10	≤0.1	≥30	≤10^{-7}	≥0.4	≤3.0
2CU2B	20	≤0.1	≥30	≤10^{-7}	≥0.4	≤3.0
2CU1IA	30	≤10^{-1}	≥10	≤10^{-9}	≥0.5	≤0.7
2CU11B	50	≤10^{-2}	≥10	≤10^{-9}	≥0.5	≤0.7
2CU2IA	30	≤10^{-1}	≥20	≤10^{-9}	≥0.5	≤1.2
2CU21B	50	≤10^{-2}	≥20	≤10^{-9}	≥0.5	≤1.2

（3）光电晶体管

光电晶体管有 PNP 型和 NPN 型两种，光电晶体管工作原理是基于光电二极管与普通晶体管的工作原理。光电晶体管在光照作用下，产生基极电流，即光电流，与普通晶体管的放大作用相似，在集电极上则产生是光电流 β 倍的集电极电流，光电晶体管有两个 PN 结，如图 5-49 所示，所以光电晶体管比光电二极管具有更高的灵敏度。

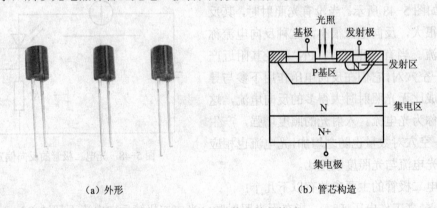

（a）外形　　　　　　　　　　（b）管芯构造

图 5-49　光电晶体管结构和管芯构造

光电晶体管在电路中的连接如图 5-50 所示。

光电晶体管的主要参数如下：

① 暗电流 I_D：在无光照的情况下，集电极与发射极间的电压为规定值时，流过集电极的反向漏电流称为光电晶体管的暗电流。

② 光电流 I_L：在规定光照下，当施加规定的工作电压时，流过光电晶体管的电流称为光电流，光电流越大，说明光电晶体管的灵敏度越高。

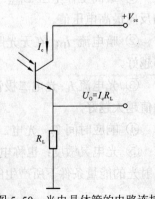

图 5-50　光电晶体管的电路连接

③ 集电极-发射极击穿电压 V_{CE}：在无光照下，集电极电流 I_C 为规定值时，集电极与发射极之间的电压降称为集电极-发射极击穿电压。

④ 最高工作电压 V_{RM}：在无光照下，集电极电流 I_e 为规定的允许值时，集电极与发射极之间的电压降称为最高工作电压。

⑤ 最大功率 P_M：最大功率指光电晶体管在规定条件下能承受的最大功率。

⑥ 峰值波长 λ_p：当光电晶体管的光谱响应为最大时对应的波长叫做峰值波长。

⑦ 光电灵敏度：在给定波长的入射光输入单位为光功率时，光电晶体管管芯单位面积输出光电流的强度称为光电灵敏度。

⑧ 响应时间：响应时间指光电晶体管对入射光信号的反应速度，一般为 $1 \times 10^{-3} \sim 1 \times 10^{-7} s$。

⑨ 开关时间：开关时间包括脉冲上升时间 t_τ、脉冲下降时间 t_t、脉冲延迟时间 t_d、脉冲存储时间 t_s 共 4 部分。

脉冲上升时间 t_τ 指光电晶体管在规定工作条件下调节输入的脉冲光，使光电晶体管输出相应的脉冲电流至规定值，以输出脉冲前沿幅度的 10%～90% 所需的时间。

脉冲下降时间 t_t 指以输出脉冲后沿幅度的 90%～10% 所需的时间。

脉冲延迟时间 t_d 指从输入光脉冲开始到输出电脉冲前沿的 10% 所需的时间。

脉冲储存时间 t_s 指当输入光脉冲结束后，输出电脉冲下降到脉冲幅度 90% 所需的时间。

部分 3DU 系列硅光电晶体管的主要参数如表 5-7 所示。

表 5-7 光电晶体管的参数

型号	最大功耗 /mW	最高工作电压/V	暗电流 /μA	光电流/mA 1000 lx U_{CE}=10 V	开关时间（μs）R_L=50, U_{CE}=10 V, 脉冲电流幅度 1 μA				峰值波长 /μm
					t_τ	t_t	t_d	t_s	
3DU11	30	≥10							
3DU12	50	≥30	≤0.3	0.5 ～ 1					
3DU13	100	≥50							
3DU14	100	≥100	≤0.2						
3DU21	30	≥10							
3DU22	50	≥30	≤0.3	1 ～2	≤3	≤3	≤2	≤1	0.88
3DU23	100	≥50							
3DU31	30	≥10							
3DU32	50	≥30	≤0.3	≥2					
3DU33	100	≥50							
3DU51	30	≥10	≤0.2	≥0.5					

（4）光电晶闸管

光电晶闸管也称光控晶闸管，它由 PNPN 4 层半导体构成，有 3 个 PN 结，如图 5-51 所示。通常晶闸管有 3 个电极：控制极 G、阳极 A 和阴极 K。而光控晶闸管由于其控制信号来自光的照射，没有必要再引出控制极，所以只有两个电极（阳极 A 和阴极 K）。但它的结构与晶闸管一样，是由 4 层 PNPN 器件构成。从外形上看，光控晶闸管亦有受光窗口，还有两条管脚和壳体，类似光电二极管，光电晶闸管的外形及电路符号如图 5-52 所示。

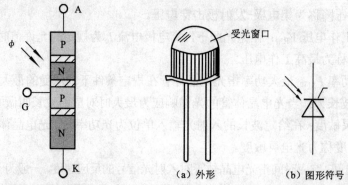

图 5-51　光敏晶闸管结构　　　　图 5-52　光电晶闸管的外形及图形符号

（a）外形　　　（b）图形符号

当有一定照度的入射光照射到光电晶闸管时，可以使它产生控制电流，从而使光电晶闸管从阻断状态变为导通状态。为了使光控晶闸管能在微弱的光照下触发导通，因此必须使光控晶闸管在极小的控制电流下能可靠地导通。光控晶闸管受到了高温和耐压的限制，在目前的条件下，不可能与普通晶闸管一样做成大功率的。

光控晶闸管除了触发信号不同以外，其他特性基本与普通晶闸管是相同的，因此在使用时可按照普通晶闸管选择，只要注意它是光控这个特点就行了。光控晶闸管对光源的波长有一定的要求，即有选择性。波长在 0.8～0.9 μm 的红外线及波长在 1 μm 左右的激光，都是光控晶闸管较为理想的光源。

光电晶闸管在电路中的连接如图 5-53 所示。电阻 R_G 为光电晶闸管的灵敏度调节电阻，调节 R_G 的大小，可以使晶闸管在设定的照度下导通。

光电二极管、光电晶体管、光电晶闸管的基本特性包括光谱特性、伏安特性、光电特性、温度特性、响应特性等。

① 光谱特性：光电晶体管在入射光照度一定时，相对灵敏度随光波波长的变化而变化，这就是它的光谱特性，如图 5-54 所示。由图可见，当入射光波长太短时，相对灵敏度较低，这时由于光波穿透能力下降，光子只在晶体管表面激发电子-空穴对，而不能达到 PN 结，因此相对灵敏度下降；当入射光波长超过一定值时，相对灵敏度逐渐下降，这是由于光子能量太小，不足以激发电子-空穴对。

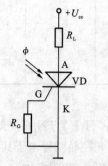

图 5-53　光电晶闸管的电路连接

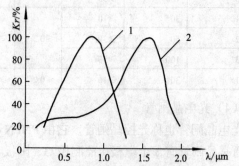

图 5-54　光电晶体管的光谱特性

1—硅光敏晶体管　2—锗光敏晶体管

从曲线还可以看出，不同材料的光电晶体管，其光谱响应峰值波长也不相同。硅管的峰值波长为 0.9 μm 左右，锗管的峰值波长为 1.5 μm 左右。由于锗管的暗电流比硅管大，因此，一般来说，锗管的性能较差，故在探测可见光或炽热物体时，都采用硅管，而对红外光进行探测时，采用锗管较为合适。

② 伏安特性：不同照度下锗光电晶体管的伏安特性曲线如图 5-55 所示。

③ 光电特性：外加一定的偏置电压时，光电晶体管的输出电流和光照度的关系如图 5-56 所示。可以看出，光电晶体管的光电特性可近似线性关系，光电晶体管的灵敏度要高于光电二极管。

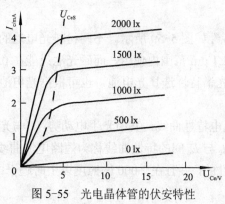

图 5-55   光电晶体管的伏安特性

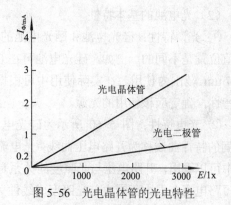

图 5-56   光电晶体管的光电特性

④ 温度特性：温度变化对亮电流的影响较小，而暗电流随温度变化很大，并且是非线性的，这将给微光测量带来误差，为此，在外电路中可以采取温度补偿方法，消除温度影响。

⑤ 响应特性：工业用的硅和锗光电二极管的响应时间分别为 10^{-6}s 和 10^{-4}s 左右，光电晶体管的响应时间比相应的二极管约慢一个数量级，因此在要求快速响应或入射光调制频率较高时选用硅光电二极管较合适。

3. 光生伏特效应及光电元件

在光线作用下，物体产生一定方向电动势的现象称为光生伏特效应，基于光生伏特效应的光电元件有光电池等。光电池具有性能稳定、光谱范围宽、频率特性好、传递效率高等优点，但对光的响应速度还不够高。目前应用最广泛的是硅光电池，其外形如图 5-57 所示。

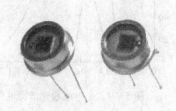

图 5-57   硅光电池外形

（1）光电池的结构及工作原理

图 5-58 所示为光电池结构示意图与图形符号。通常是在 N 型衬底上渗入 P 型杂质形成一个大面积的 PN 结，作为光照敏感面。当入射光子的能量足够大时，即光子能量 hv 大于硅的禁带宽度，P 型区每吸收一个光子就产生一对光生电子-空穴对，光生电子-空穴对的浓度从表面向内部迅速下降，形成由表及里扩散的自然趋势。由于 PN 结内电场的方向是由 N 区指向 P 区，它使扩散到 PN 结附近的电子-空穴对分离，光生电子被推向 N 区，光生空穴被留在 P 区，从而使 N 区带负电，P 区带正电，形成光生电动势。若用导线连接 P 区和 N 区，电路中就有电流流过。

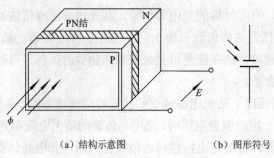

（a）结构示意图　　　　　　　（b）图形符号

图 5-58　光电池结构和图形符号

（2）光电池的基本特性

① 光谱特性：硅光电池和硒光电池的光谱特性如图 5-59 所示。不同材料光电池的光谱峰值位置是不同的。例如，硅光电池可在 0.45～1.1 μm 范围内使用。而硒光池只能在 0.34～0.57 μm 范围内使用。在实际使用中可根据光源光谱特性选择光电池，也可根据光电池的光谱特性，确定应该使用的光源。

② 光电特性：图 5-60 所示为硅光电池的光电特性曲线，其中光生电动势 U 与光照度 E_e 间的特性曲线称为开路电压曲线；光电流强度 I_e 与 E_e 间的特性曲线称为短路电流曲线。从图中可以看出，开路电压与光照度的关系是非线性的，并且在 2 000 lx 照度以上时趋于饱和，而短路电流在很大范围内与光照度成线性关系。

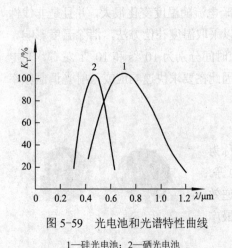

图 5-59　光电池和光谱特性曲线

1—硅光电池；2—硒光电池

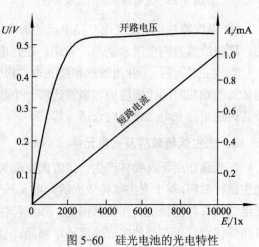

图 5-60　硅光电池的光电特性

分析

　　由硅光电池的光电特性曲线判断何时利用开路电压与光照的光电特性检测，何时利用短路电流与光照的光电特性检测。

③ 温度特性：光电池的开路电压和短路电流随温度变化的关系称为温度特性。从图 5-61 中可以看出，光电池的开路电压随温度增加而下降的速度较快，短路电流随温度上升而增加的速度却很缓慢，使用光电池作为检测元件时，应考虑温度漂移的影响，需采取相应措施进行补偿。

④ 频率特性：频率特性是指输出电流与入射光的调制频率之间的关系。当光电池受到入射光照射时，产生电子-空穴对需要一定时间，入射光消失，电子-空穴对的复合也需要一定时间，因此，当入射光的调制频率太高时，光电池的输出光电流将下降。硅光电池具有较高的频率响应，而硒光电池较差。

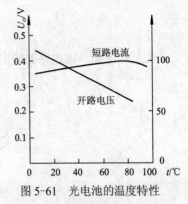

图 5-61　光电池的温度特性

（3）光电池的参数

① 开路电压 V_{oc}：在一定光照下，硅光电池输出端开路时，所产生的光电子电压。

② 短路电流 I_{sc}：在一定光照下，硅光电池所接负载电阻为零时，流过硅光电池的电流。

③ 暗电流 I_D：在无光照的条件下，在硅光电池两端施加反向电压时所产生的电流。

④ 反向阻抗 R_ζ：在无光照的条件下，在硅光电池两端施加反向电压时所呈现的阻抗。

⑤ 峰值波长 λ_o：响应光谱中吸收最大处的波长。

⑥ 下限波长 λ_1：响应光谱中吸收为最大吸收的 50% 处所对应的下限波长。

⑦ 上限波长 λ_2：响应光谱中吸收为最大吸收的 50% 处所对应的上限波长。

⑧ 最大反向电压 V_{RM}：使用硅光电池时所允许加的极限反向电压。

⑨ 转换效率 η：硅光电池输出电能与输入光能量的比值。

TCC 系列硅光电池主要参数如表 5-8 所示。

表 5-8　TCC 系列硅光电池主要参数

型　　号	开路电压 V_{oc}/mV　100 lx	短路电流 I_{sc}/mA　100 lx	暗电流 /μA　10 mV	峰值波长 λ_o/μm	下限波长 λ_1/μm	上限波长 λ_2/μm	反向阻抗 R_ζ/MΩ
TCC11	≥260	≥3	≤0.01	0.84			≥1
TCC12		≥8		0.90			
TCC13	≥300	60	0.02	0.84		1.06	≥5
TCC14		≥8		0.90	0.4		
TCC15		≥0.5					≥10
TCC16	≥260	≥0.4	0.01	0.84		1.1	≥1
TCC17		≥0.5					
TCC18		≥2.5	0.1				≥0.1
TCC19	≥300	≥40	0.01	0.84	0.4	1.06	
TCC21		≥1.2	0.001			1.1	

（4）光电池的测量电路

由图 5-60 可见，光电池短路电流在很大范围内与光照度成线性关系，但一般测量仪器很难做到负载为零，因此可采用集成运放电路。图 5-62 所示为光电池短路电流的测量电路。

根据运算放大器的"虚短"和"虚断"性质，输出电压 U_o 为

$$U_o = -U_{Rf} = -I_\Phi R_f \tag{5-11}$$

从上式可知，该电路的输出电压 U_o 与光电流 I_Φ 成正比，从而达到电流/电压转换关系。

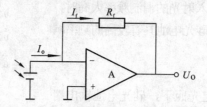

图 5-62　光电池短路电流测量电路

（5）硅光电池使用注意事项

① 硅光电池的输出特性与负载有关。在一定光照条件下，当负载很小时，硅光电池的输出电流趋近于短路电流；而在负载很小时，输出电压则趋于开路电压。因此，在使用硅光电池时，只有确定负载电阻为某一数值时，才能获得最大功率输出。

② 硅光电池可以串、并联使用，以满足所需要的电压或电流值。

③ 硅光电池的表面有一层抗反射膜，使用时应避免损伤其表面，如表面出现污垢，可用酒精棉球轻轻擦拭。

④ 使用时，应使硅光电池不受外界环境干扰，以免产生误信号。

5.3.2　光电式传感器的应用

光电式传感器的测量属于非接触式测量，测量方法灵活多样，可测参数众多，在检测和控制领域得到了广泛应用。按被测物与光电元件和光源之间的关系，光电传感器在工业上的应用可归纳为辐射式、吸收式、遮光式、反射式 4 种基本形式，如图 5-63 所示。

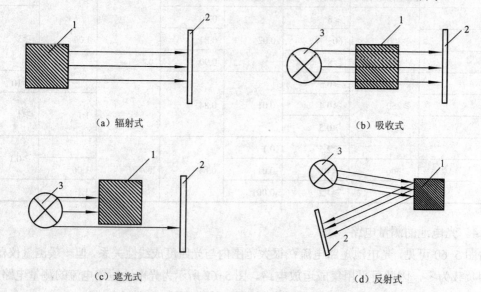

（a）辐射式　　　　　　　　　　　　　（b）吸收式

（c）遮光式　　　　　　　　　　　　　（d）反射式

图 5-63　光电传感器应用的几种基本类型

1—被测量；2—光电元件；3—恒光源

下面具体介绍这几种光电传感器：

① 辐射式：这种方式被测对象就是光电元件的辐射光源，如图 5-63（a）所示，可以测量辐射源的照度、频谱成分或变化频率等非电量。这种形式可用于测高温、光照度等场合，如温度非接触测量用的光电高温计和光电比色高温计，测量光学参数用的照度表等。此外，在防火预警装置、红外侦察系统、天文探测等方面，也大多用这种类型。

② 吸收式：这种检测方式是把被测对象置于恒定光源和光电器件之间，如图 5-63（b）所示。恒定光源发出的光通量穿过被测对象时，其中一部分被吸收，另一部分投射到光电元件上，根据辐射线被待测对象吸收的多少或对光源某些频谱的选择性来测量液体、气体的透明度、混浊度等，或对液体气体中某种物质含量多少进行测定等。

③ 遮光式：这种检测方式是把待测对象置于恒定光源和光电器件之间，如图 5-63（c）所示。根据被测对象阻挡光通量的多少，来测量被测对象的长度、厚度等几何尺寸和线位移、角位移、速度等运动参量，还可根据光所阻挡的频率来测量速度或计数。

④ 反射式：这种方式是用恒定光源发出的光通量投射到被测对象上，光电器件接收由被测对象反射来的光通量，如图 5-63（d）所示。反射光的强弱反映了被测对象的表面性质和状态，这种形式可用于检测测量机械加工零件的表面光洁度、白度、湿度等，还可根据发射与接收之间的时间差来测量距离。

1. 光电式转速传感器

光电式转速传感器对转速的测量，主要是通过将光线的发射与被测物体的转动相关联，再以光敏元件对光线进行感应来完成的。光电式转速传感器按工作方式划分，分为直射式光电转速传感器和反射式光电转速传感器两种。

（1）直射式光电转速传感器

直射式光电转速传感器的结构如图 5-64 所示。它由光源、带孔的测量盘、光敏元件及缝隙板等组成。光源发出的光，通过带孔的测量盘和缝隙板照射到光敏元件上被光敏元件所接收，将光信号转为电信号输出。当测量盘随着被测物体转动时，光线则随测量盘转动不断经过各条缝隙，并透过缝隙投射到光敏元件上，光敏元件在接收光线并感知其明暗变化后，即输出电流脉冲信号。在一段时间内，通过对直射式光电转速传感器的计数和计算，就可以获得被测量对象的转速。例如，测量盘的孔数为 Z，转动时脉冲信号个数为 f，则转速为 $n=60\,f/Z$。

（2）反射式光电转速传感器

反射式光电转速传感器的结构如图 5-65 所示，它由测量转轴、反光片（或反光贴纸）、反射式光电传感器（包括光源和光敏元件等）组成，在被测转轴上安装多个反光片或反光贴纸。光源对被测转轴发出光线，光线入射到被测转轴上，当被测转轴转动时，光电传感器的输出就会跳变一次。通过测出跳变频率 f，就可知道转速 n。设安装 N 个反光片或反光贴纸，那么，$n=60\,f/N$。

（3）光电式转速传感器主要技术指标

以 m281057 型光电转速传感器为例，m281057 型光电转速传感器是采用调制光结构的单头反射式光电转速传感器，因此具有测量距离远及不受环境光干扰等特点。传感器内藏调制光发射和接收光电转速单元，能将被测物反射回来的光信号转变成电脉冲信号，传感器输出电平适应性强，能与各种转速数字显示仪配套使用及计算机接口电路直接联系，能无接触测量转速、线速等。

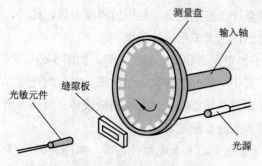

图 5-64　直射式光电转速传感器

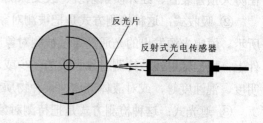

图 5-65　反射式光电转速传感器

m281057 型光电转速传感器的主要技术指标如下：
- 测量方式：可见光光电反射式（调制光）；
- 测量范围：（1～30 000）r/min；
- 检测距离：（50～150）mm；
- 输出信号幅值："1"为 5±0.5V；"0"为 0.5V 以下；
- 供给电源：直流 10～14V；
- 反射条件：（10×10）mm^2 定向反射纸；
- 工作条件：环境温度 5～40℃，相对湿度≤85%。

（4）光电式转速传感器的选用和安装使用

常用光电式传感器主要有光电管、光电倍增管、光敏电阻、光电二极管、光电晶体管、光电晶闸管、光电池等。实际应用时，要根据具体情况选择传感器。对于高速的光检测电路、超高速激光传感器、宽范围照度计应选用光电元件为光电二极管的光电式转速传感器；对于简单脉冲、简单电路中的低速脉冲光敏开关应选用光电元件为光电晶体管光电式转速传感器。

光电式转速传感器安装时应尽量避开灰尘较多、腐蚀性气体较多、水、油、化学品有可能直接飞溅的场所，同时安装和使用时应回避将传感器光轴正对太阳光、白炽灯等强光源。在不能改变传感器光轴与强光源的角度时，可在传感器上方四周加装遮光板或套上遮光长筒。

反射式光电转速传感器在几组靠近安装时要防止相互干扰，简单的办法是拉开间隔，而且检测距离越远，间隔也应越大，具体间隔应根据调试情况来确定。

2. 光电开关及光电断续器

光电开关及光电断续器从原理上区别不大，都是由红外线发射元件与光敏接收元件组成，只是光电断续器是整体结构，其检测距离只有几毫米至几十毫米，而光电开关的检测距离可达几米至几十米。

（1）光电开关

常见的光电开关外形如图 5-66 所示。

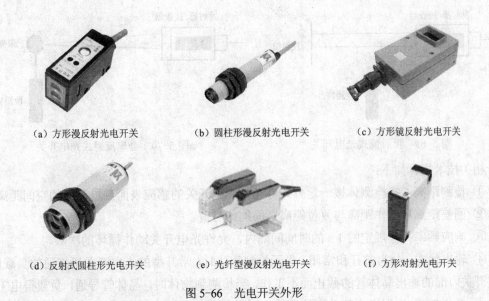

(a) 方形漫反射光电开关　　(b) 圆柱形漫反射光电开关　　(c) 方形镜反射光电开关

(d) 反射式圆柱形光电开关　　(e) 光纤型漫反射光电开关　　(f) 方形对射光电开关

图 5-66　光电开关外形

光电开关分类如下：

① 对射式光电开关：其发射器和接收器相对安放，轴线严格对准。当有物体在两者中间通过时，红外光束被遮断，接收器接收不到红外线而产生一个负脉冲信号。对射式光电开关的检测距离一般可达十几米，对所有能遮断光线的物体均可检测，如图 5-67 所示。

② 漫反射式光电开关：它是一种集发射器和接收器于一体的传感器，当有被检测物体经过时，物体将光电开关发射器发射的足够量的光线反射到接收器，于是光电开关就产生了开关信号，如图 5-68 所示。当被检测物体的表面光亮或其反光率极高时，漫反射式的光电开关是首选的检测模式。

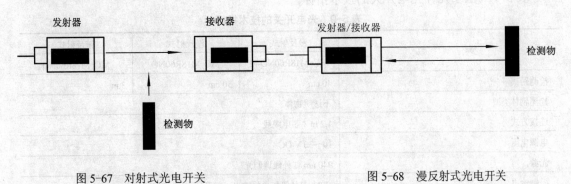

图 5-67　对射式光电开关　　　　　　　　图 5-68　漫反射式光电开关

③ 反射镜式光电开关：也将发射器和接收器置于一体，它采用反射镜将光线反射到光电开关，光电开关与反射镜之间的物体虽然也会反射光线但其效率远低于反射镜，因而相当于切断反射光束，如图 5-69 所示。

④ 会聚反射式的光电开关：其工作原理类似于直接反射式光电开关，然而其发射器和接收器聚焦于特定距离，只有当物体出现在聚焦点时光电开关才有动作，如图 5-70 所示。

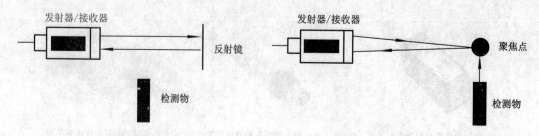

图 5-69 反射镜式光电开关 图 5-70 会聚反射式光电开关

相关技术指标如下：

① 检测距离：指检测体按一定方式移动，光电开关的感应表面到检测面的空间距离。

② 回差距离：动作距离与复位距离之间的绝对值。

③ 响应频率：在规定的 1 s 的时间间隔内，允许光电开关动作循环的次数。

④ 输出状态：分为常开和常闭。当无检测物体时，常开型的光电开关所接通的负载由于光电开关内部的输出晶体管的截止而不工作，当检测到物体时，晶体管导通，负载得电工作。

⑤ 检测方式：根据光电开关在检测物体时发射器所发出的光线被折回到接收器的途径的不同，可分为漫反射式、镜反射式、对射式等。

⑥ 输出形式：分 NPN 二线、NPN 三线、NPN 四线、PNP 二线、PNP 三线、PNP 四线、AC 二线、AC 五线(自带继电器)，及直流 NPN/PNP/常开/常闭多功能等几种常用的输出形式。

⑦ 表面反射率：漫反射式光电开关发出的光线需要经检测物表面才能反射回漫反射开关的接收器，所以检测距离和被检测物体的表面反射率将决定接收器接收到光线的强度。粗糙的表面反射回的光线强度必将小于光滑表面反射回的强度，而且被检测物体的表面必须垂直于光电开关的发射光线。

表 5-9 列出了几种光电开关的技术指标。

表 5-9　光电开关的技术指标

参　　数	漫反射式	漫反射式	镜反射式
	MC-M18R60NO-M	MC-M18R60NO	MC-M18R60NO
检测距离	40 cm	50 cm	3 m
检测物体类型	不透明物体		
连接方式	1.2 m 3 芯电缆线		
电源电压	10～30 V DC		
光源	940 nm 红外线调制光		
控制输出	NPN 晶体管集电极输出，常开		
灵敏度调节	可调		
最大输出电流	200 mA		
静态/工作电流	小于 5 mA/10 mA		
响应时间	小于 1 ms		
电源极性反接保护	内置		
绝缘电阻	大于 50 MΩ		

参　　数	漫反射式	漫反射式	镜反射式
	MC-M18R60NO-M	MC-M18R60NO	MC-M18R60NO
动作指示灯	红色 LED		
环境温/湿度	−25~55℃ / 35%~90% 相对湿度		
环境光强	日光：10 000 lx，白炽灯光：3 000 lx		
接线方法	棕色线：电源正极	蓝色线：电源负极	黑色线：信号输出

光电开关可用于各种应用场合，使用光电开关时，应注意环境条件，以使光电开关能够正常可靠的工作。

① 对射式红外光电开关在几组并列靠近安装时，应防止和邻组相互干扰，防止这种干扰最有效的办法是投光器和受光器交叉设置，超过 2 组时要拉开组距，或者使用不同频率的机种。反射式光电开关防止相互干扰的有效办法是拉开间隔，检测距离越远，间隔也应越大，也可使用不同工作频率的机种。

② 红外线光电开关在环境照度高的情况下都能稳定工作，但原则上应回避将传感器光轴正对太阳光、白炽灯等强光源。在不能改变传感器光轴与强光源的角度时，可在传感器上方四周加装遮光板或套上遮光长筒。

③ 使用反射式光电开关时，有时由于被测物距离背景物较近或者背景是有光泽或光滑等反射率较高的物体，可能会使光电开关不能稳定检测。因此，可以限定距离，或者采用远离背景物、拆除背景物、将背景物涂成无光黑色，或设法使背景物粗糙、灰暗等方法加以排除。

④ 红外线光电开关的透镜可用擦镜纸擦拭，禁用稀释溶剂等化学品，以免永久损坏塑料镜。

⑤ 针对用户的现场实际要求，在一些较为恶劣的条件下，如灰尘较多的场合，所生产的光电开关在灵敏度的选择上增加了 50%，以适应在长期使用中延长光电开关维护周期的要求。

（2）光电断续器

光电断续器可分为遮断式和反射式两种。遮断式光电断续器也称为槽式光电开关，通常是标准的 U 形结构，其发射器和接收器做在体积很小的同一塑料壳体中，分别位于 U 形槽的两边，两者能可靠地对准，为安装和使用提供了方便。图 5-71 所示为光电断续器的外形。

图 5-71　光电断续器外形

遮断式和反射式光电断续器如图 5-72 所示。对于遮断式光电断续器，当被检测物体经过 U 型槽且遮断光轴时，光电开关就产生对应的开关控制信号。遮断式光电断续器比较可靠，较适合高速检测。反射式光电断续器将发光元件和接收元件做成一体，两者的光轴处在同一平面上且以某一角度相交，其交点即为被测物体的位或反光板的位置。正常情况下，发光元件发出的光被反光板反射回来由接收元件所接收，一旦光路被检测物体挡住，接收元件收不到光时，光电开关就动作，输出一个开关控制信号。表 5-10 列出了几种光电断续器的主要参数。

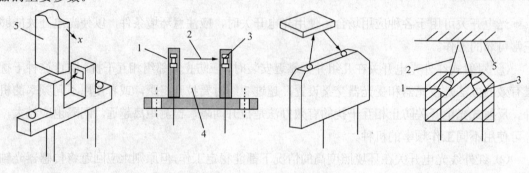

（a）遮断式　　　　　　　　　　　　（b）反射式

图 5-72　光电断续器

1—发光二极管；2—红外光；3—光电元件；4—槽；5—被测物

表 5-10　光电断续器的主要参数

型　　号	TLP841	QVE00033	QRD1114	GP1A52HRJ00F	OPB360L11	OPB702RR
感应方式	透射	透射	反射	透射	透射	反射
输出集电极/发射极电压（探测器）/V	35	30	30	$-0.5\sim+17$	30	30
最大反向电压（发射极）/V	5	6	5	6	2	2
最大集电极电流（探测器）/mA	50	20			30	
槽宽/mm	5	2		3	3.175	
光圈宽度/mm	0.5	0.4		0.5	0.254	
功率耗散/mW	75	100	100	250	100	100

光电断续器是较简单、可靠的光电器件。它广泛应用于自动控制系统、生产流水线、机电一体化设备、办公设备和家用电器中。光电断续器的发光二极管可以直接用直流电驱动，亦可用 40 kHz 尖脉冲电流驱动；红外 LED 的正向电压降为 1.1～1.3 V，驱动电流控制在 20 mA 以内。

光电断续器测速是将被测带齿的转盘放入光电断续器中间，如图 5-73 所示，齿盘每转过一个齿，光电断续器就输出一个脉冲。通过脉冲频率的测量或脉冲计数，即可获得齿盘转速和角位移。

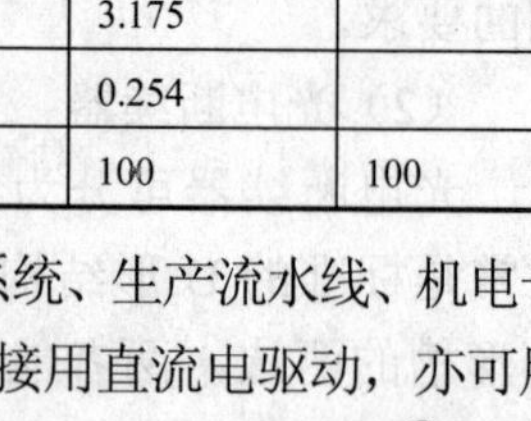

图 5-73　光电断续器测速

3.　光电比色温度计

根据有关的辐射定律，物体在两个特定波长 λ_1、λ_2 上的 $I_{\lambda 1}$、$I_{\lambda 2}$ 之比与该物体的温度成指数关系。

$$\frac{I_{\lambda 1}}{I_{\lambda 2}} = K_1 e^{-K_2/T} \tag{5-12}$$

式中　K_1、K_2——与 λ_1、λ_2 及物体的黑度有关的常数。

　　因此，只要测出 $I_{\lambda 1}$ 与 $I_{\lambda 2}$ 之比，就可根据式（5-12）算出物体的温度 T。图 5-74 所示为光电比色温度计的原理图。被测对象发出的辐射光经物镜 2 到半透半反镜 3 上，它将光线分为两路：第一路光线经反射镜 4、目镜 5 到达使用者的眼睛，以便瞄准测温对象；第二路光线穿过半透半反镜成象于光阑 7，通过光导棒 8 混合均匀后投射到分光镜 9 上，分光镜的可以使红外光通过，可见光反射。红外光透过分光镜到达滤光片 10，滤光片只让红外光中的某一特定波长 λ_1 的光线通过，最后被硅光电池 11 所接收，转换为与 $I_{\lambda 1}$ 成正比的光电流 I_1。滤光片 12 让某一特定波长 λ_2 的光线通过，最后被硅光电池 13 所接收，转换为与 $I_{\lambda 2}$ 成正比的光电流 I_2，经过转换电路可得 $I_{\lambda 1}$ 与 $I_{\lambda 2}$ 之比，进而得到温度。

4．光电式带材跑偏检测装置

　　带材跑偏检测装置是用来检测带型材料在生产过程中偏离正确位置的大小与方向，从而为纠偏控制电路提供纠偏信号。图 5-75 是光电式带材跑偏检测传感器的原理图。

　　光源 1 发出的光线经透镜 2 会聚为平行光束投射到透镜 3，再被会聚到光敏电阻 4 上。被测带材 5 置于透镜 2 和 3 之间，因此平行光束有部分光线受到被测带材的遮挡。从而使到达光敏电阻的光通量减小。如果带材发生了往左（或往右）跑偏，则光敏电阻接收到的光通量将增加（或减少）。

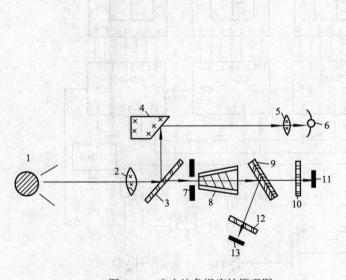

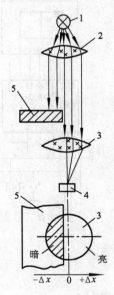

图 5-74　光电比色温度计原理图　　　　图 5-75　光电式带材跑偏检测装置

1—测温对象；2—物镜；3—半透半反镜；4—反射镜；5—目镜；

6—观察者的眼睛；7—光阑；8—光导棒；9—分光镜；

10、12—滤光片；11、13—硅光电池

5.4 光电式测速装置的制作和调试

光电转速器的制作目的如下：

熟悉光电转速传感器的组成及工作原理；掌握光电转速传感器测量转速的原理及方法；掌握用光电转速传感器设计简单测量电路，并完成调试。

制作器件包括：光电断路器 QFS-H104、七段译码输出十进制集成计数器选用 CD4026，VT1、VT2 采用 9014 型晶体管，$R_1 \sim R_6$ 均用碳膜或金属膜电阻，计时器选用 JH202 型智能数字定时器。

5.4.1 电路制作

光电测速装置参考电路如图 5-76 所示。该电路由光电信号检出、放大、整形、计数和显示 5 部分电路构成。光电断路器 Q、晶体管 VT1、VT2 组成的电路是为了检测输出光电脉冲，集成计数器 CD4026 等构成的计数电路是为了对脉冲信号进行计数。

电路的工作过程如下：

将转速测量轮片切入光电断路器的凹槽，接通电源后，按一下复位按钮 SB，计数器即复零等待计数。SB 为常闭型按钮开关，平时闭合，使复零端 CR 接地为低电平，计数器处于等待计数工作状态，如果有输入计数脉冲即进行计数。当按动 SB 使其触点断开时，复零端通过电阻 R，接电源正端为高电平，计数器处于复零状态，此时计数无效。

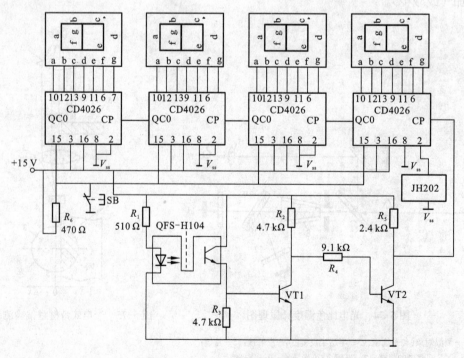

图 5-76 光电测速装置电路图

当测量轮片转入槽中遮光时，光电断路器 Q 的输出光电流很小，近似等于暗电流，使晶体管 VT1 截止，VT2 导通，VT2 输出低电平；当测量轮片转入槽外不遮光时，光电断路器 Q 的输出光电流最大，晶体管 VT1 饱和导通，VT1 集电极输出为低电平，VT2 截止，VT2 输出由低电平跳变为高电平，作用至计数器的输入端 CP，计数为 1，数码管显示为 "000l"。当转入光电断路器槽中的轮片遮光然后再移开时，计数器再一次计数，如此计数器即进行转速计数。

5.4.2　电路调试

电路调试的方法如下：

① 十进计数器／脉冲分配器 CD4026（七段译码输出）直接驱动 LED 数码管显示计数，接线十分简便，需要增加位数时，只要将进位端 CO（5 脚）接到高一位的 CP 输入端（1 脚）即可，其余各引脚连接方法相同。

② 接入转速测量轮前，手持厚纸板剪成的挡光片划过光电断路器的凹槽时，检查计数器是否正常计数。

③ 测量转速时采用定时计数，在规定时间 t 秒内进行不溢出计数。如果计数值为 N，测量轮叶片数为 Z，转速应按下式计算：

$$n = 60\frac{N}{Zt} \quad \text{(r / min)} \tag{5-13}$$

拓展训练

利用霍尔传感器制作测速装置。

拓展阅读

微波传感器测速

微波传感器（见图 5-77）是根据微波特性来检测物理量的器件或装置，具有非接触、动态检测、实时处理、速度快、灵敏以及不怕高温、高压、放射性和有毒气体等特点，因此广泛应用于工业、农业、国防、交通、海洋、环境保护等各个领域。

图 5-77　微波传感器

1. 微波的基本知识

微波是介于红外线与无线电波之间的电磁波，波长为 1 mm～1 m，对应的波段频率范围为 300 MHz～3 000 GHz。微波是分米波（300～3 000 MHz）、厘米波（3～30 GHz）、毫米波（30～

300 GHz）和亚毫米波（300～3 000 GHz）的统称。微波有电磁波的性质，但它又不同于普通无线电波和光波，是一种相对波长的电磁波。微波的基本性质通常呈现为穿透、反射、吸收特性。对于玻璃、塑料和瓷器，微波几乎只是穿透而不被吸收；对于水和食物等就会吸收微波而使自身发热；而对于金属类，则会反射微波。微波不同于其他波段的特点如下：

（1）穿透性

微波照射于介质时，能深入物质内部的特点称为穿透性。微波透入介质时，由于介质损耗引起的介质温度升高，使介质材料内部、外部几乎同时加热升温且均匀一致，大大缩短了常规加热中的热传导时间。例如，微波是射频波谱中唯一能穿透电离层的电磁波，因而成为人类探测外层空间的"宇宙窗口"；微波可以穿透云雾、雨、植被、积雪和地表层，具有全天候和全天时的工作能力，成为遥感技术的重要波段；微波能够穿透生物体，成为医学透热疗法的重要手段。

（2）吸收性

物质吸收微波的能力，主要由其介质损耗因数来决定。介质损耗因数大的物质对微波的吸收能力较强，介质损耗因数小的物质吸收微波的能力较弱。水分子属极性分子，介电常数较大，其介质损耗因数也很大，对微波具有强吸收能力，而蛋白质、碳水化合物等的介电常数相对较小，其对微波的吸收能力比水小得多。

（3）似光性和似声性

微波波长很短，使得微波的特点与光波和声波相似。因此使用微波工作，可以制成体积小，增益很高的喇叭天线和缝隙天线系统，接收来自地面或空间各种物体反射回来的微弱信号，从而确定物体方位和距离，分析目标特征。

（4）传输性和信息性

微波的传输特性好，传输过程中受烟雾、火焰、灰尘、强光的影响很小。由于微波频率很高，所以在不大的相对带宽下，其可用的频带很宽，可达数百甚至上千兆赫兹，这是低频无线电波无法比拟的。这意味着微波的信息容量大，所以现代多路通信系统，包括卫星通信系统，几乎无例外都是工作在微波波段。

2. 微波传感器

（1）微波传感器分类

微波传感器的工作原理是：由发射天线发出微波信号，遇到被测物体时信号将被吸收或反射，使微波功率发生变化。若利用接收天线，接收到通过被测物或反射回来的微波信号，并将它转换成电信号，再经过信号处理即可显示被测量，从而实现微波的检测。根据微波传感器的原理，可将其分为反射式和遮断式两类。

① 反射式微波传感器：反射式微波传感器是通过检测被测物反射回来的微波功率或经过的时间间隔来测量被测量的对象。通常它可以测量物体的位置、位移、厚度、速度等参数。

② 遮断式微波传感器：由于微波的绕射能力差且能被介质吸收，如果发射天线和接收天线之间有物体，则微波信号可能被阻断，或被吸收，所以可以通过检测接收天线收到的微波功率大小来判断发射天线与接收天线之间有无被测物体或被测物体的速度、位置、厚度或含水量等参数。

（2）微波传感器的组成

微波传感器的组成主要包括 3 个部分：微波发射器（或称微波振荡器）、微波天线及微波检测器。

① 微波发射器：微波发射器是产生微波的装置。由于微波波长很短、频率很高（300 MHz～300 GHz），要求振荡回路有非常小的电感与电容，故不能采用普通的晶体管构成微波振荡器，而是采用调速管、磁控管或某些固态元件构成。小型微波振荡器也可采用体效应管。

② 微波天线：微波发射器产生的振荡信号需要用波导管传输，并通过天线发射出去。为了保证发射出去的微波信号具有一致的方向性，要求微波天线有特殊的结构和形状。常用的天线如图 5-78 所示，其中有喇叭形天线、抛物面天线等。喇叭形天线结构简单，制造方便，在波导管与敞开的空间之间起匹配作用，有利于获得最大能量输出；抛物面形天线类似凹面镜产生平行光，有利于改善微波发射的方向。

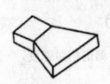

（a）扇形喇叭天线　（b）圆锥形喇叭天线　（c）旋转抛物面天线　（d）抛物柱面天线

图 5-78　常用的微波天线

③ 微波检测器：微波检测器是用于探测微波信号的装置。微波在传播过程中表现为空间电场的微小变化，因此使用电流-电压特性呈现非线性的电子元件作为探测用的敏感探头，敏感探头在其工作频率范围内必须有足够快的响应速度。作为非线性的电子元件要根据使用情形选用，如在几兆赫以下的频率通常可用半导体 PN 结；而对于频率比较高的可使用肖特基结；在灵敏度特性要求特别高的情况下可使用超导材料的约瑟夫逊结检测器、SIS 检测器等超导隧道结元件；而在接近光的频率区域可使用由金属-氧化物-金属构成的隧道结元件。

（3）微波传感器特点

微波本身的特点决定了微波传感器的特点：

① 有极宽的频谱可供选用，可根据被测对象的特点选择不同的测量频率；

② 时间常数小，检测速度快、灵敏度高，可以进行动态检测与实时处理，便于自动控制；

③ 可实现非接触测量，大部分测量不需取样，能在高温、高压、有毒、有放射线等的恶劣环境条件下检测；

④ 测量信号本身就是电信号，无须进行非电量的转换，可方便地调制在载频信号上进行发射与接收，便于遥测、遥控。

微波传感器存在的主要问题是零点漂移和标定尚未得到很好的解决。其次，测量环境对测量结果影响大，如温度、气压等。

3. 微波多普勒测速传感器

微波多普勒传感器是利用雷达能动地将电波发射到对象物，并接收返回的反射波的能动型传感器。若对相距为 r，相对速度为 v 的运动物体发射频率为 f_0 的微波，则由于多普勒效应，反射波的频率 f_r 发生偏移，称为多普勒频移 f_d。这时反射波的频率 $f_r = f_0 + f_d$，如果微波信号波速为 c，方位角为 θ，则多普勒频移 f_d 为

$$f_d = \frac{2f_0 v}{c} \cos q \tag{5-14}$$

当物体靠近发射天线时为 f_d 正；远离发射天线时 f_d 为负。固定 f_0、θ、c，即可由 f_d 测定物体的运动速度。接收机的反射波电压为：

$$f_e = u_e \sin[2p(f_0 + f_d)t - \frac{4pf_0 r}{c}] \tag{5-15}$$

用接收机将来自发射机的参照信号 $U_e \sin 2\pi f_0 t$ 与上述反射信号混合后，将来自发射机的参照信号和来自运行物体的反射信号混合后，进行超外差检波，即可得多普勒输出信号：

$$u_d = u_d \sin(2pf_d t - \frac{4pf_0 r}{c}) \tag{5-16}$$

因此，根据多普勒输出信号测量到多普勒频移，进而可测定相对速度。

4. 微波传感器的其他应用

（1）微波物位计

① 微波对射式物位计：其工作原理如图 5-79 所示。当被测物位较低时，发射天线发出的微波束全部由接收天线接收，经检波、放大与定电压比较后，发出正常工作信号；当被测物位升高到天线所在高度时，微波束部分被物体吸收，部分被反射，接收天线接收到的微波功率相应减弱，经检波、放大与定电压比较，低于定电压值，微波计就发出被测物位位置高出设定物位的信号。

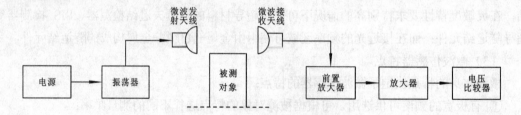

图 5-79 微波对射式物位计原理图

② 反射式微波液位计：利用微波反射的原理制作的液位计，可以连续检测与实现液位定点控制。通常，微波发射天线倾斜一定的角度向液面发射微波束，波束遇到液面即发生反射，反射微波束被微波接收天线接收，从而测定液位，其原理如图 5-80 所示。

由图 5-80 见，只要测定了天线接收到的微波功率，就测得了液位 H，微波功率的测

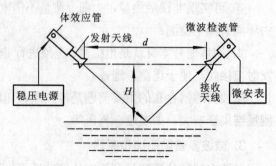

图 5-80 反射式微波液位计原理图

量可用专门的微波检波管检波成直流电流由微安表直接示出，也可用热电或热阻等元件，再配合相应的测量电路，根据接收到的微波信号功率最后经数据采集和信号处理，显示和输出液位测量结果。

发射与接收天线为保证良好的方向性，一般制作成扇形、角锥形或圆锥喇叭筒形，张角最佳值在 400～600 之间。

在测量环境有大量水蒸气时，由于水蒸气会对微波产生强烈吸收，因此可能会对测量结果产生较大的影响，对此应该引起足够重视。

③ 调频连续波式微波物位计：图 5-81 是目前在工程中应用较多的调频连续波式微波物位（液位和料位）计。通常只需将发射、接收天线装在被测料仓（罐）上方，即可对物位进行连续测量。这种调频连续波式微波物位计抗机械噪声和电磁噪声能力强，在高温、高压、高黏度情况下，可连续、快速而准确地测出目标物体的物位值。

调频固态源产生等幅的微波，其振荡频率在时间上按调制信号呈周期性变化，设在某一瞬间频率为 f_0，由发射器射向测量对象，并由测量对象反射回来，经过接收器接收，输入混频器，在回波到达混频

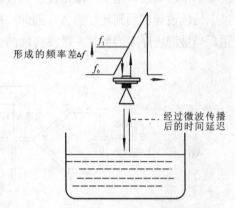

图 5-81　调频式微波液位计原理示意图

器的瞬间，固态源的振荡频率由于调制信号的作用，较回波频率已有了变化，设为 f_1；它继续不断地射向测量对象，并有一部分作为本振频率耦合到混频器与 f_1 进行混频。这样，在混频器的输出端就产生了差频 $\triangle f$，并且此差频与发射器和接收器离测量对象的距离 L 成正比，测量出 $\triangle f$ 的大小也就可以计算得到距离 L 的数值。

④ 微波物位计举例：某导波微波物位计外形如图 5-82 所示，用于对液体、浆料及颗粒料等介电常数比较小的介质进行接触连续测量，适用于温度、压力变化大、有惰性气体或蒸汽存在的场合。

这种微波物位仪表的主要技术参数如下：

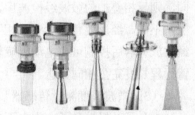

图 5-82　微波物位计

- 正常工作条件：环境温度为-20～50℃；相对湿度为 5%～100%；环境压力为 86 kPa～108 kPa；
- 测量范围：0～6 m，缆式最大可达 35 m；
- 过程温度：-40～250℃；
- 过程压力：0.1～6 Mpa；
- 工作频率：1.8 GHz；
- 响应速度：≥0.2 s（根据具体情况而定）；
- 重　复　性：±3 mm；
- 分　辨　率：1 mm；
- 电流信号：4～20 mA/HART；
- 精　　　度：<0.1%。

（2）微波传感器测厚度

微波测厚仪是利用微波在传播过程中遇到被测物金属表面被反射，且反射波的波长与速度都不变的特性进行厚度测量的。

如图 5-83 所示，在被测物的上下两个金属表面各安装一个终端器，微波信号源发出的微波，经过环行器 A 和上传输波导管传输到上终端器，再由上终端器发射到被测物上表面，微波在被测物上表面全反射后又回到上终端器，再经上传输波导管、环行器 A 和下传输波导管传输到下终端器，由下终端器发射到被测物下表面的微波经全反射后又回到下终端器，再经过下传输波导管回到环行器 A。因此，被测物的厚度与微波传输过程中的行程长度有密切关系，当被测物厚度增加时，微波传输的行程长度便减小。

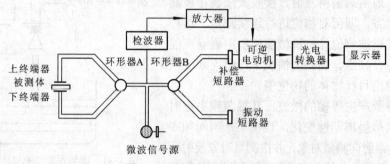

图 5-83　微波测厚仪原理图

一般情况下，微波传输的行程长度的变化非常微小。为了精确地测量出这一微小的行程长度变化，通常采用微波自动平衡电桥法。以微波传输行程作为测量臂，而完全模拟测量臂的微波传输过程设置了一个参考臂，如 5-83 右臂所示。若测量臂与参考臂的行程长度完全相同，则反相叠加的微波经检波后，输出为零；若两臂行程长度不同，则反射回来的微波的相位角不同，经反射叠加后不能相互抵消，经检波器检波后便有不平衡信号输出。此差值信号经过放大器后控制可逆电动机旋转，带动补偿短路器产生位移，改变参考臂的行程，直到两臂行程长度完全相同为止。

（3）微波湿度测量传感器

水分子是极性分子，常态下成偶极子形式杂乱无章地分布着。在外电场作用下，偶极子会形成定向排列。当微波场中有水分子，偶极子受场的作用而反复取向，不断从电场中得到能量，又不断释放能量，前者表现为微波信号的相移，后者表现为微波衰减。这个特性可用水分子自身介电常数 ε 来表征，即

$$\varepsilon = \varepsilon' + \alpha\varepsilon'' \tag{5-17}$$

式中，ε'——储能的度量；

　　　ε''——衰减的度量；

　　　α——常数。

ε' 与 ε'' 不仅与材料有关，还与测试信号频率有关，所以极性分子均有此特性。一般干燥的物体，如木材、皮革、谷物、纸张、塑料等，其 ε' 在 $1\sim5$ 范围内，而水的 ε' 则高达 64，因此如果材料中含有少量水分子，ε' 将显著上升，ε'' 也有类似性质。

微波传感器就是基于上述特性来实现湿度测量的，即同时测量干燥物体和含有一定水分的潮湿物体，比较两者，由微波信号的相移和衰减换算出物体的含水量。

图 5-84　微波湿度测量
传感器外形

HYDRO-PROBE II 微波湿度测量传感器（见图 5-84）应用于对料斗中/运输带上的物料湿度进行连续在线测量。传感器定位于料斗颈内/运输带上或其附近，物料在陶瓷面板上滑过，在配料过程中即可测量流动物料湿度。

HYDRO-PROBE II 微波湿度测量传感器的主要技术指标如下：

- 尺　寸：直径 76.2 mm，长度 383 mm。
- 湿度量程：湿度量程取决于物料特性。对于大堆的物料，传感器一般可灵敏地测量高达饱和点的湿度。
- 频　率：0.3～1.2 GHz 范围内。
- 微波穿透深度：75～100 mm，取决于物料。
- 电源电压要求：要求使用稳压电源+15～30V DC 常用电压为+24 V、100 mA。
- 阻　抗：输入阻抗 4 700 Ω。

（4）微波无损检测仪

微波无损检测是综合利用微波与物质的相互作用，一方面微波在不连续界面处会产生反射、散射、透射，另一方面微波还能与被检材料产生相互作用，此时的微波场会受到材料中的电磁参数和几何参数的影响。通过测量微波信号基本参数的改变即可达到检测材料内部缺陷的目的。图 5-85 所示为微波检测设备。

图 5-85　微波无损检测设备

微波在复合材料中穿透能力强、衰减小，可以克服其他检测方法的不足，如超声波在复合材料中衰减大、难以检测内部较深部位的缺陷，射线对平面型缺陷检测灵敏度低等，微波检测对复合材料结构中的孔洞、疏松、基体开裂、分层和脱粘等缺陷具有较高的灵敏性。

小　结

速度检测可分为线速度、转速、加速度检测。速度传感器常有电感式、电容式、光电式、霍尔式、微波式、压电式、压阻式、光纤式传感器等。

① 电涡流传感器可分为高频反射式涡流传感器和低频透射式涡流传感器两类。高频反射式涡流传感器的应用较为广泛，当给线圈通以交变的电流时，在线圈周围就产生一个交变的磁场。将金属导体置于交变磁场时，在导体内就会产生感应自行闭合的电涡流，导致线圈的电感量、阻抗和品质因数发生变化；低频透射式涡流传感器有发射线圈和接收线圈，分别置于被测金属材料的上、下方，当发射线圈产生磁力线时，由于涡流消耗部分磁场能量，使接收线圈感应电动势随材料厚度的增加按负指数规律减少。电涡流式传感器的测量范围大、灵敏度高、抗干扰能力强、不受介质影响、结构简单、使用方便，且可以对一些参数进行非接触的连续测量，因此广泛应用于工业生产和科研领域。

② 霍尔传感器是根据霍尔效应制作的一种磁场传感器。金属或半导体薄片置于磁场中，当有电流流过时，在垂直于电流和磁场的方向上将产生霍尔电动势，霍尔电动势的大小与霍尔元件的灵敏度、磁场强度、磁场与霍尔元件平面的法线角度 θ 及电流有关，可以测量磁场、角度以及能转化它们的物理量。霍尔传感器具有体积小、灵敏度高、响应速度快、温度性能好、精确度高、可靠性高、功耗小、频率高、耐震动等特点，在工业生产、日常生活以及现代军事技术领域获得了广泛应用。

③ 光电式传感器以光电效应为基础，用光照射某一物体，可以看做物体受到一连串能量为 $h\nu$ 的光子所轰击，组成该物体的材料吸收光子能量而发生相应电效应。光电式传感器具有精度高、响应快、非接触、性能可靠等优点，而且可测参数多，传感器的结构简单，形式灵活多样，因此，光电式传感器在工业自动化检测装置和控制系统中得到了广泛应用。

习　题

1. 涡流的形成范围和渗透深度与哪些因素有关？被测体对涡流传感器的灵敏度有何影响？

2. 集成霍尔传感器有什么特点？

3. 霍尔元件存在不等位电动势的主要原因有哪些？如何对其进行补偿？

4. 现测试某霍尔元件的灵敏度 K_H，已知霍尔片所受磁场强度为 0.3 T，通过霍尔片的电流为 20 mA，则测得的霍尔电动势为 33 mV，求该霍尔元件的灵敏度。

5. 图 5-86 所示为一个霍尔式转速测量仪的结构原理图。调制盘上固定有 P=200 对永久磁极，N、S 极交替放置，调制盘与被测转轴刚性连接。在非常接近调制盘面的某位置固定一个霍尔元件，调制盘上每有一对磁极从霍尔元件下面转过，霍尔元件就会产生一个方脉冲，并将其发送到频率计。假定在 t=5 min 的采样时间内，频率计共接收到 N=30 万个脉冲，求被测转轴的转速 n 为多少 r/min？

6. 光敏电阻、光电池、光电二极管和光电晶体管在性能上有什么差异？它们分别在什么情况下选用最合适？

7. 某光电开关电路如图 5-87 所示，试分析其工作原理，并说明各元件的作用。该电路在无光照的情况下继电器 KM 是处于吸合还是释放状态？

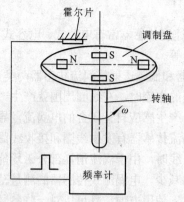

图 5-86　霍尔式转速测量仪的结构原理图

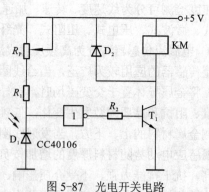

图 5-87　光电开关电路

8. 图 5-88 为光电传感器电路，GP-I501 是光电断路器，试分析电路工作原理。

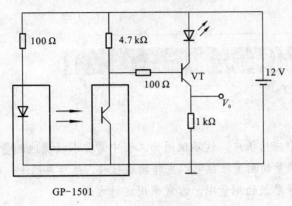

GP-1501

图 5-88　光电传感器电路

（1）当用物体遮挡光路时晶体管 VT 状态是导通还是截止？

（2）二极管是一个什么器件，在电路中起到什么作用？

（3）如果二极管反相连接晶体管 VT 状态如何？

9. 给家中白炽灯附加一个简单电路，可使它具有光控延时功能。当晚上关灯时，它能自动延时点亮 2 min，可避免主人摸黑就寝或锁门外出时的不便。而由白天自然地过渡到黑夜时，它却不会自动点亮。

10. 光线过强、过弱都会给人眼造成伤害。试在普通调光台灯的基础上加装一光控电路，使其能根据周围环境照度自动调整台灯亮度。当环境照度较弱时，其亮度就大；当环境照度较强时，其亮度就小。

第6章 位移的检测

位移测量在工程中应用很广，这不仅因为工程中常要求精确地测量零部件的位移、位置和尺寸，而且许多机械量的测量往往可以先转换成位移，然后再检测，在对力、扭矩、速度、加速度、温度、流量等参数的测量中，常常采用这种方法。

学习目标

- 了解位移检测的方法。
- 掌握电感式传感器测量位移的工作原理和应用。
- 掌握光栅传感器测量位移的方法。
- 掌握光电编码器测量角位移的方法。
- 学会使用位移传感器进行位移的检测与信号处理。

6.1 电感式传感器测量位移

6.1.1 位移检测的主要方法及特点

位移检测包括线位移和角位移的检测。线位移是指物体沿某一直线移动的距离，一般称线位移的检测为长度检测；角位移是指物体绕着某一点转动的角度，一般称角位移的检测为角度检测。几种位移传感器的外形如图6-1所示。表6-1为常见位移传感器的主要性能及其特点。

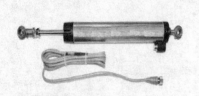  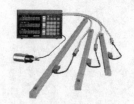

（a）电阻式位移传感器　　　　（b）电容式位移传感器　　　　（c）磁栅式位移传感器

图6-1　几种位移传感器外形

根据位移检测范围变化的大小，可分为小位移检测和大位移检测。小位移通常采用应变式、电感式、差动变压器式、电容式、霍尔式等传感器，测量精度为 0.5%～1.0%，小位移传感器主要用于测量微小位移，从微米级到毫米级，其中电感式和差动变压器式传感器的测量范围要大一些，有些可达 100 mm。大位移的测量则常采用感应同步器、计量光栅、磁栅、编码器等传感器，这些传感器具有较易实现数字化、测量精度高、抗干扰性能强、避免了人为的读数误差、方便可靠等特点。

根据检测的转换结果，可分为两类，一类是将位移量转换为模拟量，如自感式位移传感器、差动变压器式位移传感器、电涡流传感器、电容传感器和霍尔传感器等；另一类是将位移量转换成数字量，如光栅式位移传感器、光电码盘、感应同步器和磁栅等。

根据位移检测方法分类，位移检测可分为直接测量和间接测量两类。直接测量是通过位移传感器，将被测位移量的变化直接转换成电量，这是目前应用最广泛的一种方法。间接测量有积分法、相关测距法、回波法、线位移和角位移相互转换等几种。积分法是测量运动物体的速度或加速度，经过积分或二次积分求得运动物体的位移；相关测距法是利用相关函数的时延性质，向某被测物发射信号，将发射信号与经被测物反射的返回信号作相关处理，求得时延，得到发射点与被测物之间的距离；回波法是利用介质分界面对波的反射原理测位移。

表 6-1　常见位移传感器的主要性能及其特点

类　　型		测量范围	精　度	线性度	特　　　点
电阻式	滑线式 线位移	$1\sim300$ mm	±0.1	±0.1	分辨率较高，可用于静态或动态测量，接触元件易磨损
	滑线式 角位移	$0°\sim360°$	±0.1	±0.1	
	变阻式 线位移	$1\sim1\,000$ mm		±0.5	结构牢固，寿命长，但分辨率较差
	变阻式 角位移	$0\sim60$ r	±0.5	±0.1	
	应变式	±0.15%应变值	$±0.1\sim±3$	±1	使用方便，输出幅值大，要作温度补偿
电感式	自感式	$±0.2\sim±2$ mm	±1	±3	适合于微小位移测量
	差动变压器	$±0.08\sim±85$ mm	±0.5	±3	分辨率较好
	电涡流式	$±2.5±250$ mm	$±1\sim±3$	<3	分辨率较好，被测体是导体
电容式		10^{-3} mm ~10 mm	±0.1	±1	分辨率好，测量范围很小
霍尔式		±1.5 mm	0.5		结构简单
感应同步器	直线式	10^{-3} mm $\sim10^{4}$ mm	2.5 μm/250 mm		数字显示，精度和分辨率高、抗干扰能力强、应用于大位移静态与动态测量
	旋转式	$0°\sim360°$	±0.5″		
磁栅	长磁栅	10^{-3} mm $\sim10^{4}$ mm	5 μm/1 mm		易于安装和调整，测量范围宽
	圆磁栅	$0°\sim360°$	±1″		
光栅	长光栅	10^{-3} mm $\sim10^{3}$ mm	3 μm/1 mm		精度高、量程大、可进行无接触测量、可实现动态测量
	圆光栅	可按需接长	±0.5″		
编码器	接触式	$0°\sim360°$	10^{-6} r/min		体积小，分辨能力高，无接触测量，性能稳定
	光电式	$0°\sim360°$	10^{-8} r/min		
光纤式		$0.025\sim0.1$ mm		±1	分辨率高，抗环境干扰能力强

6.1.2　自感式传感器

电感式传感器（见图 6-2）是利用电磁感应原理将被测量转换成线圈自感系数或互感系数的变化，再由测量电路转换为电压或电流的变化量输出的一种装置。按照转换方式的不同，可分为自感式和互感式（差动变压器式）。

图 6-2 电感传感器外形

1. 自感式传感器的原理

自感式传感器的结构原理如图 6-3 所示，它由线圈、铁心及衔铁组成。衔铁和铁心都由截面积相等的高导磁材料制成，线圈绕在铁心上，在铁心和衔铁之间有空气隙 δ。

由电工学可知，如果不考虑磁路的铁损和漏磁时，传感器的自感量 L 可写为：

$$L = \frac{W^2 \mu_0 S_0}{2\delta} \qquad (6-1)$$

式中，W——线圈匝数；

δ——气隙厚度，单位为 m；

μ_0——空气导磁率，$\mu_0 = 4\pi \times 10^{-7}$（H/m）；

S_0——气隙导磁横截面积，单位为 m^2。

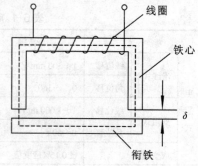

图 6-3 自感式传感器的结构原理

式（6-1）表明，线圈电感量与线圈匝数 W、空气导磁率 μ_0、气隙导磁横截面积 S_0、气隙长度 δ 有关。当线圈匝数和铁心材料确定后，电感 L 与气隙厚度 δ 成反比，而与气隙导磁截面积 S_0 成正比。如果通过被测量可以转化为气隙厚度 δ 或气隙导磁截面积 S_0 的变化，则可以用其测量，这就是自感传感器的工作原理。

根据变化量的不同，可将自感传感器分为 4 种类型：

（1）变面积式电感传感器

变面积式电感传感器的结构示意图如图 6-4 所示。由式（6-1）可知，变面积式电感传感器截面积与电感的变化量呈线性关系，其灵敏度为一常数，其特性如图 6-5 所示。这是一条直线，事实上由于漏感等原因，其线性区较小，而且灵敏度也低。

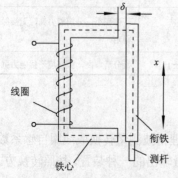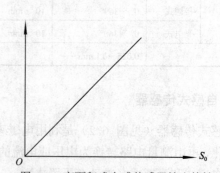

图 6-4 变面积式电感传感器结构示意图　　图 6-5 变面积式电感传感器输出特性

（2）变隙式电感传感器

变隙式电感传感器的结构示意图如图 6-6 所示，变隙式电感传感器的气隙横截面积保持不变，而改变气隙厚度，即电感是气隙厚度的函数。

由式（6-1）可知，变截面积式电感传感器气隙厚度与电感呈反比关系，变间隙式电感传感器的输出特性如图 6-7 所示，即输入、输出是非线性关系，为了保证一定的线性度，只能让其工作在一段很小的区域，δ 一般取在 0.1～0.5 mm 之间，因而变隙式电感传感器一般用于测量微小位移。为了减小非线性误差，实际测量中广泛采用差动变隙式电感传感器。

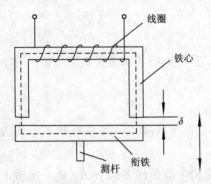

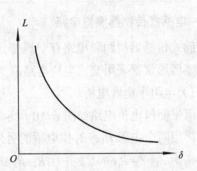

图 6-6　变隙式电感传感器结构示意图　　　　图 6-7　变隙式电感传感器输出特性

（3）螺线管式电感传感器

螺线管式电感传感器是同时改变气隙厚度和气隙截面积的电感传感器，结构示意图如图 6-8 所示。

螺线管式电感传感器的工作原理是基于线圈激励的磁通路径因衔铁的插入深度不同，其磁阻发生变化，从而使线圈电感量产生了改变。在一定范围内，线圈电感量与衔铁插入深度有对应关系。可以证明，单线圈螺线管式电感传感器电感相对变化量与输入位移成正比，但由于螺管线圈内磁场分布不均匀，因而实际上螺线管式电感传感器的输出特性并非线性，并且灵敏度较低，但结构简单，制作容易，螺管可以做得稍长以测量较大的位移。

（4）差动电感传感器

为了提高灵敏度和线性度，减小电磁吸力所造成的附加误差。上述 3 种类型的传感器常采用差动式，图 6-9 所示为差动式电感传感器的原理结构图。两个完全相同的单个线圈的电感传感器共用一个活动衔铁就构成了差动电感传感器。

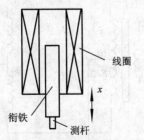

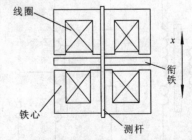

图 6-8　螺线管式电感传感器　　　　图 6-9　差动式电感传感器的原理结构图

差动电感传感器由于采用了对称的两个线圈，衔铁共用，因此与单线圈电感传感器的待性比较，差动式的灵敏度提高了一倍；由于两个线圈电感变化量中心为高次项，即非线性项能够部分相互抵消，所以，差动式的线性度得到明显改善；差动形式的结构还具有温度自补偿和抗外磁场干扰的能力。为了使输出特性能得到有效改善，构成差动的两个电感传感器在结构尺寸、材料、电气参数等方面均应完全一致。

📝 **分析**

图 6-9 所示的差动电感传感器属于变隙式、变面积式、螺线管式 3 种类型的哪一种？试画出另外两种类型的差动结构。

2. 电感式传感器测量电路

电感式传感器得测量电路有交流变分压器式、交流电桥式和谐振式等几种。对于差动式电感传感器通常都采用交流电桥电路。

（1）电阻平衡臂电桥

电阻平衡臂电桥电路如图 6-10 所示，传感器的两个线圈（阻抗为 Z_1 和 Z_2）作为电桥的两个臂，用两个电阻 R_1、R_2 作电桥的另外两个臂。

设初始 $Z_1=Z_2=R_r+j\omega L$，并且 $R_1=R_2=R$，满足电桥平衡条件 $Z_1/Z_2=R_1/R_2$，电桥平衡。工作时，$Z_1=Z+\Delta Z$，$Z_2=Z-\Delta Z$，输出电压为

$$\dot{U}_o = \frac{\Delta Z}{Z}\frac{\dot{E}}{2} = \frac{\dot{E}}{2}\frac{\Delta R_r + j\omega L}{R_r + j\omega L} \approx \frac{\dot{E}}{2}\frac{j\omega\Delta L}{R_r + j\omega L} \tag{6-2}$$

（2）变压器电桥

变压器电桥与电阻平衡臂电桥相比，使用元件少、输出阻抗低，因此应用较广。图 6-11 为差动电感传感器的变压器电桥电路。差动传感器作为电桥的两个工作臂，Z_1 和 Z_2 为传感器线圈的阻抗（为电感 L 和损耗电阻 R_S 的串联）。变压器的两个次级线圈做电桥的另两个臂，各为电源变压器次级线圈的一半（每半边的电动势为 $E/2$）。电桥由交流电源供电，电源频率约为位移变化频率的 10 倍，这样能满足对传感器动态响应频率的要求。另外，供桥电源频率高一些，还可以减少传感器受温度变化的影响，并可以提高传感器输出灵敏度，但也增加了由于铁心损耗和寄生电容带来的影响。输出电压取自 A、B 两点，B 点为变压器的次级线圈中心抽头。

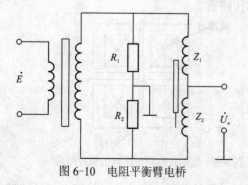

图 6-10　电阻平衡臂电桥

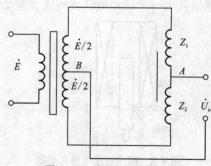

图 6-11　变压器电桥电路

则输出电压为

$$\dot{U}_o = (\frac{Z_1}{Z_1 + Z_2} - \frac{1}{2})\dot{E} \qquad (6-3)$$

当传感器的衔铁处于中间位置时，即 $Z_1 = Z_2 = Z$（Z 表示衔铁处于中间位置时一个线圈的阻抗），这时 $\dot{U}_o = 0$，电桥平衡。

当衔铁向下移动时，上面线圈的阻抗增加，即 $Z_1 = Z + \Delta Z$，而下面线圈的阻抗减小，即 $Z_2 = Z - \Delta Z$，于是由式（6-3）得

$$\dot{U}_o = (\frac{Z + \Delta Z}{2Z} - \frac{1}{2})\dot{E} = \frac{\Delta Z}{2Z}\dot{E} \qquad (6-4)$$

反之，当衔铁向上移动同样大小的距离时，$Z_1 = Z - \Delta Z$，$Z_2 = Z + \Delta Z$，把它们代入式（6-3）得

$$\dot{U}_o = (\frac{Z - \Delta Z}{2Z} - \frac{1}{2})\dot{E} = -\frac{\Delta Z}{2Z}\dot{E} \qquad (6-5)$$

由上面两式可以看出，衔铁向下和向上移动时两者输出电压大小相等，方向相反，但由于电压是交流电压，指示仪表只能反映大小不能反映方向，所以在进入终端显示前应先经相敏检波处理。

6.1.3　差动变压器

互感型电感传感器是先将被测量的变化转换成互感系数 M 的变化，再变换为电压信号输出。这种传感器实质上是一个输出电压可变的变压器。当变压器初级线圈输入稳定交流电压后，次级线圈便产生感应电压输出，该电压随被测量的变化而变化，所以又称为差动变压器，其结构形式有多种，应用最广的是螺管式差动变压器。

1. 差动变压器工作原理

螺管式差动变压器的结构如图 6-12 所示。差动变压器主要由初级线圈、次级线圈、衔铁和线圈框架等组成。初级线圈作激励用，次级线圈由两个结构和参数完全相同的线圈反接而成。

在理想情况下，忽略差动变压器中的涡流损耗、铁损和耦合电容等，差动变压器的等效电路如

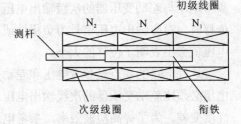

图 6-12　螺管形差动变压器的结构

图 6-13 所示，设 L_1、R_1 为初级线圈电感与有效电阻；M_1、M_2 为初级线圈与次级线圈 1、2 间的互感；$\dot{e}_i$ 为激励电压；ω 为激励电压角频率；L_{21}、L_{22}、R_{21}、R_{22} 分别为两个二次线圈电感、电阻。

根据图 6-13，两个次级线圈极性反接，因此，传感器的输出电压为两者之差，即 $\dot{e}_2 = \dot{e}_{21} - \dot{e}_{22}$，输出的 $\dot{e}_2$ 随活动衔铁的位置而变。当活动衔铁的位置居中时，互感 $M_1 = M_2 = M$，即 $\dot{e}_{21} = \dot{e}_{22}$，$\dot{e}_2 = 0$；当活动衔铁向上移时，$M_1 = M + \Delta M$，$M_2 = M - \Delta M$，$\dot{e}_2$ 与 $\dot{e}_i$ 同相；当活动衔铁向下移时，即 $M_1 = M - \Delta M$，$M_2 = M + \Delta M$，$\dot{e}_2$ 与 $\dot{e}_i$ 反相。输出电压随活动衔铁的位置变化而变化，输出特性如图 6-14 所示。

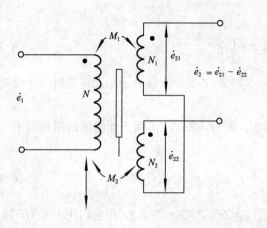

图 6-13　差动变压器的等效电路　　　　图 6-14　差动变压器的输出特性

 分析

用交流电压表测出差动变压器式传感器输出的电压值能否反应位移的方向？

2. 差动变压器式传感器测量转换电路

差动变压器式传感器输出的电压是交流量，如用交流电压表指示，则输出值只能反应衔铁位移的大小，而不能反应移动的极性，因此差动变压器式传感器的测量电路应采用能反应衔铁位移极性输出电路。

（1）差动相敏检波电路

差动变压器式传感器输出的电压是交流量，用交流电压表指示时只能反应衔铁位移的大小，而不能反应极性，因此常采用差动相敏检波电路测量。差动相敏检波电路如图 6-15 所示。参考电压与差动变压器的次级输出电压具有相同频率。当差动变压器衔铁从中间向上或向下位移时，对应输出电压信号为负极性或正极性，即输出电压的极性能反映衔铁位移的方向，电压值大小表明了位移的大小。

这种电路的缺点是参考电压和差动变压器的次级输出电压的相位必须一致；另外，参考电压必须比差动变压器的次级输出电压最大值还大，如果两者大小在同等程度上，则输出线性度变差。为了提高检波效率，参考电压的幅度常取 3～5 倍的信号电压。

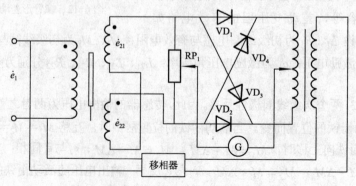

图 6-15　差动相敏检波电路

（2）差动整流电路

差动整流电路如图 6-16 所示。差动整流电路把差动变压器两个次级电压分别整流后，以它们的差作为输出，这种电路简单，不需要参考电压，也不需要考虑相位调整和零点残余电压的影响，同时输出为直流，便于远距离传送，因此得到广泛应用。图 6-16（a）、（b）用于连接低阻抗负载（例如动圈式电流表）的场合，是电流输出型的差动整流电路。图 6-16（c）、（d）用在连接高阻抗负载（如数字电压表）的场合，是电压输出型的差动整流电路。

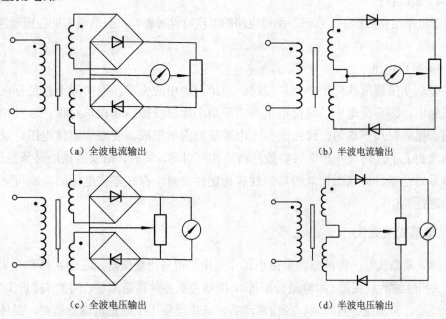

（a）全波电流输出　　　　　　　　　（b）半波电流输出

（c）全波电压输出　　　　　　　　　（d）半波电压输出

图 6-16　差动整流电路

差动整流后输出电压的线性度与不经整流的次级输出电压的线性度相比有些变化。当次级线圈阻抗高、负载电阻小时，接入电容器进行滤波，其输出线性度的变化倾向是衔铁位移大，线性度增加。利用这一特性能够使差动变压器的线性范围得到扩展。

3. 差动变压器的基本特性

（1）灵敏度

差动变压器的灵敏度是指差动变压器衔铁移动单位长度时所产生的输出电压的变化。影响差动变压器灵敏度的因素较多，如激励电源的频率、电流、初级与次级线圈匝数、衔铁几何尺寸等参数。要提高差动变压器的灵敏度可以通过以下几个途径：增加二次绕组的匝数 N_2，N_2 的增加可使灵敏度增加；选择较高的激磁频率；增大衔铁直径，使其接近于线圈架内径，但不触及线圈架，衔铁采用导磁率高、铁损小、涡流损耗小的材料。

（2）频率特性

差动变压器的激磁频率一般为 50 Hz～10 kHz 较为适当。频率太低时差动变压器的灵敏度显著降低，温度误差和频率误差增加。但频率太高，铁损和耦合电容等的影响增加，输出值下降。因此具体应用时，在 400 Hz～5 kHz 的范围内选择。

（3）线性范围

理想的差动变压器次级输出电压应与衔铁位移成线性关系。实际上，由于衔铁的直径、长度、材质的不同和线圈骨架的形状、大小的不同等，均对线性关系有直接的影响，所以一般差动变压器的线性范围约为线圈骨架长度的 1/10～1/4。一般差动变压器的线性范围约为线圈骨架全长的 1/10 左右。另外，线性度好坏与激磁频率、负载电阻等都有关系，得到最佳线性度的激磁频率随衔铁长度而异。

（4）温度特性

由于机械结构的膨胀、收缩、测量电路的温度特性等影响，会造成差动变压器测量精度的下降。

（5）零位电压

当差动变压器衔铁位于中间位置时，理论上输出应为零，但实际上总是存在零位不平衡电压输出，即零位电压。零位电压是由于两个次级线圈的结构不对称，以及初级线圈铜损电阻、铁磁材质不均匀、线圈间分布电容等原因所形成。要减小零位电压，最重要的是使传感器的上下几何尺寸和电气参数严格地相互对称。同时，衔铁或铁心必须经过热处理，以改善导磁性能，提高磁性能的均匀性和稳定性。对于存在零位电压的电路可采用零位补偿电路进行补偿。

6.1.4　电感式测微仪

电感式测微仪是一种能够测量微小尺寸变化的精密测量仪器，它由主体和测头两部分组成，配上相应的测量装置（如测量台架等），能够完成各种精密测量。例如，检查工件的内径、厚度、外径、椭圆度、直线度、径向跳动等，被广泛应用于精密机械制造业、晶体管和集成电路制造业以及国防、科研、计量部门的精密长度测量。目前，国内常用的电感测微仪有指针式和数字式两种，也可通过编制软件实现仪表的高精度、智能化、多功能化。

图 6-17 为电感测微仪结构图，工作时测头接触被测物，被测物尺寸的微小变化经电感式传感器的测头带动两线圈内衔铁移动，使两线圈内的电感量发生相对的变化。当衔铁处于两线圈的中间位置时，两线圈的电感量相等，电桥平衡。当测头带动衔铁上下移动时，若上线圈的电感量增加，下线圈的电感量则减少；若上线圈的电感量减少，下线圈的电感量则增加。此电感变化通过电缆接到交流电桥，电桥失去平衡从而输出了一个幅值与位移成正比，频率与输入频率相同，相位与位移方向相对应的调制信号，此信号经放大，由相敏检波器鉴出极性，得到一个与衔铁位移相对应的直流电压信号，电桥的输出电压反映了被测体尺寸的变化。电感式测微仪主要用于精密微小位移测量，测微仪的最小量程为±0.1 μm。

例如，瑞士 TESA 电感测微仪，它采用了先进的技术，提供可靠的功能，并且易于使用，广泛适用于车间检验或计量实验室中。TESATRONIC TT20 电感测微仪（见图 6-18）包括模拟量/数字显示，所有的测量功能都在 LCD 上读取，避免读数误差，也可在指示表或柱状表间转换；它具有 7 个测量范围，并能根据测量值的大小，人工或自动转换量值范围。其主要的技术指标如表 6-2 所示。

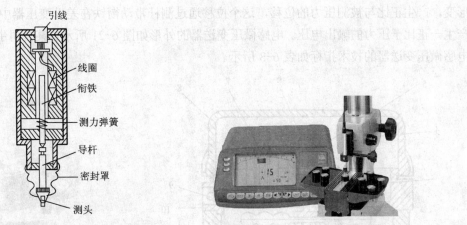

图 6-17　电感测微仪结构图

（引线、线圈、衔铁、测力弹簧、导杆、密封罩、测头）

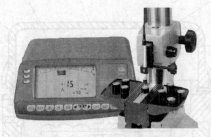

图 6-18　TESATRONIC TT20 外形

表 6-2　TESATRONIC TT20 的主要的技术指标

参 数 名 称	参 数 值						
量程/μm	±5000	±2000	±500	±200	±50	±20	±5
数字分辨率/μm	0.1	0.1	0.1	0.1	0.1	0.1	0.1
模拟指针分度值/μm	200	100	20	10	2	1	0.2

6.1.5　电感式传感器的应用

电感式传感器把非电量转换为与被测量成比例的电感量，再通过转换电路将电感量的变化转换为电压、电流或频率信号。它可以测量位移、振动、力、压力、加速度等非电量。

1. 电感式加速度传感器

差动变压器式加速度传感器由悬臂梁弹性支承和差动变压器构成，如图 6-19 所示。测量时，将悬臂梁底座及差动变压器的线圈骨架固定，而将衔铁的 A 端与被测振动体相连，此时传感器作为加速度测量中的惯性元件，工作时加速度使弹性支承产生弹性形变，它带动着差动变压器的衔铁位移，由此测量加速度。它的位移与被测加速度成正比，使加速度测量转变为位移的测量。当被测体带动衔铁以 $\Delta x(t)$ 振动时，导致差动变压器的输出电压也按相同规律变化。

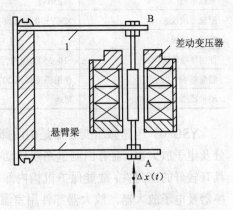

图 6-19　差动变压器式加速度传感器

（B、1、差动变压器、悬臂梁、A、$\Delta x(t)$）

2. 电感式微压变送器

电感压力（微压）变送器主要适用于工业生产过程和测量系统中，用于检测以各种非结晶和非凝固性的对钢或铁及其合金不起腐蚀作用的流体介质的压力或负压。

差动变压器和膜片、膜盒、弹簧管等弹性敏感元件结合就可组成压力传感器，图 6-20 所示为压力传感器的结构示意图。无压力作用时，膜盒在初始状态，与膜盒连接的衔铁位于差动变压器线圈的中心部。工作时，被测压力从输入口导入膜盒，膜盒在压力的作用下发生形变，产生正比与被测压力的位移，这个位移通过测杆带动衔铁在差动变压器中移动，从而产生一正比于压力的输出电压。电感微压变送器的外形如图 6-21 所示。某公司生产 YSG-03 电感微压变送器的技术指标如表 6-3 所示。

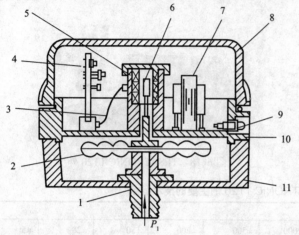

图 6-20　电感式压力传感器结构示意图　　　　　　　图 6-21　电感微压变送器

1—压力输入接头；2—膜盒；3—导线；4—印制电路板；5—差动线圈；
6—衔铁；7—变压器；8—罩壳；9—指示灯；10—安装座；11—底座

表 6-3　YSG-03 电感微压变送器的技术指标

参　数　名　称	说　　　　　　　　明
工作电源	DC 24 V
输出信号	DC 4～20 mA
负载电阻	≤250 Ω
配套二次仪表	XMY-30 压力数字显示仪
精确度等级	1.5
使用环境条件	-10~55℃，相对温度不大于 85%
温度影响	使用温度偏离 20℃±5℃时，其温度附加误差不大于 0.75%/10℃
测量范围	可选

　　YSG-03 电感微压变送器是由两部分组成：一是机械式指针指示压力表；另一是变换部分及电子放大器。前者由测量系统传动指示部分和外壳部份组成，仪表的外壳为防溅型结构，具有较好的密封性，故能保护机构内部机构免受机械损伤和污秽侵入。后者包括位移-电感变换器及电子放大器，放大器部件用室温硫化硅橡胶浸涂表面，故具有较好的耐腐蚀性能及抗潮性能。

6.2　光栅传感器测量位移

　　光栅式传感器测量精度高、量程大、可进行无接触测量、可实现动态测量，易于实现测量及数据处理的自动化，因此在数控机床的精密定位或位移等测量等方面得到了广泛应用。

6.2.1　光栅的结构和种类

光栅传感器由光源、光栅尺和光电接收元件组成，如图 6-22 所示。

光源有钨丝灯泡、半导体发光器件等，一般采用半导体发光器件，它们的转换效率高，响应特征快。例如，砷化镓发光二极管与硅光电晶体管相结合，转换效率最高可达 30%左右。

图 6-22　光栅传感器

光栅尺包括标尺光栅和指示光栅，它是用真空镀膜的方法刻上均匀密集栅线的透明玻璃片或长条形金属镜面，对于长光栅，这些栅线相互平行，各栅线之间距离相等；对于圆光栅，这些栅线是等栅距角的向心条纹。例如，光栅的栅线宽度为 a，线间宽度为 b，一般取 $a=b$，光栅栅距为 $W=a+b$。长光栅的栅线密度一般为 10 线/mm、25 线/mm、50 线/mm、100 线/mm 和 200 线/mm 等几种。标尺光栅固定在机床的活动部件上（如工作台或丝杠），指示光栅和光电元件以及驱动线路一起组成光栅读数头，光栅读数头安装在机床的固定部件上（如机床底座），标尺光栅和指示光栅随着工作台的移动而相对移动。

光电元件常采用光电池和光电晶体管等，在采用固态光源时，需要选用敏感波长与光源相接近的光敏元件，以获得高的转换效率。在光敏元件的输出端，驱动线路常接有放大器，通过放大器得到足够的信号输出以防干扰的影响。

常见的光栅从形状上可分为圆光栅和长光栅，圆光栅用于角位移的检测，长光栅用于直线位移的检测。光栅按光线的走向可分为透射光栅和反射光栅，透射式光栅一般用光学玻璃做基体，在其上均匀地刻划上等间距、等宽度的条纹，形成连续的透光区和不透光区。反射式光栅用不锈钢做基体，在其上用化学方法制作出黑白相间的条纹，形成强反光区和不反光区。图 6-23（a）所示为透射式长光栅，图 6-23（b）所示为反射式长光栅，图 6-23（c）所示为透射式圆光栅。

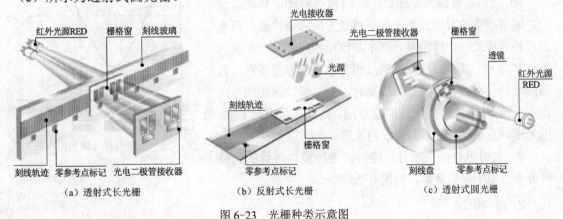

（a）透射式长光栅　　　　　（b）反射式长光栅　　　　　（c）透射式圆光栅

图 6-23　光栅种类示意图

6.2.2　光栅传感器的工作原理

1. 莫尔条纹

常见光栅的工作原理都是根据物理上莫尔条纹的形成原理进行工作的。以透射光栅为例，当指示光栅上的栅线和标尺光栅上的栅线之间形成一个小角度 θ，并且两个光栅尺刻面相对平行放置时，在光源的照射下，在刻线的重合处，光从缝隙透过形成亮带，如图 6-24 中的 a-a 线所示；在两光栅刻线的错开处，由于相互挡光作用而形成暗带，如图 6-24 中的 b-b 所示。这些与光栅线几乎垂直，相间出现的亮、暗带就是莫尔条纹。光栅读数头中的光敏元件根据透过莫尔条纹的光强度变化检测位移。莫尔条纹中两条亮纹或两条暗纹之间的距离称为莫尔条纹的间距，以 H 表示。

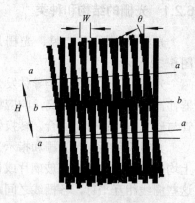

图 6-24　莫尔条纹

莫尔条纹具有以下特点：

① 莫尔条纹的间距是放大了的光栅栅距，它随着两块光栅栅线之间的夹角而改变。若用 H 表示莫尔条纹的间距，W 表示光栅的栅距，θ 表示两光栅尺栅线的夹角，则由它们之间的几何关系可得

$$H=W/\sin\theta \tag{6-6}$$

当 θ 角很小时，上式可近似写为

$$H\approx W/\theta \tag{6-7}$$

可知 θ 越小，则 H 越大，相当于把微小的栅距 W 扩大到 $1/\theta$ 倍。这种放大作用是莫尔条纹的一个重要特点。

② 由于莫尔条纹是由若干条栅线共同形成的，所以莫尔条纹对光栅个别栅线之间的栅距误差具有平均效应，能消除光栅栅距不均匀所造成的影响。通过莫尔条纹所获得的精度可以比光栅本身栅线的刻划精度还要高。

③ 莫尔条纹随两光栅尺之间的相对移动而移动，它们之间有严格的对应关系，包括移动方向和位移量。两光栅尺相对移动一个栅距 W，莫尔条纹便相应移动一个莫尔条纹宽度 H，其方向与两光栅尺相对移动的方向垂直，且当两光栅尺相对移动的方向改变时，莫尔条纹移动的方向也随之改变。例如，主光栅向左移动，则莫尔条纹向下移；主光栅向右移动，则莫尔条纹向上移动。

④ 当用平行光束照射光栅时，透过莫尔条纹的光强度分布近似于余弦函数，如图 6-25 所示。

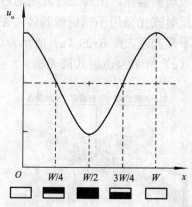

图 6-25　光栅位移与输出电压的关系

2. 辨向原理

由于位移是一个矢量，既要检测其大小，又要检测其方向，而采用一个光电元件的光栅传感器，无论光栅是正向移动还是反向移动，莫尔条纹都做明暗交替变化，光电元件总是输出同一变化规律的电信号，此信号只能计数，不能辨向，因此需要设置辨向电路，得到两路相位不同的光电信号以辨向。

根据上述莫尔条纹的特性，通常可以在莫尔条纹移动的方向设置两套光电元件，这两套光电元件相距 $m\pm1/4$ 莫尔条纹宽度（m 为整数），也称为正弦和余弦元件。当两光栅尺相对移动时，莫尔条纹随之移动，两套光电元件可以接收到 2 个在相位上依次超前或滞后 1/4 周期的光强度变化，光敏元件把光强度变化转化为相应相位上超前或滞后 90° 的两组电压信号，如图 6-26 所示，经放大、整形后得到两个方波信号 u_1 和 u_2，分别送到图 6-27 所示的辨向电路中。

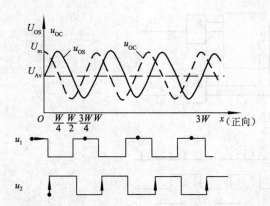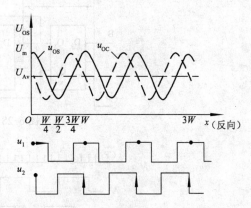

图 6-26 辨向波形图

在光栅向正方向移动时，u_1 经微分电路后产生的脉冲正好发生在 u_2 的高电平时，经与门 IC_1 输出一个计数脉冲 Y_1。而 u_1 经 IC_3 反相微分后产生的脉冲则与 u_2 的低电平相遇，与门 IC_2 封锁，无法产生计数脉冲，始终保持低电平。

在光栅作反方向移动时，u_1 的微分脉冲发生在 u_2 为低电平时，故与门 IC_1 无脉冲输出，而 u_1 反相微分所产生的脉冲则发生在 u_2 的高电平时，与门 IC_2 输出一个计数脉冲 Y_2。

将 Y_1 送到计数器的加法端，Y_2 送到计数器的减法端，从而达到辨别光栅正、反方向移动的目的。

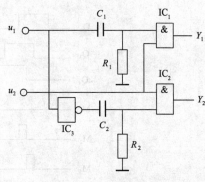

图 6-27 辨向电路

3．细分技术

当两光栅相对移动一个栅距 W 时，莫尔条纹移动一个间距 H，经信号转换电路输出一个计数脉冲，则它的分辨力为一个光栅栅距 W。为了提高分辨力，可以采用增加刻线密度的方法来减少栅距，但这种方法受到制造工艺或成本的限制，一般高分辨力的光栅尺造价都较贵，且制造困难。为了提高系统分辨力，常采用细分电路，使光栅移动一个栅距能输出若干个计数脉冲。由于细分后计数脉冲的频率提高了，因此细分又叫倍频。

图 6-28 所示为实现四倍频的电路图，其波形图如图 6-29 所示。这种倍频线路产生的脉冲信号与时钟 CP 同步，应用比较方便，工作也十分可靠。在该四倍频线路中，时钟脉冲信号的频率要远远高于方波信号 A 和 B 的频率以减少倍频后的相移误差。

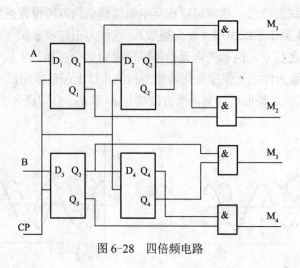

图 6-28　四倍频电路

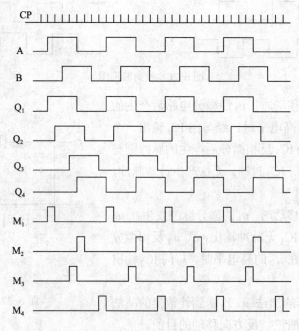

图 6-29　四倍频电路波形

6.2.3　光栅传感器的使用

近年来，光栅检测装置在数控机床上的使用占据主要地位。其分辨力高达纳米级；测量速度高达 480 m/min；测量长度高达 100 m 以上；可实现动态测量，易于实现测量及数据处理自动化；具有较强的抗干扰能力。因此，在高精度、高切削速度的数控机床上多采用光栅检测。

光栅尺传感器分为敞开式和封闭式两类。以某 GBC 系列封闭式数显光栅位移传感器为例，它将发光器件、光电转换器件和光栅尺封装在紧固的铝合金型材里。发光器件采用红外发光二极管，光电转换器件采用光电晶体管。在铝合金型材下部有柔性的密封胶条，可以防止铁屑、冷却剂等污染物进入尺体中。电气连接线经过缓冲电路进入传感头，然后再通过能防止干扰的电缆线送进光栅数显表，显示位移的变化。某敞开式光栅位移传感器主要技术性能指标如表 6-4 所示。

封闭式传感器的传感头分为下滑体和读数头两部分。下滑体上固定有 5 个精确定位的微型滚动轴承沿导轨运动，保证运动中指示光栅与主栅尺之间保持准确夹角和正确的间隙。读数头内装有前置放大和整形电路。读数头与下滑体之间采用刚柔结合的连接方式，既保证了很高的可靠性，又有很好的灵活性。读数头带有两个连接孔，主光栅尺体两端带有安装孔，将其分别安装在两个相对运动的两个部件上，实现线性测量。

表 6-4　敞开式光栅位移传感器的主要技术指标

参 数 名 称	说　　　明
量程	0～3 200 mm
准确度	长度测控：±15μm/m、±10μm/m、±5μm/m、±3μm/m（20℃±0.5℃）
	角度测控：±2′、±1′、±30″、±20″、±10″
测量分辨率	长度测控：5μm、1μm、0.5μm、0.1μm
	角度测控：主要取决于选定的光栅工作半径和光栅密度
光栅工作间隙	0.8～1.2 mm
工作电压	+5V
工作速度	（30～60）m/min
输出信号	A、B 两路或六路方波信号、两路正弦或 4 路正弦及零位信号

1. 直线位移光栅传感器的安装

直线位移光栅传感器数显系统主要应用于直线移动导轨机构或精密位移的测量，可实现移动量的高精度显示和自动控制，已广泛应用于机床加工和仪器的精密测量。其优点是测量值数字化显示，精度高，稳定可靠，读数直观准确。亦可把测量数据输出到计算机打印出测量数据或绘出曲线。

光栅位移传感器的安装比较灵活，可安装在机床的不同部位。一般将主尺安装在机床的工作台（滑板）上，随机床走刀而动，读数头应尽量安装在相对机床静止部件上，尽可能使读数头安装在主尺的下方。如果由于安装位置限制必须采用读数头朝上的方式安装，则必须增加辅助密封装置。其安装方式的选择必须注意切屑、切削液及油液的溅落方向。

（1）安装基面

安装光栅位移传感器时，不能直接将传感器安装在粗糙不平或打底涂漆的机床身上。光栅主尺及读数头分别安装在机床相对运动的两个部件上，基面平行度为 0.1 mm/1 000 mm 以内。如果不能达到这个要求，则须制作专门的光栅尺基座。安装时，调整读数头位置，达到读数头与光栅尺尺身的平行度为 0.1 mm 左右，读数头与光栅尺尺身之间的间距为 1～1.5 mm。

（2）主尺安装

将光栅主尺用 M4 螺钉较松地上在机床安装的工作台安装面上，把千分表固定在床身上，移动工作台。用千分表测量主尺平面与机床导轨运动方向的平行度，调整螺钉使主尺平行度满足 0.1 mm/1 000 mm 以内，将螺钉上紧。

（3）读数头的安装

安装读数头方法与主尺相似，读数头与主尺的间隙控制在 1～1.5 mm。

（4）限位装置

光栅线位移传感器全部安装完以后，在机床导轨上安装限位装置，以免机床移动时读数头撞到主尺两端，损坏光栅尺。

（5）检查

光栅尺安装完毕后应认真检查，确保安装无误后方可接通数显表，移动工作台，观察计数是否正常。

（6）装防护罩

一切正常后应将光栅尺防护罩紧固，光栅传感器防护罩是按照光栅传感器的外形截面放大留一定的空间尺寸确定，防护罩应将主尺全部防护好，通常采用橡皮密封，严禁油污、金属屑等进入主尺内。

2. 光栅位移传感器的使用注意事项

① 定期检查各安装连接螺钉是否松动。

② 及时清理溅落在尺上的切屑和油液，严格防止任何异物进入光栅传感器壳体内部污染光栅尺面，引起测量误差。为延长防尘密封条的寿命，可在密封条上均匀涂上一薄层硅油，注意勿溅落在玻璃光栅刻划面上。

③ 定期用乙醇混合液清洗擦拭光栅尺面及指示光栅面，保持玻璃光栅尺面清洁以保证光栅传感器使用的可靠性。

④ 光栅传感器严禁剧烈震动及摔打，以免损坏光栅尺。

⑤ 不能任意改动主栅尺与副栅尺的相对间距，否则一方面可能破坏光栅传感器的精度，另一方面还可能造成主栅尺与副栅尺的相对摩擦，损坏铬层也就损坏了栅线，从而造成光栅尺报废。

⑥ 光栅传感器与数显表插头座插拔时应关闭电源后进行。

3. 轴环式光栅数显表

轴环式光栅数显表结构和测量框图如图 6-30 所示，定片（指示光栅）固定，动片（主光栅）可与外接旋转轴相连并转动，动片边沿均匀地刻有 500 条透光条纹，定片为圆弧形薄片，在其表面刻有两条亮条纹，间距 1/4 周期，使得接收到的信号相位正好相差 $\pi/2$，方便辨向，动片和定片之间保持一微小角度以得到莫尔条纹。当动片旋转时，产生的莫尔条纹亮暗信号由光电晶体管接收，经整形、细分及辨向电路，根据运动的方向来控制可逆计数器计数，显示结果。

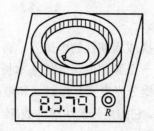

（a）轴环式光栅数显表结构

（b）测量电路框图

图 6-30　轴环式光栅数显表

6.3　光电编码器测量角位移

在角位移检测中，编码器（见图 6-31）由于具有体积小，分辨能力强，无接触测量，性能稳定，数字化输出等特点得到了广泛应用。

编码器按测量方式来分，有直线型编码器、角度编码器、旋转编码器。直线型编码器测量直线位移，角度编码器和旋转编码器可测量角位移。

编码器按照读出方式来分，可以分为接触式和非接触式两种。接触式采用电刷输出，电刷接触导电区或绝缘区来表示代码的状态是"1"还是"0"；非接触式最广泛应用的是光电式，以透光区和不透光区来表示代码的状态是"1"还是"0"。通过"1"和"0"的二进制编码将采集的物理信号转换为电信号用以通信、传输和存储。

编码器按照工作原理来分，可分为增量式、绝对式和混合式三类。绝对式和增量式码盘外形如图 6-32 所示。增量式编码器是将位移转换成计数脉冲，读取脉冲的个数得到位移的大小。绝对式编码器的每一个位置对应一个二进制码，因此它的示值只与测量的起始和终止位置有关，而与测量的中间过程无关。混合式绝对值编码器输出两组信息：一组信息用于检测磁极位置，带有绝对信息功能；另一组则完全同增量式编码器的输出信息。

图 6-31　编码器外形

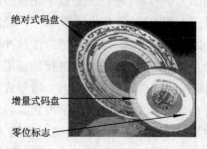

绝对式码盘

增量式码盘

零位标志

图 6-32　绝对式和增量式码盘

6.3.1 增量式光电编码器

增量式编码器是将位移转换成周期性的电信号，再把这个电信号转变成计数脉冲，用脉冲的个数表示位移的大小。一个脉冲所代表的基本长度单位就是分辨力，对脉冲计数，便可得到位移量。增量式编码器分光电式、接触式和电磁感应式 3 种。就精度和可靠性来讲光电式编码器优于其他两种，它的型号是用脉冲数/转（p/r）来区分，通常有 2 000、2 500、3 000 p/r 等。

光电式增量式编码器，它由光源、聚光镜、光电盘、光栏板、光电元件和信号处理电路等组成，如图 6-33 所示。

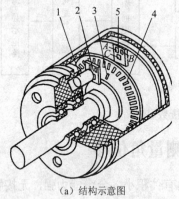
（a）结构示意图

（b）外形

图 6-33 增量式光电码盘的外形和结构示意图

1—发光二极管；2—光栏板；3—零位标志槽；4—光电盘；5—光敏元件

光源最常用的是自身有聚光效果的发光二极管。光电编码盘是用玻璃材料研磨抛光制成，玻璃表面在真空中镀上一层不透光的铬，然后用照相腐蚀法在编码盘边缘等间隔地制出 n 个辐射状向心线纹透光窄缝，透光窄缝在圆周上等分，其数量从几百条到几千条不等，形成圆光栅（标尺光栅），指示光栅也用玻璃材料研磨抛光制成，其透光窄缝为 A 和 B 两条，节距与光电盘的透光窄缝节距相同，但 A、B 彼此错开 1/4 节距，A 和 B 后面各安装一只光电元件。指示光栅与工作轴连在一起，被测对象转动时，光源的光线将透过窄缝，每转过一个缝隙就发生一次光线的明暗变化。光电池组接收这些明暗相间的光信号后，便产生近似于正弦波的两组电压信号（A 和 B），两者相位差 90°，经放大整形后，变成方波信号 A_1 和 B_1，把方波脉冲信号送到计数器，计数器对脉冲的个数进行加减增量计数，从而判断编码盘旋转的相对角度。增量式光电编码盘的最小分辨角为 $360°/n$。为了得到编码器转动的绝对位置，还须设置一个基准点，如图 6-33中的"零位标志槽"，可获得编码器的零位脉冲，波形如图 6-34 所示。

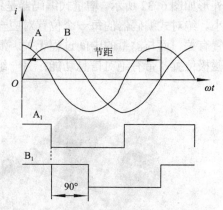

图 6-34 增量式光电编码器的输出波形

光电式增量式码盘由于没有电刷，也就没有接触磨损，寿命较接触式码盘长，且允许工作转速高。码道缝隙宽度可做得很小，因而分辨率也极高，能达到 $1/2^{19}$。其缺点是结构复杂，价格昂贵，光源寿命不长。

　分析

如果中途断电后再重新上电，增量式光电式编码器能否读出当前位置的数据？

6.3.2　绝对式编码器

绝对式编码器是在码盘的每一转角位置刻有表示该位置的唯一代码，通过读取编码盘上的代码来表示轴的位置。它是利用自然二进制或循环二进制编码方式进行转换的。它能表示绝对位置，没有累积误差，电源切除后，位置信息不丢失，仍能读出转动角度。绝对式编码器有光电式、接触式和电磁式 3 种。

绝对编码器是直接输出数字量的传感器，在它的圆形码盘上沿径向有若干同心码道，每条道上由透光和不透光的扇形区相间组成。4 码道绝对编码器的码盘如图 6-35 所示，码盘上的码道数就是它的二进制数码的位数，在码盘的一侧是光源，另一侧对应每一码道有一光敏元件，光源通过透镜照射到码盘上，当码盘随轴转动时，通过亮区（透光窄缝）的光线由光敏元件接收，输出为 "1"；而在暗区，输出为 "0"。码盘旋至不同的位置时，光敏元件输出信号的组合反映了一定规律编码的数字量，代表了码盘轴的角位移的大小。这种编码器的特点是不要计数器，在转轴的任意位置都可读出一个固定的与位置相对应的数字码。显然，码道的圈数就是二进制的位数，若是 n 位二进制码盘，就有 n 圈码道，分辨角 $\theta=360°/2^n$，码盘位数越大，所能分辨的角度越小，测量精度越高。若要提高分辨率，就必须增多码道，即二进制位数增多。目前，接触式码盘一般可以做到 9 位二进制，光电式码盘可以做到 18 位二进制。

绝对编码器的编码最简单的是自然二进制，但使用时会出现由于相邻两码盘制造不均或光电元件安装位置不正确引起的较大误差，如当电刷由位置 7(0111)变为 8(1000)时，如果第一位先发生变化，而其他 3 位还来不及变化，这样输出过程就是 7(0111)→15(1111)→8(1000)，为消除这种误差，可采用格雷码盘，4 码道格雷码盘如图 6-36 所示。它的基本思想是：当码盘转动时，在相邻的计数位置，每次只有一位代码有变化。因而，即使光电盘的制作和安装过程中有误差存在，产生的误差也不会超过读数最低位的单位量。二进制码转换成格雷码的方法是将二进制码右移一位并舍去末位的数码，再与二进制数码作不进位加法，结果即为格雷码。表 6-5 是格雷码和二进制码的对照表。

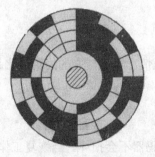

图 6-35　绝对编码器的码盘

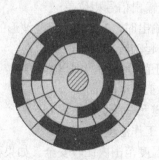

图 6-36　格雷码盘

表 6-5 格雷码和二进制码的对照表

十进制	二进制	格雷码	十进制	二进制	格雷码
0	0000	0000	8	1000	1100
1	0001	0001	9	1001	1101
2	0010	0011	10	1010	1111
3	0011	0010	11	1011	1110
4	0100	0110	12	1100	1010
5	0101	0111	13	1101	1011
6	0110	0101	14	1110	1001
7	0111	0100	15	1111	1000

应该指出的是，由于格雷码的各位没有固定的权，因此需要用相应的转换电路把它转换成二进制编码。

6.3.3 光电脉冲编码器的使用

以型号为 ZSP3806-01G-600A/12-24E 的增量式编码器为例，该编码器共有 4 根线，分别为 V+、V-、OUT、屏蔽层。V+、V-分别接工作电源的正端和地，OUT 为信号输出，可接至计数器输入端，但是需两者共地，为了增强抗干扰的能力，也可将屏蔽层接地。

1. 光电式旋转编码器的主要技术指标

（1）输出的脉冲

每旋转一圈所输出的脉冲数。对于光电式旋转编码器，通常与旋转编码器内部光栅的槽数相同，也可在电路上加细分电路使输出脉冲数增加到槽数的 2～4 倍。

（2）码盘材料

光电式编码器码盘材料有玻璃、金属、塑料，玻璃码盘是在玻璃上沉积很薄的刻线，其热稳定性好，精度高；金属码盘开有通光孔槽，不易碎，但由于金属有一定的厚度，精度就有限制，其热稳定性就要比玻璃的差一个数量级；塑料码盘是经济型的，其成本低，但精度、热稳定性、寿命均要差一些。

（3）最大响应频率

最大响应频率是在 1s 内能响应的最大脉冲数。

（4）输出信号相位差

两相输出时，2 个输出脉冲波形的相对的时间差。

（5）起动转矩

使处于静止状态的编码器轴旋转必要的力矩。一般情况下运转中的力矩要比起动力矩小。

（6）工作电流

指通道允许的负载电流。

（7）工作温度

在此温度范围内比较安全。如果稍高或稍低，编码器不会损坏。当恢复工作后，温度又能达到技术规范。

（8）信号输出

信号输出有正弦波（电流或电压）、方波（TTL、HTL）、集电极开路（PNP、NPN）、推拉式等多种形式，其中 TTL 为长线差分驱动（对称 A、A-，B、B-，Z、Z-），HTL 也称推拉式、推挽式输出，编码器的信号接收设备接口应与编码器对应。

例如：单相连接，用于单方向计数，单方向测速。

B 两相连接，用于正反向计数、判断正反向和测速。

A、B、Z 三相连接，用于带参考位修正的位置测量。

A、A-，B、B-，Z、Z-连接，用于带有对称负信号的连接，此时抗干扰最佳，可传输较远的距离。对于 TTL 的带有对称负信号输出的编码器，信号传输距离可达 150 m。对于 HTL 的带有对称负信号输出的编码器，信号传输距离可达 300 m。

2．光电式旋转编码器选型

旋转编码器选型应注意的问题：

① 分辨率与位置精度的关系。

② 外形尺寸与安装占用面积的关系。

③ 轴允许荷重与编码器寿命、安装状况的关系。

④ 允许最大转速（最高响应频率）与电动机等驱动轴转速和分辨力的关系。

⑤ 输出相位差与数控机床等控制装置的匹配关系。

⑥ 耐环境性与使用环境的关系。

⑦ 增量型、绝对型与成本的关系。

⑧ 考虑轴的形式及尺寸。

3．光电式旋转编码器安装和使用

安装和使用光电式旋转编码器时应注意：

① 空心轴编码器安装要避免与编码器刚性连接，应采用板弹簧。长期使用时，须定期检查板弹簧相对编码器是否松动，固定编码器的螺钉是否松动。

② 实心轴编码器安装编码器轴与用户端输出轴之间采用弹性软连接，以避免因用户轴的串动、跳动而造成编码器轴系和码盘的损坏。应保证编码器轴与用户输出轴的不同轴度小于 0.20 mm，与轴线的偏角小于 1.5°。

③ 安装时严禁敲击和摔打碰撞，以免损坏轴系和码盘。

④ 编码器的信号线不要接到直流电源上或交流电流上，输出线彼此不要搭接，以免损坏输出电路。

⑤ 与编码器相连的电动机等设备，应接地良好，不要有静电。

⑥ 使用时注意周围有无振源及干扰源。注意环境温度、湿度是否在仪器使用要求范围之内。

6.3.4　光电脉冲编码器的应用

1．位置测量

光电编码器的典型应用产品是轴环式数显表，它是一个将光电编码器与数字电路装在一起的数字式转角测量仪表，其外形如图 6-37 所示。它适用于车床、铣床等中小型机床的进给量和位移

图 6-37　编码器数显表

量的显示。例如，将轴环数显表安装在车床进给刻度轮的位置，就可直接读出整个进给尺寸，从而可以避免人为的读数误差，提高加工精度。特别是在加工无法直接测量的内台阶孔和用来制作多头螺纹时的分头，更显得优越。它是用数显技术改造老式设备的一种简单易行手段。

2. 速度测量

测速传感器是对被测对象的旋转速度进行测量，转速测量的方法有很多，利用角编码器测速具有精度高、反应快、工作可靠等特点，因此是一种比较常用的方法。测速传感器结构采用如图 6-38 所示的增量式光电编码器，检测 A、B 和 Z 三个增量脉冲信号，A、B 输出信号成 90°的相位差，具有辨向作用，Z 信号每转一周只输出一个脉冲，又称为零位标志，作为决定转角的原点。根据需要，当只须检测转速时，选择带一个光电耦合器的单相输出增量码盘测出 Z 信号即可；若还要判别正负转向并控制转角位置，则需要选择内部含 3 个光电耦合器的有三相输出的增量码盘检测 A、B 和 Z 三个输出信号。

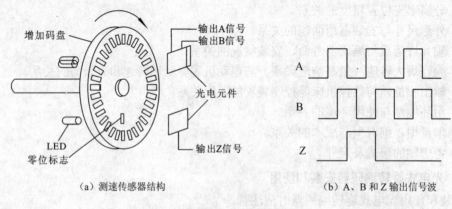

（a）测速传感器结构　　　　　　　　（b）A、B 和 Z 输出信号波

图 6-38　编码式测速传感器

6.4　位移检测控制系统的制作和调试

6.4.1　系统设计目的

在自动化生产、加工和控制过程中，经常要对加工工件的尺寸或机械设备移动的距离进行准确定位控制。例如，生产过程中的点位控制，数控机床等在切削加工前刀具的定位，仓储系统中对传送带的定位控制，机械手的轴定位控制，等等。光电旋转编码器作为在工业自动化设备控制的重要器件，利用其轴与运动部件同步运行时发出的反馈脉冲信号，可以检测运行部件的位移量或速度，达到控制目的。

6.4.2　系统的工作原理

该系统的工作原理是将光电编码器的机械轴和由三相交流异步电动机拖动的传动辊同轴相连接，通过传动辊带动光电编码器机械轴转动，输出脉冲信号，利用 PLC 的高速计数器指令对编码器产生的脉冲个数进行计数。当高速计数器的当前值等于预置值时产生中断，经变频器控制电动机停止运行，从而实现工件位移的准确定位控制。检测控制系统原理如图 6-39 所示。

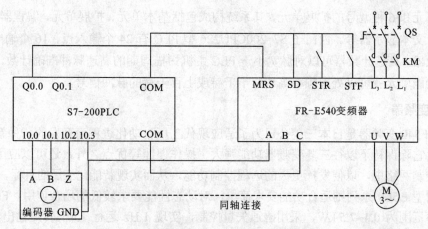

图6-39　光电编码器位移检测控制系统原理图

增量型编码器通常有 A、B 和 Z 三路输出信号，一般采用 TTL 电平，A 脉冲在前，B 脉冲在后，A、B 脉冲相差 90°，每圈发出一个 Z 脉冲，可作为参考机械零位。一般来说，利用 A 超前 B 或 B 超前 A 进行判向，可定义轴端按编码器顺时针旋转为正转，A 超前 B 90°为正转，反之逆时针旋转为反转，B 超前 A 90°为反转。

系统中，光电编码器的机械轴和电动机同轴。传动比 $n=5$，用于驱动设备的传动辊直径 $D=100$ mm，光电编码器每转脉冲数 $N=500$。可以计算出每毫米距离的脉冲数为：

$$Z=N/(n\pi D)=500\div(5\times100\times\pi)\approx0.32\ 脉冲/mm$$

如果工件位移定位为 200 mm，该系统通过计算得出脉冲数为 64，则高速计数器的预置值即为 64。

在 PLC 程序中，将高速计数器 HSC0 设置为模式 1，即单路脉冲输入内部方向控制的增/减计数器。HSC0 的使用输入点为 I0.0、I0.1、I0.2，无启动输入，使用复位输入。系统开始运行时，初始化 HSC0，将其控制字节 SMB37 数据设置为 16#F8，对高速计数器写入当前值和预置值，同时通过中断连接指令 ATCH 将中断事件 12（即高速计数器的当前值等于预置值中断）和中断服务程序连接起来，并执行 ENI 指令，全局开中断。当高速计数器的当前值等于预置值时，执行中断服务程序，将 SMD42 的值清零，再次执行 HSC 指令重新对高速计数器写入当前值和预置值，同时使 M0.0 置位，PLC 输出继电器 0.0 接通，使变频器输出停止端 MRS 接通，电动机停止运行。

6.4.3　系统的主要器件

1. 光电编码器

光电编码器选用欧姆龙 E6A2-CW5C 光电编码器，其分辨率为 500 脉冲/转，集电极开路输出，最高响应频率 30 kHz。

2. PLC 西门子 S7-200CPU226 型

PLC 选用西门子 S7-200CPU226 型，S7-200 PLC 是超小型化的 PLC，它的强大功能使其无论单机运行，或连成网络都能实现复杂的控制功能。S7-200 系列 PLC 可提供 4 种不同的基本单元和 6 种型号的扩展单元，其系统构成包括基本单元、扩展单元、编程器、存储卡、写入器、文本显示器等。西门子 S7-200CPU226 型 PLC 有 24 个输入点、16 个输出点、6 个高速计数器。高速计数器可以对脉宽小于 PLC 主机扫描周期的高速脉冲准确计数，不需要增加特殊功能单元就可以处理频率高达几十千赫或上百千赫的脉冲信号。

3．变频器

FR-E540 变频器是日本三菱公司为了适应现代工厂自动化进程而开发的一种新型多用途变频器。它除保持了以往三菱变频器功能强大、操作便捷等优点之外，还可以应用于现代工业各种控制网络中，以便发挥更大的远程控制功能，从而实现智能化工厂的目标。

通用型 E500 系列则适合功能要求简单，对动态性能要求较低的场合使用，FR-E540 变频器功率范围为 0.4~7.5 kW，采用磁通矢量控制，实现 1 Hz 运行 150%转矩输出、PID、15 段速度等多功能选择，内置独立 RS-485 通信口、柔性 PWM，实现更低噪声运行。

6.4.4 系统设计步骤

具体的系统设计步骤如下：

① 参考选用器件相应的技术资料，把它们的电气引脚根据原理图进行连接后，设置高速计数模块的操作模式及单元号；
② 分配 I/O 点，设计输入/输出端子接线图；
③ 进行 PLC 程序设计；
④ 将设计好的程序输入到 PLC 中，并对程序进行调试和修改；
⑤ 对系统联机调试，发现问题逐一排除，直至调试成功；
⑥ 编制技术文件。

拓展训练

在原有系统基础上增加定时器，使其具有速度检测控制功能。

拓展阅读

磁栅传感器测量位移

磁栅传感器是一种新型的位置检测元件。与光栅传感器、感应同步器相比，检测精度要低些，但它具有制作简单，复制方便，需要时可将原来的磁信号抹去，重新录制，或安装在机床上后再录制磁化信号以消除安装误差和机床本身的几何误差，以及可方便地录制任意节距的磁栅，易于安装和调整，测量范围宽（从几十毫米到数十米），不需要接长，抗干扰能力强等一系列优点，因而在大型机床的数字检测和设备的自动控制等方面得到了广泛应用。磁栅传感器的外形如图 6-40 所示。

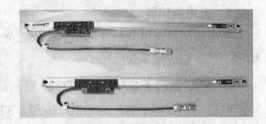

图 6-40　磁栅传感器的外形

1. 磁栅的组成及类型

磁栅传感器是由磁栅（简称磁尺）、磁头和检测电路组成，磁尺用满足一定要求的硬磁合金，或者用热胀系数小的非导磁材料制成基体，在尺基的上面镀有一层磁性薄膜，然后利用磁记录原理，将一定波长的矩形波或正弦波磁信号用磁头记录在磁性标尺的磁膜上，作为测量基准。磁信号的波长又称节距，用 W 表示，如图 6-41 所示。常用的磁信号节距为 0.05 mm 和 0.2 mm 两种。磁栅在 N 与 N、S 与 S 重叠部位磁感应强度最强，但两者极性相反。

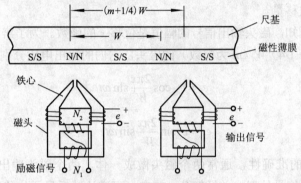

图 6-41　磁栅传感器结构

磁栅分为长磁栅和圆磁栅两类，前者用于测量直线位移，后者用于测量角位移。长磁栅又可分为尺形、带形和同轴形 3 种，一般用尺形磁栅。当安装面不好安排时，可采用带形磁栅。同轴形磁栅传感器结构特别小巧，可用于结构紧凑的场合。

磁头可分为动态磁头（又名速度响应式磁头）和静态磁头（又名磁通响应式磁头）两类，动态磁头在磁头与磁尺间有相对运动时，才有信号输出，故不适用于速度不均匀、时开时停的机床；而静态磁头在磁头与磁栅间没有相对运动时也有信号输出，因此磁栅传感器常用静态磁头。

2. 磁栅传感器的工作原理

磁栅传感器是利用磁栅的漏磁通变化来产生感应电动势的。磁栅传感器的静态磁头的结构如图 6-41 所示，它有两组绕组，一组为励磁线圈 N_1，另一组为输出绕组 N_2，当绕组 N_1 通入励磁电流时，磁通的一部分通过铁心，在 N_2 绕组中产生电动势信号。如果铁心空隙中同时受到磁栅漏磁通影响，那么由于磁栅漏磁通极性的变化，N_2 中产生的电动势振幅就受到调制。

静态磁头中的励磁线圈 N_1 起到磁路开关的作用。如果 N_1 中不通电流，磁路处于不饱和状态，磁栅上的磁力线通过磁头铁心而闭合，这时，磁路中的磁感应强度决于磁头与磁栅的相对位置；如果在绕组 N_1 中通入交变电流，当交变电流达到某一个幅值时，铁心饱和，这时磁心的磁阻很大，磁路被阻断，磁栅的漏磁通就不能经磁头铁心通过，输出绕组不产生感应电动势；反之，当交变电流小于额定值时，铁心不饱和，磁阻也变小，这时磁路开通，磁栅上的漏磁通通过输出绕组而产生感应电动势。它主要与磁头在磁栅上所处的位置有关，而与磁头和磁栅之间的相对速度关系不大。励磁电流在一个周期内两次过零，两次出现峰值，相应地磁开关通、断各两次。磁头输出绕组中输出电压信号为非正弦周期函数，所以其基波分量角频率 ω 是输入频率的 2 倍。

磁头输出的感应电动势信号经检波，保留其基波成分，可用下式表示：

$$e = e_m \cos\frac{2\pi x}{W}\sin\omega t \qquad (6-8)$$

式中，e_m——感应电动势的幅值；

W——磁栅信号的节距；

ω——输出线圈感应电动势的频率，它比励磁电流的频率高一倍；

x——机械位移量。

由式（6-8）可知，磁头输出信号的幅值是位移 x 的函数。为了辨别方向，图6-41中采用了两只相距 $(m+1/4)W$（m 为整数）的磁头，它们的输出电压分别为

$$e_1 = e_m \cos\frac{2\pi x}{W}\sin\omega t \qquad (6-9)$$

$$e_2 = e_m \sin\frac{2\pi x}{W}\sin\omega t \qquad (6-10)$$

为了保证距离的准确性，通常两个磁头做成一体，两个磁头输出信号的载频相位差为90°，经鉴相或鉴幅信号处理，并经细分、辨向、可逆计数后显示位移的大小和方向。

3. 信号处理方式

磁栅传感器的信号处理方式有鉴相型和鉴幅型两种，以鉴相处理应用较多。

鉴相处理方式就是利用输出信号的相位大小来反映磁头的位移量与磁尺的相对位置。将第2个磁头的电压读出信号移相90°，两磁头的输出信号则变为

$$e_1' = e_m \cos\frac{2\pi x}{W}\sin\omega t \qquad (6-11)$$

$$e_2' = e_m \sin\frac{2\pi x}{W}\cos\omega t \qquad (6-12)$$

将两路输出用求和电路相加，则获得总输出为

$$e = e_m\sin\left(\omega t + \frac{2\pi x}{W}\right) \qquad (6-13)$$

由式（6-13）可知，合成输出电压 e 的幅值恒定，而相位随磁头与磁尺的相对位置 x 变化而改变。该输出电压信号经带通滤波、整形、鉴相细分电路后产生脉冲信号，由可逆计数器计数，显示器显示相应的位移量。

4. 磁栅数显装置

把磁栅传感器（见图6-42）作为位置检测元件再配上数显表所构成的数字位置测量系统是磁栅应用最广泛的一种方式。它可以防止水、油、灰尘和切屑，适用于工厂工作环境恶劣的情况下，耐灰尘、耐磨损、耐冲击、抗振动、抗磁场干扰，使用寿命极长，从而大大提高了机床的加工精度和使用寿命。

图6-42　磁栅数显装置外形

感应同步器

感应同步器是利用两个平面形印制电路绕组的互感随其位置变化的原理制成的。按其用途可分为直线式感应同步器和旋转式感应同步器两大类，前者用于直线位移的测量，后者用于转角位移的测量。

感应同步器具有精度和分辨力高、抗干扰能力强、使用寿命长、维护简单等优点，被广泛应用于大位移静态与动态测量。

1. 感应同步器的结构

（1）直线式感应同步器的结构和材料

直线式感应同步器由定尺和滑尺组成，如图 6-43 所示。定尺和滑尺上均做成印制电路绕组，定尺是固定绕组，均匀分布着节距为 W_2 的连续绕组，绕组结构如图 6-44（a）所示。$W_2=2\,(a_2+b_2)$，其中 a_2 为导电片片宽，b_2 为片间间隔。滑尺上分布

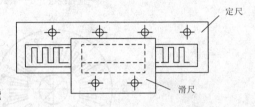

图 6-43　直线式感应同步器的外形

着交替排列的正弦绕组和余弦绕组，它们的节距相等，为 $W_1=2\,(a_1+b_1)$，两组间相差 90° 电角。为此，两相绕组中心线距应为 $l_1=(n/2+1/4)\,W_2$，其中 n 为正整数。滑尺绕组有 W 型和 U 型两种，如图 6-44（b）和图 6-44（c）所示。

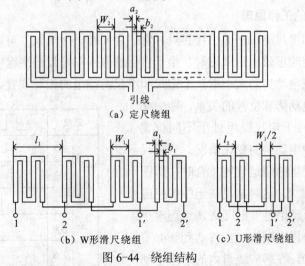

（a）定尺绕组

（b）W 形滑尺绕组　　（c）U 形滑尺绕组

图 6-44　绕组结构

定尺和滑尺的基板材料常采用优质碳素结构钢，由于这种材料导磁系数高，矫顽磁力小，即能增强激磁磁场，又不会有过大的剩余电压。为了保证刚度，一般基板厚度为 10 mm。定尺与滑尺上的平面绕组用电解铜箔构成导片，要求厚薄均匀、无缺陷，一般厚度选用 0.1 mm 以下，允许通过的电流密度为 5 A/mm²。定尺与滑尺上绕组导片和基板的绝缘膜的厚度一般小于 0.1 mm，绝缘材料一般选用酚醛玻璃环氧丝布和聚乙烯醇缩本丁醛胶或用聚酰胺做固化剂的环

氧树脂,这些材料粘着力强、绝缘性好。滑尺绕组表面上贴上带绝缘层的铝箔,起静电屏蔽作用,将滑尺用螺钉安装在机械设备上时,铝箔还起着自然接地的作用。它应该足够薄,以免产生较大的涡流。为了防止环境对绕组导片的腐蚀,一般要在导片上涂一层防腐绝缘漆。

(2)旋转式感应同步器的结构

旋转式感应同步器的结构如图 6-45 所示,由转子和定子组成,其转子相当于直线感应同步器的定尺,定子相当于滑尺,定子上分布着两相分段绕组,转子上为连续绕组,旋转式感应同步器直径大致可分为 50 mm、76 mm、146 mm、178 mm、251 mm、302 mm 等几种,极数有 180、256、360、720、1 080 极等。一般在极数相同的情况下,旋转式感应同步器的直径做得越大,精度也就越高。

S—正弦绕组　C—余弦绕组

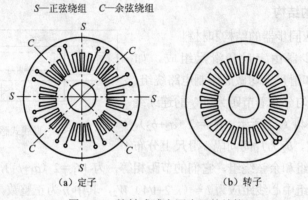

（a）定子　　　　　　　　（b）转子

图 6-45　旋转式感应同步器的结构

2. 感应同步器的工作原理

工作时,定尺和滑尺绕组平面平行相对,它们之间有一个气隙,可以做相对移动。当滑尺的两相绕组以一定的正弦电压激磁时,由于电磁感应,在定尺的绕组中将产生同频率的交变感应电动势,感应电动势的大小取决于定尺和滑尺两绕组的相对位置。

为了说明感应电动势和位置的关系,图 6-46 给出了滑尺绕组相对于定尺绕组处于不同位置时,定尺绕组中感应电动势的变化情况。当滑尺上的正弦绕组和定尺上的绕组位置重合时,即图中 A 点,耦合磁通最大,这时定尺绕组中的感应电动势最大;如果滑尺相对于定尺从 A 点逐渐平行移动,感应电动势慢慢减小,当移动到 1/4 节距位置处(即 B 点),在感应绕组内的感应电动势相抵消,总感应电动势减为零;若再继续移动,移到 1/2 节距的 C 点,可得到与初始位置极性相反的最大感应电动势;移动到达 3/4 节距的 D 点时,感应电动势再一次变为零;移动了一个节距到达 E 点,又回到与初始位置完全相同的耦合状

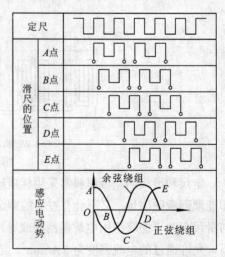

图 6-46　感应电动势和定、滑尺相对位置的关系

态，相当于又回到了 A 点，感应电动势为最大。这样，滑尺在移动一个节距的过程中，感应同步器定尺绕组的感应电动势近似于余弦函数变化了一个周期。继续移动感应电动势会随着滑尺相对定尺的移动而呈周期性变化。

3. 感应同步器的信号处理方式

对感应同步器的信号处理，根据工作要求和精度的不同有鉴相式、鉴幅式、幅相式等，下面介绍鉴相式和鉴幅式。

（1）鉴相式

鉴相式是根据感应电动势的相位来鉴别位移量。如果滑尺上余弦和正弦绕组不仅在绕组的配置上错开 1/4 节距的距离，而且还使供给两绕组的激磁电压幅值、频率均相等，但相位相差 $90°$，即

余弦绕组激磁电压

$$u_c = U_m \sin \omega t \qquad (6\text{-}14)$$

正弦绕组激磁电压

$$u_s = U_m \cos \omega t \qquad (6\text{-}15)$$

当仅对余弦绕组施加交流激磁电压 U_c 时，定尺绕组感应电动势为

$$e_c = kU_m \sin \omega t \cos \theta \qquad (6\text{-}16)$$

当仅对正弦绕组施加交流激磁电压 U_s 时，定尺绕组感应电动势为

$$e_s = -kU_m \cos \omega t \sin \theta \qquad (6\text{-}17)$$

式中，k——滑尺和定尺的电磁耦合系数；

θ——滑尺和定尺相对位移的折算角，若绕组的节距为 W，相对位移为 l，则

$$\theta = \frac{l}{W} \times 360° \qquad (6\text{-}18)$$

对滑尺上两个绕组同时加激磁电压，则定尺绕组上所感应的总电动势为

$$e = e_s + e_c = kU_m \sin \omega t \cos \theta - kU_m \cos \omega t \sin \theta = kU_m \sin(\omega t - \theta) \qquad (6\text{-}19)$$

从式 6-19 可以看出，感应同步器定尺绕组的相位就是感应同步器相对位置 θ 角的函数，检测相位就可以确定滑尺的相对位移。

（2）鉴幅式

在滑尺的两个绕组上施加频率和相位均相同，幅值不同的交流激磁电压 u_c 和 u_s 为

$$u_c = U_m \sin \varphi \sin \omega t \qquad\qquad u_s = U_m \cos \varphi \sin \omega t$$

设此时滑尺绕组与定尺绕组的相对位移角为 θ，则定尺绕组上的感应电动势为

$$e = ku_c \cos \theta - ku_s \sin \theta = kU_m (\sin \varphi \cos \theta - \cos \varphi \sin \theta) \sin \omega t = kU_m \sin(\varphi - \theta) \sin \omega t \qquad (6\text{-}20)$$

式 6-20 表明，激励电压的幅值与感应同步器的定滑尺绕组的相对位移 θ 有对应关系，通过检测感应电动势的幅值来测量位移，这就是鉴幅测量方式的基本原理。

4. 感应同步器数显表

感应同步器数显表是通过变换电路，把感应同步器滑尺相对于定尺的位移转换成感应信号，并对感应信号的相移进行测定，来间接获得位移并加以实时显示。感应同步器数显表原理结构如图 6-47 所示，当给滑尺加励磁电压后，将在定尺上产生感应电动势。它通过前置放大器放大后再输入到数显表中。前置放大器是用来将定尺绕组来的微弱信号加以放大，以提高抗干扰能力，数显表将感应同步器输出的电信号转换成数字信号并显示出相应的机械位移量。图 6-48 所示为某感应同步器数显表的外形。

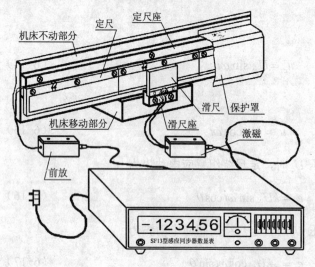

图 6-47　感应同步器数显表原理结构图　　　　图 6-48　感应同步器数显表外形

小　结

位移检测包括线位移和角位移的检测。根据位移检测范围变化的大小，可分为小位移检测和大位移检测。小位移通常采用应变式、电感式、差动变压器式、电容式、霍尔式等传感器。小位移传感器主要用于测量微小位移，从微米级到毫米级，如进行蠕变测量、振幅测量等。大位移的测量则常采用感应同步器、计量光栅、磁栅、编码器等传感器，这些传感器具有较易实现数字化、测量精度高、抗干扰性能强、避免了人为的读数误差、方便可靠等特点。

① 电感式传感器把非电量转换为与被测量成比例的电感量，再通过转换电路将电感量的变化转换为电压、电流或频率信号。它可以测量位移、振动、力、压力、加速度等非电量。电感传感器有自感式电感传感器和差动变压器式电感传感器。自感式电感传感器是将被测的位移量转换为线圈自感的变化，通过测量转换电路以电压或者电流的形式表示。自感式电感传感器有变截面积式、变隙式电感传感器和螺线管式电感传感器，它们常采用差动式结构。差动变压器主要由初级线圈、次级线圈、衔铁和线圈框架等组成。当变压器初级线圈输入稳定交流电压后，差动变压器将被测量的变化转换成互感系数的变化，由此次级线圈产生的感

应电压也随之变化，再通过测量转换电路输出电信号。电感传感器输出的电压是交流量，常采用差动相敏检波测量电路得到位移的大小和方向。

②　光栅传感器由光栅、光源、光电元件和转换电路等组成。它利用光栅的莫尔条纹现象来测量位移，把指示光栅平行地放在标尺光栅上面，并且使它们的刻线相互倾斜一个很小的角度，在两光栅刻线的重合处和错开处，就会形成明暗相间的莫尔条纹。当两光栅相对移动时，光电元件从固定位置观察到的莫尔条纹的光强的变化近似于正弦波变化，光栅相对移动一个栅距，光强也变化一个周期，由此来测量位移。为了辨向，通常安装两套光电元件，即 sin 和 cos 元件，判断两路信号的相位差即可判断出指示光栅的移动方向。为了能够提高分辨率，在不增加光栅刻线数的情况下常采用细分电路。光栅传感器的原理简单、测量精度高、响应速度快、量程范围大、可实现动态测量，所以被广泛应用于长度和角度的精密测量。

③　角编码器是把角位移转换成电脉冲信号的装置。按照工作原理，编码器可分为增量式和绝对式两类。绝对式编码器是在码盘的每一转角位置刻有表示该位置的唯一代码，通过读取编码盘上的代码来表示轴的位置。它能表示绝对位置，没有累积误差，电源切除后，位置信息不丢失，仍能读出转动角度；增量式编码器是将位移转换成周期性的电信号，再把这个电信号转变成计数脉冲，用脉冲的个数表示位移的大小。角编码器具有精度高，测量量程大，反应快，体积小，安装方便，维护简单，工作可靠等特点。

习　题

1．比较差动式自感传感器和差动变压器在结构上及工作原理上的异同之处。

2．电感式传感器的测量电路起什么作用？变压器电桥电路和带相敏整流的电桥电路哪个能更好地起到测量转换作用？为什么？

3．光栅传感器由哪几部分组成？各部分的作用是什么？

4．莫尔条纹是如何形成的？有何特点？

5．角数字编码器的结构可分为哪几种？它们之间的区别是什么？

6．一个刻线数为 1 024/r 的增量式角编码器安装在车床的丝杠转轴上，已知丝杠的螺距为 2 mm，编码器在 10 s 内输出 204 800 个脉冲，试求刀架的位移量和丝杠的转速。

7．某光栅传感器，刻线数为 100 线/mm，未细分时测得莫尔条纹数为 1 000，问光栅位移为多少毫米？若经 4 倍细分后，记数脉冲仍为 1 000，问光栅位移为多少？此时测量分辨力为多少？

第**7**章　气体成分与湿度的检测

在工业生产和日常生活中，气体成分和湿度对质量、环境、安全等领域具有相当重要的影响。因此，气体成分和湿度的检测在测试技术中占有相当重要的地位。

学习目标

- 了解气体成分检测的方法。
- 熟悉气敏传感器测量气体成分的方法。
- 了解湿度检测的方法。
- 熟悉湿度传感器测量湿度的方法。

7.1　气敏传感器测量气体成分

7.1.1　气体成分检测的主要方法及特点

气敏传感器就是能够感受环境中某种气体及其浓度并转换成电信号的器件。在现代社会的生产和生活中，各种各样的气体需要进行检测和控制。例如，化工生产中气体成分的检测和控制；煤矿瓦斯浓度的检测与报警；环境污染情况的监测；煤气泄漏；火灾报警；燃烧情况的检测与控制等。

由于气体种类繁多，性质各不相同，不可能用一种传感器检测所有类别的气体，因此，气敏传感器种类很多。按检测气体的性质可分为：可燃性气体气敏元件传感器，检测烷类和有机蒸气类气体，可用于油田、矿区、化工企业及家庭等生产生活领域，广泛用做气体泄漏报警，特别是用于家庭气体泄漏报警，如液化石油气、天燃气及其他可燃性气体的检测报警等；一氧化碳和氢气气敏元件传感器，一氧化碳气敏元件可用于工业生产、环保、汽车、家庭等一氧化碳泄漏和不完全燃烧检测报警，氢气气敏元件除工业等领域应用外也同一氧化碳气敏元件一样，广泛用于家庭管道煤气泄漏报警；氧传感器，应用于环保、医疗、冶金、交通等领域；毒性气体传感器，主要用于检测烟气、尾气、废气等环境污染气体检测。按工作原理可分为：半导体式、接触燃烧式、化学反应式、光干涉式、热传导式、红外线吸收。

表 7-1 按工作原理列出几种常用的气敏传感器，其中半导体气敏传感器是目前实际使用最多的气敏传感器。

表 7-1　几种常用的气敏传感器

类　型		原　理	检测对象	特　点
半导体式	电阻型	半导体接触气体时，通过其阻值的改变来检测气体的成分或浓度	还原性气体、易燃或可燃性液体、蒸气等	灵敏度高、响应时间和恢复时间短、使用寿命长、成本低、但输出与气体浓度不成比例
	非电阻型	对气体的吸附和反应，使其某些有关特性变化对气体进行直接间接检测		
接触燃烧式		可燃性气体接触到氧气就会燃烧，使得作为气敏材料的铂丝温度升高	燃烧气体	输出与气体浓度成比例，但灵敏度较低
化学反应式		利用化学溶剂与气体反应产生的电流、颜色、电导率的增加等	CO、H_2、CH_4、C_2H_5OH、SO_2 等	气体选择性好，但不能重复用
光干涉式		利用与空气的折射率不同而产生的干涉现象	与空气折射率不同的气体，如 CO_2 等	寿命长，但选择性差
热传导式		根据热传导率差而放热的发热元件的温度降低进行检测	与空气热传导率不同的气体，如 H_2 等	构造简单，但灵敏度低，选择性差
红外线吸收散射式		由于红外线照射气体分子谐振而吸收或散射量进行检测	CO、CO_2 等	能定性测量，装置大，价格高

7.1.2　半导体气敏传感器

　　半导体气敏传感器是利用半导体气敏元件同气体接触，造成半导体性质发生变化的原理来检测特定气体的成分或者浓度的，其外形如图 7-1 所示。半导体式气敏传感器可分为电阻式和非电阻式两类。

图 7-1　半导体气敏传感器外形

1. 电阻式半导体气敏传感器

（1）电阻式半导体气敏传感器的工作原理

　　电阻式半导体气敏传感器来用气敏半导体材料，如氧化锡、氧化锰等金属氧化物制成敏感元件，为了提高某种气敏元件对某些气体成分的选择性和灵敏度，合成材料有时还渗入了催化剂，如钯、铂、银等。当它们吸收了可燃气体的烟雾，如氢、一氧化碳、烷、醚、醇、苯以及天然气、沼气等时，电阻发生变化。利用半导体材料的这种特性，将气体的成分和浓度变换成电信号，进行监测和报警。

　　当半导体器件被加热到稳定状态，气体接触半导体表面而被吸附时，被吸附的分子首先在表面自由扩散，其间一部分分子蒸发，固定在吸附处。当半导体的功函数小于吸附分子的亲和力（气体的吸附和渗透特性）时，吸附分子将从器件夺得电子而变成负离子吸附，半导体表面呈现电荷层，例如氧气等具有负离子吸附倾向的气体被称为氧化型气体或电子接收性气体。如果半导体的功函数小于吸附分子的离解能,吸附分子将向器件释放出电子,而形成正离子吸附。例如 H_2、CO、碳氢化合物和醇类等具有正离子吸附倾向的气体,它们被称为还原型气体或电子供给性气体。

当氧化型气体吸附到 N 型半导体,还原型气体吸附到 P 型半导体上时,半导体的载流子减少,从而使电阻值增大;当还原型气体吸附到 N 型半导体上,氧化型气体吸附到 P 型半导体上时,载流子增多,将使半导体电阻值下降。若气体浓度发生变化,其阻值也将变化。根据这一特性,可以从阻值的变化得知吸附气体的种类和浓度。图 7-2 为气体吸附到 N 型半导体时所产生的器件阻值的变化情况。N 型材料有 SnO_2、ZnO、TiO 等,P 型材料有 MoO_2、CrO_3 等。

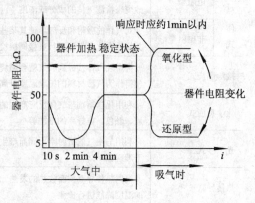

图 7-2　N 型半导体吸附气体时器件阻值变化图

（2）电阻型半导体气敏传感器的结构

电阻型半导体气敏传感器又称为气敏电阻,通常由气敏元件、加热器和封装体等三部分组成。从制造工艺上可分为烧结型、薄膜型和厚膜型三类。目前,应用最广的是烧结型气敏器件。近年来,薄膜型和厚膜型气敏器件也逐渐开始实用化。

① 烧结型气敏器件:烧结型气敏器件是以加掺杂剂（如 Pt、Pb 等）的半导体材料（如 SnO_2、ZnO 等）为基体,将铂电极和加热丝埋入 SnO_2 材料中,经加温、加压,利用 $700\sim900℃$ 的制陶工艺烧结成形。最后,将加热丝和电极焊在管座上,加上特制外壳就构成器件。烧结型器件的一致性较差,机械强度也不高。但其价格便宜,工作寿命较长,应用广泛。目前最常用的是氧化锡烧结型气敏元件,它用来测量还原性气体,加热温度较低,一般在 $200\sim300℃$,SnO_2 气敏半导体对许多可燃性气体,如氢、一氧化碳、甲烷、丙烷、乙醇等都有较高的灵敏度。

烧结型气敏器件按照加热方式可分为直热式和旁热式两种。

直热式气敏器件的结构与符号如图 7-3 所示。直热式气敏器件加热丝直接埋在金属氧化物半导体材料内,工艺简单,成本低,管芯体积很小,易受环境气流的影响,测量电路与加热电路之间相互干扰,影响其测量参数。

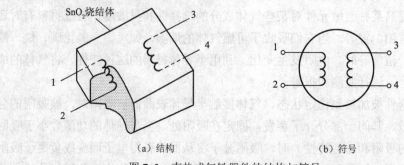

（a）结构　　　　　　　　　　（b）符号

图 7-3　直热式气敏器件的结构与符号

旁热式气敏器件的结构与符号如图 7-4 所示。旁热式气敏器件是把高阻加热丝放置在陶瓷绝缘管内，在管外涂上梳状金电极，再在金电极外涂上气敏半导体材料，它克服了直热式结构的缺点，器件的稳定性得到提高。

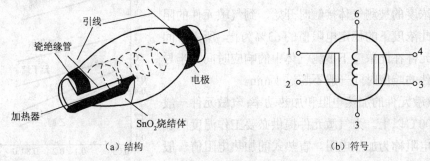

(a) 结构　　　　　　　　　　(b) 符号

图 7-4　旁热式气敏器件的结构与符号

② 薄膜型气敏元件：薄膜型气敏元件的结构如图 7-5 所示。采用蒸发或溅射方法在石英基片上形成氧化物半导体薄膜（其厚度约在 100 nm 以下）。实验测定，SnO_2 和 ZnO 薄膜的气敏特性最好。氧化锌敏感材料是 N 型半导体，当添加铂作催化剂时，对丁烷、丙烷、乙烷等烷烃气体有较高的灵敏度，而对 H_2、CO 等气体灵敏度很低。若用钯作催化剂时，对 H_2、CO 有较高的灵敏度，而对烷烃类气体灵敏度低。薄膜型气敏元件具有灵敏度高、响应迅速、机械强度高、互换性好、产量高、成本低、选择性好等特点，但这种薄膜为物理性附着系统，器件之间的性能差异仍较大。

③厚膜型气敏器件：厚膜型气敏器件是将 SnO_2 和 ZnO 等材料与 3%～15% 重量的硅凝胶混合制成能印刷的厚膜胶，把厚膜胶用丝网印制到装有铂电极的氧化铝或氧化硅等绝缘基片上，在 400～800℃ 高温下烧结 1～2 小时制成，其结构原理如图 7-6 所示。由于这种工艺制成的元件离散性小、机械强度高，适合大批量生产，是一种有前途的器件。

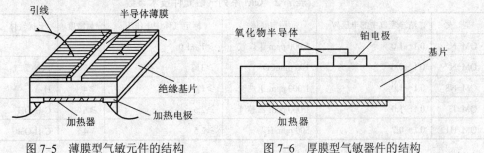

图 7-5　薄膜型气敏元件的结构　　　　图 7-6　厚膜型气敏器件的结构

（3）电阻式半导体气敏元件的基本特性

① 气敏元件的电阻值：气敏元件在常温下洁净空气中的电阻值称为气敏元件的电阻值，一般为 10^3～10^5 Ω。

② 气敏元件的灵敏度：气敏元件的灵敏度表示气体敏感元件的电参量与被测气体浓度之间的关系。它是表征气敏元件对于被测气体敏感程度的指标。SnO_2 的灵敏度特性如图 7-7 所示。

③ 气敏元件的分辨力：表示气敏元件对被测气体的识别（选择）能力以及对干扰气体的抑制能力。

④ 气敏元件的响应时间：在工作温度下，从气敏元件与一定浓度的被测气体接触时开始，到气敏元件的阻值达到在此浓度下的稳定电阻值的 63％ 为止，所需时间称为气敏元件在此浓度下被测气体中的响应时间。半导体气敏元件的响应时间一般不超过 1 min。

⑤ 气敏元件的加热电阻和加热功率：气敏元件一般工作在 200℃ 以上。为气敏元件提供必要工作温度的加热电路的电阻称为加热电阻。直热式的加热电阻值一般小于 5 Ω；旁热式的加热电阻大于 20 Ω。气敏元件正常工作所需的加热电路功率，称为加热功率，一般为 0.5～2.0 W。

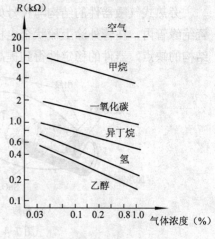

图 7-7　SnO$_2$ 的灵敏度特性

⑥ 气敏元件的恢复时间：在工作温度下，从气敏元件脱离被测气体时开始，直到其阻值恢复到在洁净空气中阻值的 63％ 所需的时间。

⑦ 洁净空气中的电压：在最佳工作条件下，气敏器件在洁净空气中负载电阻 R_L 上电压降的稳定值。

⑧ 标定气体中的电压：在最佳的工作条件下，气敏器件在标定气体中负载电阻 R_L 上电压降的稳定值。

QM 系列气敏元件技术参数如表 7-2 所示，它是采用金属氧化物半导体作为敏感材料的 N 型半导体气敏元件，适合作气体报警器及气体检测传感器，广泛地应用在防火、保安及环保等领域中。

表 7-2　QM 系列气敏元件技术参数

型　号	洁净空气中的电压/V	标定气体	标定气体中电压/V	灵敏度	干扰气体	分辨率
QM-N5	0.1～1.0	1 000 ppm 丁烷气	$\geq V_0+1.0$	≥4		
QM-N7	0.1～0.6	100 ppmCO	$\geq 3V_0$	≥3	汽油蒸气	≥5
QM-N8	0.1～1.0	1 000 ppm 丁烷气	$\geq V_0+1.0$	≥4	H$_2$	≥5
QM-J3	0.1～1.0	1 000 ppm 乙醇气	≥2.5	≥6	C$_2$H$_5$OH	≥5
QM-H1	0.1～0.7	500 ppm H$_2$	≥2.5	≥4	C$_2$H$_5$OH	≥5

（4）气敏元件的基本测量电路

气敏元件的基本测量电路（见图 7-8）包括加热回路和测试回路。图中 0～10 V 直流稳压电流供给元器件加热电压 U_H，0～20 V 直流稳压电源与气敏元件及负载电阻组成测试回路，供给测试回路电压 U_C，负载电阻 R_L 兼作取样电阻。测量 R_L 上的电压即可测得气敏元件电阻 R_s。

（5）气敏元件的使用方法

器件在开始工作时，需预热几分钟，使其电导率稳定下来，方可正常工作；回路电压、取样电阻应根据电路的需要，在允许工作条件内选取；要避免油浸和油垢污染，长期使用时要防止灰尘堵住不锈钢丝网；不要长期在有腐蚀性气体的环境工作；长期停用时，器件应放在密封袋中或放在干燥、通风、洁净的地方。

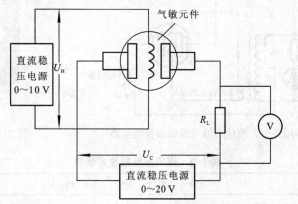

图 7-8　气敏元件的基本测量电路

2. 非电阻型气敏器件

非电阻型气敏器件也是一类较为常见的半导体气敏器件，主要有结型和 MOSFET 型两种。这类器件使用方便，无须设置工作温度，易于集成化，得到了广泛应用。

结型气敏传感器件又称气敏二极管，这类气敏器件是利用气体改变二极管的整流特性来工作的。其原理是：贵金属 Pd 对氢气具有选择性，它与半导体接触形成接触势垒。当二极管加正向偏压时，从半导体流向金属的电子将增加，因此正向是导通的；当加负向偏压时，载流子基本没变化，这是肖特基二极管的整流特性。检测气体时，由于对氢气的吸附作用，贵金属的功函数改变，接触势垒减弱，导致载流子增多，正向电流增加，二极管的整流特性曲线会发生左移。因此，通过测量二极管的正向电流可以检测氢气的浓度。

气敏二极管的特性曲线左移可以看做二极管导通电压发生改变，这一特性如果发生在场效应管的栅极，将使场效应管的阈值电压 U_T 改变。利用这一原理可以制成 MOSFET 型气敏器件。氢气敏 MOSFET 是一种最典型的气敏器件，它用金属钯制成钯栅，检测氢气时，由于钯的催化作用，氢气分子分解成氢原子扩散到钯与二氧化硅的界面，最终导致 MOSFET 的阈值电压发生变化，可以检测氢气的浓度。

7.1.3　半导体气敏传感器的应用

1. 煤气报警器

图 7-9 所示为一种家用煤气、液化石油气报警器电路煤气泄漏报警器的电路，电路中蜂鸣器与气敏传感器的等效电阻构成了简单串联电路，当气敏传感器探测到泄漏气体（如煤气、液化石油气）时，随着气体浓度的增大，气敏传感器的等效电阻降低，回路电流增大，超过危险的浓度时，蜂鸣器发声报警。该电路能承受较高的交流电压，因此可直接由 220 V 市电供电，且不需要再加复杂的放大电路，就能驱动蜂鸣器等来报警。

某公司生产的煤气报警器如图 7-10 所示，其技术参数如表 7-3 所示。它能很敏感地探测燃气的浓度，当燃气浓度达到一定标准时，探测器声光报警，同时向报警中心传输报警信号。

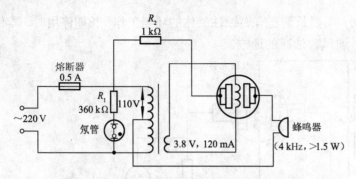

图 7-9　家用煤气、液化石油气泄漏报警器电路

图 7-10　煤气报警器外形

表 7-3　煤气报警器技术参数

感应气体		煤气、天然气、液化气石油气	
报警浓度	煤气：0.1%～0.5%		
	天然气：0.1%～0.3%		
	液化石油气：0.1%～0.5%		
工作电压	220 V AC （无须外置变压器）		
工作电流	100 mA		
工作温度	−10～55℃		
工作湿度	小于97%		
报警输出	有线方式	现场声光报警/有无输出，报警排除自动断开	
	无线方式	报警发射频率 F	315/433 MHz
		无线发射距离（屏蔽距离）	150 MHz，可定制
响应时间	小于 20 s		

2. 酒精测试仪

图 7-11 所示为一种简易酒精测试仪。此电路采用 TGS812 型酒精传感器，对酒精有较高的灵敏度，传感器的负载电阻 R_1 及 R_2，其输出直接接 LED 显示驱动器 LM3914，随着酒精蒸汽浓度的增加，输出电压也上升，则 LM3914 的 LED 点亮的数目也增加。

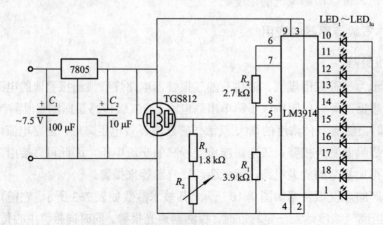

图 7-11　简易酒精测试电路

图 7-12 所示为某公司生产的 FiT353 系列酒精测试仪外形，其技术参数如表 7-4 所示，它采用 3.2 in TFT 彩屏，全中文用户界面，能高精度测试呼出气体酒精含量，最多可显示 3 位小数，具有主动与被动测试模式，吹气气流自动侦测、智能判断，可准确地防作弊，具备无线打印、通信等功能。

图 7-12　FiT353 系列酒精测试仪外形

表 7-4　FiT353 系列酒精测试仪技术参数

传　感　器	燃料电池电化学传感器
产品标准	中国国标 GB/T 21254—2007 标准
电池	4 节 AA 碱性电池或者可充电电池
外接电源	DC8~24V 直流电源
预热时间	小于 20 s（常温下）
响应时间	< 0.400 mg/L 时不大于 8 s
工作温度	−20~70℃（推荐：−20~40℃）
检测范围	0.000mg/L~2.000mg/L（BrAC）
检测精度	±0.020mg/L（C<0.400mg/L） ±5%（0.400mg/L<C< SPAN） ±20%（C>1.000mg/L）
报警点设置	具有自检、显示和报警功能，报警点可现场设置
输入方式	全屏触摸输入及多功能键配合
打印机	58 mm 热敏打印机，可无线打印
打印输出	中文（其他语言可选择）
数据储存容量	最多 20 000 个记录（包括日期、时间、输入信息、及测试结果等）
电脑接口	迷你 USB 转 RS232 接口，记录可上载至计算机，送管理软件
无线传输	2.4 GHz，ISM 频带
无线数据传输距离	10 m（无阻挡）

3．一氧化碳报警器

一氧化碳报警器原理如图 7-13 所示。图中检测元件为 MQ-31 型气敏元件。在洁净空气中，B-B′端无信号输出，VT_1 的基极通过 R_{P2} 接地，振荡器不工作，扬声器无声。气敏元件接触到一氧化碳时，B-B′端有信号输出，当一氧化碳浓度过大，通过气敏元件转换成的电信号电位大于 VT_1~VT_3 三个晶体管的发射结导通电压降之和时，振荡器便开始工作，扬声器发出警报声，直至一氧化碳浓度降至安全值才停止报警。

该报警器电路用交直流两种电源。电源的自动切换，采用了一只整流二极管 VD_5。交流供电时，经整流滤波后，电路的电压在 11 V 左右，高于电池组电压 10.5 V，VD_5 的负极电压高于正极电压，处于截止状态。当市电断电时，VD_5 立即导通，由于 VD_1~VD_4 反偏呈截止状态，所以，电流不会流入变压器二次侧线圈，达到交直流电自动切换的目的（工作时合上开关 S）。

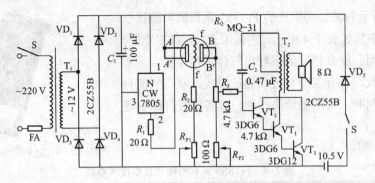

图 7-13　一氧化碳报警器原理图

7.2　湿　度　检　测

7.2.1　湿度检测的主要方法及特点

随着现代工业技术的发展，湿度传感器在工业制造、医疗卫生、气象预报、食品加工、农业及日常生活等方面都得到了广泛应用，湿度的检测和控制也越来越受到人们的重视。例如，在工业生产中，湿度的测控直接关系到产品的质量。在精密仪器、半导体集成电路与元件制造场所，静电电荷与湿度有直接的关系，必须将湿度调控在一个特定的范围内。因此，对湿度的检测是检测技术的重要内容之一。

1．湿度的表示方法

湿度是表示空气中水蒸气含量的物理量，常用绝对湿度、相对湿度、露点等表示。

绝对湿度指单位体积空气内所含水蒸气的质量，即一立方米空气中所含水蒸气的克数。

日常生活中所说的空气湿度，实际上就是指相对湿度而言。相对湿度是指待测空气中实际所含的水蒸气分压与相同温度下饱和水蒸气压比值的百分数。显然，绝对湿度给出了水分在空间的具体含量，相对湿度则给出了大气的潮湿程度，故使用更广泛。

水的饱和蒸气压随温度的降低而逐渐下降。在同样的空气水蒸气压下，温度越低，则空气中的水蒸气压越接近同温度下水的饱和蒸气压。当空气温度下降到某一温度时，空气中的水蒸气压与同温度下水的饱和水蒸气压相等，此时，空气中的水蒸气将向液相转化而凝结成露珠，相对湿度为 100%RH，该温度称为空气的露点温度，简称露点。如果温度低于 0℃时，水蒸气将结霜，又称为霜点温度。空气中水蒸气压越小，露点越低，因而可用露点表示空气中的湿度。

2．湿度传感器的分类

湿度检测较之其他物理量的检测显得困难，这首先是因为湿度不是一个独立的被测量，易受其他因素（大气压强、温度）的影响；另外，液态水会使一些高分子材料和电解质材料溶解，一部分水分子电离后与溶入水中的空气中的杂质结合成酸或碱，使湿敏材料不同程度地受到腐蚀和老化，从而丧失其原有的性质。

湿度传感器（见图 7-14）就是一种能将被测环境湿度转换成电信号的器件。湿度传感器的基本形式都为利用湿敏材料对水分子的吸附能力或对水分子产生物理效应的方法测量湿度。

图7-14　湿度传感器

湿敏元件是最简单的湿度传感器，主要分为两大类：水分子亲和力型湿敏元件和非水分子亲和力型湿敏元件。利用水分子有较大的偶极矩，易于附着并渗透入固体表面的特性制成的湿敏元件称为水分子亲和力型湿敏元件。例如，利用水分子附着或浸入某些物质后电阻值发生变化的特性可制成电阻式湿敏元件；利用水分子附着后引起介电常数发生变化的特性可制成电容式湿敏元件；利用水分子附着后引起材料长度变化，可制成尺寸变化式湿敏元件，如毛发湿度计；金属氧化物是离子型结合物质，有较强的吸水性能，不仅有物理吸附，而且有化学吸附，可制成金属氧化物湿敏元件。另一类非亲和力型湿敏元件利用其与水分子接触产生的物理效应来测量湿度。例如，利用热力学方法测量的热敏电阻式湿度传感器，利用水蒸气能吸收某波长段的红外线的特性制成的红外线吸收式湿度传感器等。

湿度传感器按感湿元件材料可分为电解质型、半导体陶瓷型、高分子型和单晶半导体型。

（1）电解质型

电解质型湿敏器件是利用它们吸湿使其离子导电性发生变化而实现湿度的检测，主要材料有氯化锂和五氧化二钒等。氯化锂湿敏元件是在绝缘基板上制作一对电极，涂上氯化锂盐胶膜。氯化锂传感器的湿度、温度工作范围分别为20％～90％RH 和0～60℃，响应时间为2～5 min，精度较高，应用广泛。但氯化锂极易潮解，并产生离子导电，随湿度升高而电阻减小。

（2）高分子型

高分子型湿敏元件的材料种类也很多，工作原理也各不相同。它是先在玻璃等绝缘基板上蒸发梳状电极，通过浸渍或涂覆，使其在基板上附着一层有机高分子感湿膜。有机高分子能够做湿敏元件的有机高分子材料有聚乙烯醇、醋酸纤维素、聚酰胺等。高分子材料一般质地柔软，不耐高温，在某些溶剂内易溶解，但加工方便，响应速度快，精度较高，可以做成电阻式、电容式和机械式等，其耐老化和抗污染能力不如陶瓷材料，较好的元件寿命一般在一年左右。

（3）半导体陶瓷型

半导体陶瓷型湿敏元件是利用多孔陶瓷的阻值对空气中水蒸气的敏感特性而制成。它主要是由两种以上氧化物为原料，通过陶瓷工艺，烧结而成的多孔材料。混合金属氧化物组成的陶瓷质地坚硬，在水中不膨胀，不溶解，耐高温。湿敏元件多为薄片电容型元件，阻值高，线路较复杂，可旁热或直热清洗，排出有害气体，因此寿命较长，但精度和响应时间不如高分子材料。

（4）单晶半导体型

所用材料主要有单晶硅、利用半导体工艺制成二极管湿敏器件和MOSFET湿度敏感器件等，其特点是易于和半导体电路集成在一起。

7.2.2 常见的湿度传感器

1. 电解质湿度传感器

电解质湿度传感器利用吸湿性盐类潮解后，离子导电率发生变化而制成的湿敏元件，最常用的是电解质氯化锂。氯化锂湿敏元件由引线、基片、感湿层与电极组成，如图 7-15 所示。在条状绝缘基板的两面，用化学沉积或真空蒸镀的方法作上电极，再沉渍一定配方的氯化锂－聚乙烯醇混合溶液，经一定时间的老化处理，即制成湿敏电阻传感元件。

氯化锂是典型的离子晶体，在氯化锂溶液中，Li 和 Cl 均以正、负离子的形式存在，而溶液中的离子导电能力与溶液的浓度有关。实践证明，溶液的当量电导随着溶液浓度的增高而下降。当溶液置于一定温湿场中时，若环境相对湿度高，溶液将吸收水分使浓度降低；反之，环境的相对湿度低，则溶液的浓度高。氯化锂湿敏元件的电阻值将随环境相对湿度的改变而变化，从而实现对湿度的测量。氯化锂湿敏元件的电阻-湿度特性曲线如图 7-16 所示。

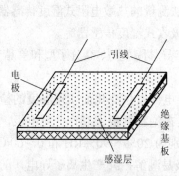

图 7-15　氯化锂湿敏元件结构

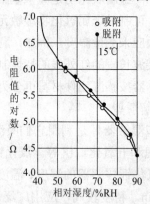

图 7-16　氯化锂湿度电阻特性曲线

由图 7-16 可知，在 50%～80% 相对湿度范围内，电阻与湿度的变化成线性关系。为了扩大湿度测量的线性范围，可以将多个氯化锂含量不同的器件组合使用，如将测量范围分别为（10%～20%）RH、（20%～40%）RH、（40%～70%）RH、（70%～90%）RH 和（80%～99%）RH 这 5 种配合使用，就可自动地转换完成整个湿度范围的湿度测量。

氯化锂元件具有滞后误差较小，不受测试环境的风速影响，不影响和破坏被测湿度环境等优点，但因其基本原理是利用潮解盐的湿敏特性，经反复吸湿、脱湿后，会引起电解质膜变形和性能变劣，尤其遇到高湿及结露环境时，会造成电解质潮解而流失，导致元件损坏。

2. 高分子材料湿敏传感器

高分子材料湿敏传感器是利用有机高分子材料的吸湿性能制成的湿敏元件。吸湿后介电常数发生明显变化，可做成电容式湿敏元件；吸湿后电阻值改变的高分子材料，可做成电阻式湿敏元件。常用的高分子材料是醋酸纤维素、尼龙和硝酸纤维素等。高分子湿敏元件的薄膜做得极薄，使元件易于很快地吸湿与脱湿，减少了滞后误差，响应速度快。这种湿敏元件的缺点是元件不能耐 80℃ 以上的高温。

（1）高分子薄膜电解质电容式

高分子薄膜电介质电容式湿度传感器的基本结构如图 7-17 所示。电容式高分子湿度传感器的上部多孔质的电极可使水分子透过，水的介电系数比较大，而感湿高分子材料的介电常数并不大，当水分子被高分子薄膜吸附时，介电常数发生变化，随着环境湿度的提高，高分子薄膜吸附的水分子增多，因而湿度传感器的电容量增加，所以根据电容量的变化可测得相对湿度。

高分子薄膜电介质电容式湿度传感器的电容随着环境相对湿度的增加而增加，基本上呈线性关系。当测试频率为 1.5 MHz 左右时，其输出特性有良好的线性度，特性曲线如图 7-18 所示。对其他测试频率，如 1 kHz、10 kHz 等，线性度不够好，可外接转换电路，使电容湿度特性趋于直线。

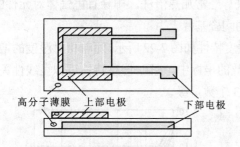

图 7-17　高分子电容式湿度传感器的基本结构

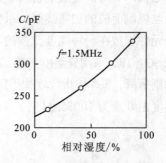

图 7-18　高分子电容式湿度传感器特性曲线

（2）高分子薄膜电阻式

图 7-19 所示为聚苯乙烯磺酸锂高分子薄膜电阻式湿度传感器的结构图。当环境湿度变化时，在整个湿度范围内，传感器均有感湿特性，其阻值与相对湿度的关系在单对数坐标纸上近似为一直线，如图 7-20 所示。

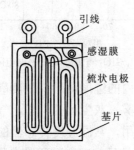

图 7-19　电阻式湿度传感器的结构图

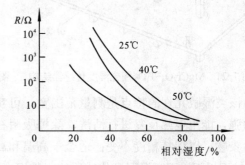

图 7-20　电阻式湿度传感器的湿度特性

3. 半导体陶瓷湿度传感器

利用半导体陶瓷传感器材料制成的陶瓷湿度传感器，按其制作工艺可分为涂覆膜型、烧结体型、薄膜型、MOS 型，最常见的是烧结体型。

烧结体型通常用两种以上的金属氧化物半导体材料混合烧结而成为多孔陶瓷。陶瓷烧结体微结晶表面对水分子进行吸湿或脱湿时，引起电极间电阻值随相对湿度变化，从而湿度信息转化为电信号。烧结型典型产品是 $MgCr_2O_4\text{-}TiO_2$、$ZnO\text{-}Cr_2O_3$ 等陶瓷湿敏元件。

涂覆膜型湿度敏感元件是把感湿粉料（金属氧化物）调成浆，涂覆在已制好的梳状电极或平行电极的滑石瓷、氧化铝或玻璃等基板上。Fe_3O_4、Al_2O_3 等湿敏元件均属此类，其中比较典型的性能较好的是 Fe_3O_4 湿敏元件。

薄膜型湿度传感器利用金属氧化物的强吸湿件制成电容器件，薄膜型陶瓷湿度传感器采用平行板制成平板电容，上下两层是金属电极，中间是感湿薄膜。电极为多孔结构，厚度只有几百埃，可以保证水汽自由进出。这种结构的湿敏元件兼有电容、电阻随湿度变化两种感湿性能。常用的金属氧化物材料是 Al_2O_3 和 Ta_2O_5 薄膜型湿度传感器。

（1）$MgCr_2O_4$-TiO_2 陶瓷湿度传感器

$MgCr_2O_4$-TiO_2 陶瓷湿度传感器结构如图 7-21 所示，在 $MgCr_2O_4$-TiO_2 陶瓷片的两面涂覆有多孔金电极，并用掺金玻璃粉将引出线与金电极烧结在一起，在半导体陶瓷片的外面，安放由镍铅丝烧制而成的加热线圈，以便对元件进行经常加热清洗，排除有害气体对元件的污染，整个元件安放在一种高度致密的、疏水性的陶瓷基片上。

$MgCr_2O_4$-TiO_2 系陶瓷湿度传感器的电阻-湿度特性如图 7-22 所示，随着相对湿度的增加，电阻值急剧下降，基本按指数规律下降。在单对数的坐标中，电阻-湿度特性近似呈线性关系。当相对湿度由 0 变为 100%RH 时，阻值变化了 3 个数量级。

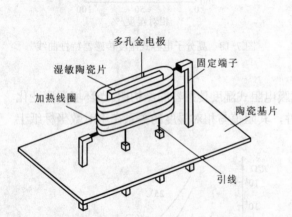

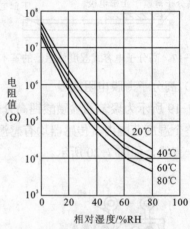

图 7-21　$MgCr_2O_4$-TiO_2 陶瓷湿度传感器结构　　图 7-22　$MgCr_2O_4$-TiO_2 陶瓷湿度传感器电阻-湿度特性

该类湿敏元件的特点是测量范围宽，可实现全湿范围内的湿度测量；精度高，抗污染能力强，能用电热反复进行清洗，除掉吸附在陶瓷上的油雾、灰尘、盐、酸、气溶胶或其他污染物，以保持精度不变；适合于高温和高湿环境中使用，常温湿度传感器的工作温度在 150℃ 以下，而高温湿度传感器的工作温度可达 800℃，是目前在高温环境中测湿的少数有效传感器之一。

（2）ZnO-Cr_2O_3 陶瓷湿敏元件

ZnO-Cr_2O_3 湿敏元件的结构是将多孔材料的金电极烧结在多孔陶瓷圆片的两表面上，并焊上铂引线，然后将敏感元件装入有网眼过滤的方形塑料盒中用树脂固定，其结构如图 7-23 所示。

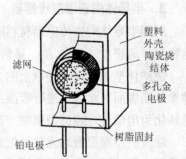

ZnO-Cr_2O_3 传感器能连续稳定地测量湿度，而无须加热除污装置，因此功率低于 0.5 W，体积小，成本低，是一种常用测湿传感器。

图 7-23　ZnO-Cr_2O_3 湿敏传感器的结构

（3）四氧化三铁（Fe_3O_4）湿敏器件

四氧化三铁湿敏器件由基片、电极和感湿膜组成，器件构造如图 7-24 所示。基片材料选用光洁度为 10～11 的滑石瓷，该材料的吸水率低，机械强度高，化学性能稳定。基片上制作一对梭状金电极，最后将预先配制好的 Fe_3O_4 胶体液涂覆在梭状金电极的表面，进行热处理和老化。

Fe_3O_4 胶体之间的接触呈凹状，粒子间的空隙使薄膜具有多孔性，当空气相对湿度增大时，Fe_3O_4 胶膜吸湿，由于水分子的附着，强化颗粒之间的接触，降低粒间的电阻和增加更多的导流通路，所以元件阻值减小。当处于干燥环境中时，胶膜脱湿，粒间接触面减小，元件阻值增大。当环境温度不同时，涂覆膜上所吸附的水分也随之变化，使梭状金电极之间的电阻产生变化，其湿度特性如图 7-25 所示。

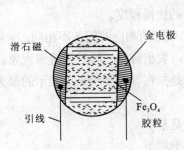

图 7-24　Fe_3O_4 湿敏器件构造

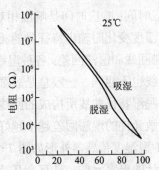

图 7-25　Fe_3O_4 湿敏器件的湿度特性

Fe_3O_4 湿敏器件在常温下性能比较稳定，有较强的抗结露能力，测湿范围广，有较为一致的湿敏特性和较好的温度-湿度特性。但器件有较明显的湿滞现象，元件的湿滞现象在高湿状态较为明显，最大湿滞回差约为 $\pm 4\%RH$，同时响应时间长，从 $60\%RH$ 到 $98\%RH$ 的吸湿过程需要 2 min，从 $98\%RH$ 到 $12\%RH$ 的脱湿过程需 5～7 min，如图 7-26 所示。

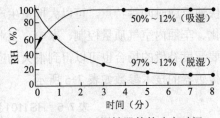

图 7-26　Fe_3O_4 湿敏器件的响应时间

 分析

检测湿度时，如何解决脱湿过程时间较长的问题？

7.2.3　湿度传感器的特性参数

湿度传感器主要特性参数如下：

① 湿度量程：保证一个湿敏器件能够正常工作所允许环境相对湿度可以变化的最大范围。湿度量程越大，其实际使用价值越大。理想的湿敏元件的使用范围应当是 $0～100\%RH$ 的全量程。

② 感湿特征量：每一种湿敏元件都有其感湿特征量，如电阻、电容、电压、频率等。湿敏元件的感湿特征量随环境相对湿度变化的关系曲线，称为感湿特性曲线。一般希望特性曲线在全量程上是连续的。

③ 灵敏度：湿敏元件的灵敏度指相对于环境湿度的变化，元件感湿特征量的变化程

度，是湿敏元件的感湿特性曲线斜率。在感湿特性曲线是直线的情况下，直线的斜率就是湿敏元件的灵敏度。然而，大多数湿敏元件的感湿特性曲线是非线性的，在不同的相对湿度范围内曲线具有不同的斜率，这就造成用湿敏元件感湿特性曲线的斜率来表示灵敏度较困难。目前，较为普遍采用的方法是用元件在不同环境湿度下的感湿特征量之比来表示灵敏度。

④ 湿度温度系数：湿敏元件的湿度温度系数表示在湿敏元件感湿特征量恒定的条件下，环境相对湿度随环境温度的变化率。在不同的环境温度下，湿敏元件的感湿特性曲线是不相同的，它直接给测量带来误差。由湿敏元件的湿度温度系数值，即可得知湿敏元件由于环境温度的变化所引起的测湿误差。

⑤ 响应时间：响应时间是响应相对湿度变化量的 63.2% 时所需要的时间。它反映了湿敏元件在相对湿度变化时输出特征量随相对湿度变化的快慢程度。

⑥ 湿滞回线和湿滞回差：各种湿敏元件吸湿和脱湿的响应时间各不相同，而且吸湿和脱湿的特性曲线也不相同。一般总是脱湿比吸湿迟后，我们称这一特性为湿滞现象。湿滞回线是指吸湿和脱湿特征曲线所构成的回线。湿滞回差是指在湿滞回线上所表示的最大量差值。人们希望湿敏元件的湿滞回差越小越好。

HS1101 型湿度传感器外形如图 7-27 所示，它是基于独特工艺设计的电容元件，具有全互换性、长时间饱和下快速脱湿、可以自动化焊接、高可靠性与长时间稳定性、快速反应时间等特点。可以大批量生产，应用于办公自动化、车厢内空气质量控制、家电、工业控制系统等。在需要湿度补偿的场合也可以得到很大的应用。HS1101 型湿度传感器的技术参数如表 7-5 所示。

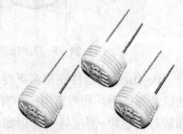

图 7-27 HS1101 型湿度传感器外形

表 7-5 HS1101 型湿度传感器的技术参数（T=25℃）

参　数　类　型	说　　　明
湿度测量范围	1%～100%RH
温度工作范围	−40～100℃
供电电压	5 V
平均灵敏度	0.34 pF/%RH(33%～75%RH)
标称电容	180 pF（55%RH）
迟滞	+/−1.5%
精度	±2%～5%RH
温度系数	0.04 pF/℃
反应时间	5 s
恢复时间	10 s
长期稳定性及可靠性	漂移量 0.5%RH/年

7.2.4　湿度传感器的使用

1. 湿度传感器的选择

（1）测量范围的选择

除了气象、科研部门外，湿度测控一般不需要全湿程（0～100%RH）测量。用户可根据需要选择测量范围，要求使用范围内传感器的性能稳定一致即可。对不需要设计测控系统的应用者来说，直接选择通用型湿度仪就可以了。

（2）测量精度的选择

湿度传感器往往是分段给出某一指定温度（如 25℃）下的精度的。例如，中、低温段（0%～80%RH）为±2%RH，而高湿段（80%～100%RH）为±4%RH。因为温度严重地影响着相对湿度，在不同温度下使用湿度传感器，要考虑温度漂移的影响。使用场合如果难以做到恒温，则提出过高的测湿精度是不合适的。所以，控湿首先要控温，这就是大量应用的往往是温湿度一体化传感器而不单纯是湿度传感器的缘故。

多数情况下，如果没有精确的控温手段，或者被测空间是非密封的，±5%RH 的精度就足够了。对于要求精确控制恒温、恒湿的局部空间，或者需要随时跟踪记录湿度变化的场合，需选用±3%RH 以上精度的湿度传感器。而精度高于±2%RH 的传感器一般很难做到。

（3）长期稳定性

几乎所有的传感器都存在时漂和温漂。由于湿度传感器必须和大气中的水汽相接触，所以不能密封，这就决定了它的稳定性和寿命是有限的。传感器的技术参数给出的特性是在常温（20℃）和洁净的气体中测量的。而在实际使用中，由于尘土、油污及有害气体的影响，使用时间一长，会老化，精度下降。湿度传感器的精度水平要结合其长期稳定性去判断，一般来说，长期稳定性和使用寿命是影响湿度传感器质量的头等问题，年漂移量控制在 1%RH 水平的产品很少，一般都在±2%左右，甚至更高。

2. 湿度传感器的使用

（1）供电

金属氧化物陶瓷，高分子聚合物和氯化锂等湿敏材料施加直流电压时，会导致性能变化，甚至失效，所以这类湿度传感器不能用直流电压或有直流成份的交流电压，必须是交流电供电。

（2）加热清洗

多孔结构的陶瓷元件使用一段时间后，陶瓷表面的污垢容易堵塞毛细孔影响元件的感湿性能，加热到 400℃左右元件可恢复原有的感湿性能。

（3）湿度传感器的使用环境

湿度传感器是非密封性的，为保护测量的准确度和稳定性，应尽量避免在酸性、碱性及含有机溶剂的环境中使用，同时也要避免在粉尘较大的环境中使用。为正确反映被测空间的湿度，还应避免将传感器安放在离墙壁太近或空气不流通的死角处。如果被测的房间太大，应放置多个传感器。

7.2.5　湿度传感器的应用实例

1.　土壤湿度监测器

土壤的湿度过大或过小，均会影响农作物的正常生长发育。土壤湿度监测器能对土壤的湿度进行适时监测，当土壤过于干燥或过于湿润时，均会发出声、光报警信号，提醒农户及时处理，使农作物能在一定的土壤湿度范围内茁壮生长。

图 7-28 所示的土壤湿度监测器电路由湿度上限监测电路、湿度下限监测电路和声音报警电路组成。湿度上限监测电路由湿度检测探头（由 a、b 两极组成）、电位器 R_{P2}、电阻器 $R_6 \sim$ R_9、晶体管 $VT_4 \sim VT_6$ 和发光二极管 VL_2 组成。湿度下限监测电路由湿度检测探头、电位器 R_{P1}、电阻器 $R_1 \sim R_5$、晶体管 $VT_1 \sim VT_3$ 和发光二极管 VL_1 组成。声音报警电路由二极管 VD_1、VD_2、电阻器 R_{10}、R_{11}、电容器 $C_1 \sim C_3$、时基集成电路 IC 和扬声器 BL 组成。IC 和 R_{10}、R_{11}、C_1、C_2 组成 300 Hz 的音频振荡器。

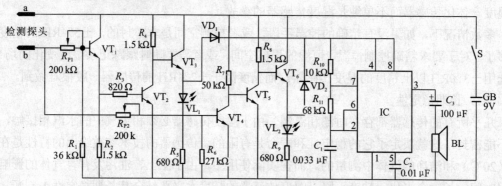

图 7-28　土壤湿度监测器电路

在土壤湿度适宜时，VL_1 和 VL_2 不发光，音频振荡器不工作，BL 不发声；当土壤过于湿润（湿度超过 R_{P2} 设定的湿度上限值）时，湿度检测探头两电极之间的阻值减小使 VT_1、VT_2 和 VT_4 饱和导通，VT_3、VT_5 截止，VT_6 导通，VL_2 发光，指示上壤湿度过大；同时 VD_2 导通，使音频振荡器通电工作，BL 发出报警声；当土壤过于干燥（湿度小于 R_{P1} 设定的湿度下限值）时，湿度检测探头两电极之间的阻值增大，使 VT_1、VT_2 和 VT_4、VT_6 截止，VT_3 和 VT_5 饱和导通，VL_1 点亮，指示土壤湿度过小，同时 VD_1 导通，使音频振荡器通电工作，BL 发出报警声。

SY.69-AT210 土壤湿度传感器（见图 7-29）采用时域反射法，直接测量土壤的介电常数，从而得出测量土壤的湿度。SY.69-AT210 土壤湿度传感器垂直安装时，传感器测量土壤中垂直方向的平均湿度。SY.69-AT210 土壤湿度传感器水平安装时，传感器测量特定深度的土壤湿度。SY.69-AT210 土壤湿度传感器的 4～20 mA 输出，可直接与各种控制、数据记录或遥测系统接口。SY.69-AT210 土壤湿度传感器与 WQ101 温度传感器配合使用，可用于监测植物生长和控制生物修复。

图 7-29　土壤湿度传感器外形

SY.69-AT210 土壤湿度传感器技术参数如下：

- 测量范围：0%～100%；

- 精度：±2%；
- 电源：12 V DC，40 mA；
- 输出：4~20 mA；
- 工作温度：−40~+55℃。

2．湿度控制器

如图 7-30 所示的湿度控制器，能在环境湿度较大时自动接通干燥设备的工作电源，在环境湿度较小时自动接通加湿设备的工作电源，使室内的空气湿度稳定在设定的湿度范围。该装置可用于禽蛋孵化、动物饲养、植物培植及恒温室内的湿度控制等场合。

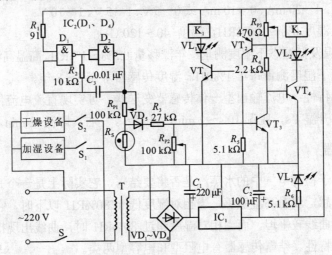

图 7-30　湿度控制器电路

电源电路由电源开关 S、电源变压器 T、整流二极管 VD_1~VD_4、滤波电容器 C_1、C_2、三端稳压集成电路 IC_1、限流电阻器 R_6 和电源指示发光二极管 VL_3 组成。振荡器电路由电阻器 R_1、R_2、电容器 C_3 和与非门集成电路 IC_2（D_1、D_2）组成。湿度检测电路由湿敏电阻器 R_S、电位器 R_{P1}、R_{P2}、二极管 VD_5 和电阻器 R_3 组成。控制电路由晶体管 VT_1~VT_4、发光二极管 VL_1、VL_2、电阻器 R_4、R_5、电位器 R_{P3} 和继电器 K_1、R_2 组成。

接通电源开关 S，交流 220 V 电压经 T 降压、VD_1~VD_4 整流，C_1 滤波、IC_1 稳压后，为振荡器、湿度检测电路和控制电路提供 +9 V 电压。+9 V 电压还经 R_6 限流后供给 VL_3，使 VL_3 点亮。振荡器通电工作后，产生频率为 2.5 kHz 的振荡脉冲电压信号，此脉冲电压（4V 左右）经 R_{P1}、R_S 分压及 VD_5 整流后，经 R_3 加至 VT_3 的基极。R_S 的阻值随着湿度的变化而变化。当环境湿度变小时，R_S 的阻值增大，使 VT_3 基极电压上升。当 VT_3 的基极电压超过 0.7 V 时，VT_3 导通，使 VT_2 和 VT_1 导通，VT_4 截止，S_1 通电吸合，其常开触点接通，加湿设备（加湿器等）通电工作；同时 VL_1 点亮，指示加湿设备正在工作。湿度增大时，R_S 的阻值减小，使 VT_3 基极的电压降低。当 VT_3 基极电压低于 0.7 V 时，VT_3 截止，VT_4 导通，S_2 通电吸合，其常开触点接通，干燥设备（抽湿机或排风扇等）通电工作；同时 VL_2 点亮，VT_1 和 VT_2 截止，S_1 释放。以上工作过程周而复始地进行，即可使受控场所的湿度达到 R_{P1} 设定的湿度标准。调节 R_{P2} 的阻值，可改变 VT_3 导通的灵敏度。调节 R_{P3} 的阻值，可改变 VT_1 和 VT_2 导通的灵敏度。

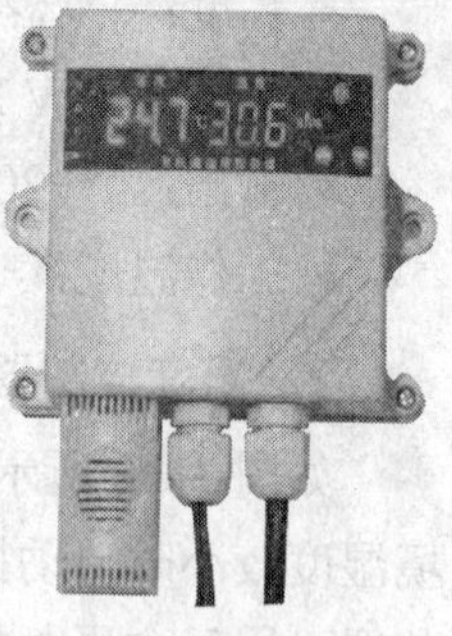

YK-34 系列温湿度控制器（见图 7-31）是一种已校准数字信号的复合型传感器，具有数字式温湿探头，采集精度高，响应速度快，量程精度高、稳定性能强、一致性好、使用寿命长、可与远距离传输、湿度测试具备温度补偿，温湿度信号同步采样等优点，广泛运用于农业温室大棚、机房环境温湿度监控、暖通空调、楼宇自控、仪器医疗食品、车间仓库温湿度监控等场合。

YK-34 系列温湿度控制器主要技术指标如下：

- 供电电压：直流 24 V/100 mA 或 DC 12 V 或 DC 5 V；
- 模拟量输出：4～20 mA、0～10 mA 或 0～5 V、1～5 V、1～10 V；
- 测量范围：湿度 0%～100%RH，温度-40～120℃；
- 稳定性：常温及低温态下湿度测量三年漂移量 0.5%～1%RH。高温高湿（40℃   80%RH 以上）环境下湿度测量每年 1%RH。湿度传感器寿命 5～8 年。
- 远距离传输特性：电流输出型一体传感器变送器，可实现直流电流信号远传。
- 响应时间：升湿 1 s，脱湿 10 s～2 min，升温 5 s 左右、降温<2 min。

图 7-31　YK-34 温湿度控制器外形

7.2.6　结露传感器

结露传感器用于检测电气中的水蒸汽是否将要结露，它实际上是一个开关型的湿度传感器，它对低湿不敏感，仅对高湿敏感。当相对湿度低于 80%RH 以下时，它的输出参数与相对湿度之间的关系曲线较平坦，而当相对湿度超过 80%RH 时，曲线出现拐点，输出参数急剧突变，具有开关特性。结露传感器有电阻型和电容型两类。

1. 电阻型结露传感器

电阻型结露传感器的结构如图 7-32 所示。它是先在陶瓷基片上制作梳状金电极，然后在电极上涂一层感湿膜。采用不同的感湿膜可获得正特性的露点传感器及负特性的露点传感器。前者采用树脂和导电粒子构成的感湿膜，实现电子传导；后者采用能产生水电离的感湿膜，实现离子传导。

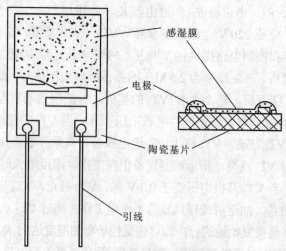

图 7-32　电阻型结露传感器的结构

图 7-33 分别显示了正特性结露传感器和负特性结露传感器电阻与相对湿度的特性。

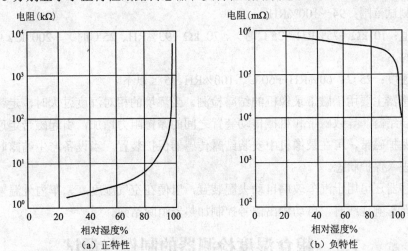

图 7-33 电阻型结露传感器电阻与相对湿度的特性

2. 电容型结露传感器

电容型结露传感器的结构和电阻型结露传感器相似，只是感湿膜的材料不同。电容型结露传感器中形成的电容主要是电极间的分布电容。在相对湿度 80%RH 以下时，两电极间的表面距离较远，因而分布电容不大。此时，即使表面感湿膜吸湿对电极间的分布电容也没有多大的影响。当相对湿度大于 80%RH 时，电极表面的感湿膜吸湿后，将会使形成的水膜连成一片，电极间的电容量发生突变。这时传感器的电容值将比低湿条件下的电容值高几百倍。电容型结露传感器电容与相对湿度的特性如图 7-34 所示。

HDS05 结露传感器是正特性开关型元件，对低湿不敏感而仅对高湿敏感，可在直流电压下工作。其质量稳定可靠，响应速度快，价格低廉，可应用于电子、制药、医疗、粮食、仓储、烟草、纺织、气象等行业结露检测。HDS05 结露传感器外形如图 7-35 所示。

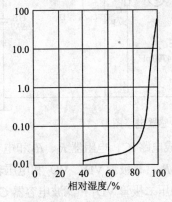

图 7-34 电容型结露传感器电容与相对湿度的特性   图 7-35 HDS05 结露传感器外形

HDS05 结露传感器的主要技术指标如下：

- 供电电压：DC 0.8 V（安全电压）；
- 使用温度范围：1～60℃。

- 使用湿度范围：1～100%RH；
- 结露测试范围：94～100%RH；
- 电阻值：10 kΩ（75%RH、25℃时）、70 kΩ（93%RH、25℃时）、200 kΩ（100%RH、60℃时）；
- 响应速度：25℃、60%RH→60℃、100%RH、5 s 以下。

结露传感器主要用于磁带录像机的结露检测。当环境的相对湿度过大时，走带机构上的金属零件就会结露，导致磁带和机械传动装置之间的摩擦阻力增加，引起磁带走速不稳定甚至停止。为保护磁带，可在录像机中安装结露传感器保护装置，当设备产生结露时，可使录像自动停机进入保护状态。

结露传感器还可用于汽车玻璃自动去湿装置，以便在空气湿度高、车内外温差大使玻璃上发生结露而影响视线时，自动输出信号控制加热器消除结露。

7.3　粮食湿度检测器的制作与调试

小麦、稻谷、玉米、大豆等粒状粮食收购时，常对粮食的湿度（含水量）有一定要求。粮食湿度检测器能快速、直观地检测出粮食的湿度是否符合收购要求，可供粮农和粮食收购单位使用。

制作器件包括：电容式湿度检测传感器、NE555 时基集成电路 IC、2CWl4 稳压二极管、滤波电容器、电阻器和电容器等。

7.3.1　电路制作

粮食湿度传感器由多谐振荡器、湿度指示电路、电源电路组成，如图 7-36 所示。

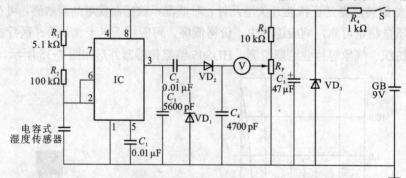

图 7-36　粮食湿度传感器电路图

多谐振荡器由电容式湿度检测传感器、时基集成电路 IC、电阻器 R_1、R_2 和电容器 C_1 组成；湿度指示电路由电容器 C_2～C_4、电阻器 R_3、电位器 R_P、二极管 VD_1、VD_2 和电压表 V 组成；电源电路由电池 GB、电源开关 S、限流电阻器 R_4、稳压二极管 VD_3 和滤波电容器 C_5 组成。

电容式湿度检测传感器由两块具有一定面积的金属板制成，两金属板平行并相隔一定距离，形成一个最简单的平板电容器，其电容量由两金属板中的介质、两金属板的距离、面积等因素决定。将有一定湿度的粒状物体充满两块金属板中，金属板中的介质就由原来的空气变成了粒状物体、介质损耗的变化使其电容量增加。

检测时，将粮食装在电容式湿度检测传感器的两块金属板中。粮食湿度的大小使该传感器容量发生变化，从而使多谐振荡器的振荡频率发生变化。IC 的 3 脚输出的方波脉冲信号经 C_2、C_3 变成三角波信号后，再经 VD_1 和 VD_2 整-流变成直流电压，通过电压表 V 显示出来（粮食的湿度越大，传感器的容量也越大，电压表 V 显示的电压也越高）。

7.3.2　电路调试

电路调试步骤如下：

① 使用时，将电压表 V 的刻度盘上直接刻上湿度的百分数或涂上红、绿色（红色表示不合格，绿色表示合格）来指示。

② 调整 R_P 的阻值，在湿度检测传感器中末装入粮食时，调节 R_P 使电压表 V 的指示为 0 V。

小　结

气敏传感器就是能够感受环境中某种气体及其浓度并转换成电信号的器件。气敏传感器有半导体式、接触燃烧式、化学反应式、光干涉式、热传导式、红外线吸收散射式等几种类型，其中半导体气敏传感器是目前实际使用最多的气敏传感器。半导体气敏传感器是利用半导体气敏元件同气体接触，造成半导体性质发生变化的原理来检测特定气体的成分或者浓度的。半导体式气敏传感器可分为电阻式和非电阻式两类。

湿度传感器就是一种能将被测环境湿度转换成电信号的器件。湿度传感器基本形式都为利用湿敏材料对水分子的吸附能力或对水分子产生物理效应的方法测量湿度。湿敏元件主要分为水分子亲和力型湿敏元件和非水分子亲和力型湿敏元件两类。利用水分子易于附着并渗透入固体表面的特性制成的湿敏元件称为水分子亲和力型湿敏元件；非亲和力型湿敏元件利用其与水分子接触产生的物理效应来测量湿度。

习　题

1. 简要说明气体传感器有哪些种类，并说明它们各自的工作原理和特点。

2. 湿度传感器有哪些类型？每种类型有什么特点？

3. 如图 7-37 所示，电路中 Y 是 N 型 SnO_2 气敏元件，M 为继电器，当有电流通过时 M 吸合，驱动报警器；反之，M 断开。试分析电路并回答下列问题：

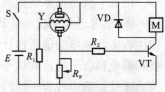

图 7-37　气敏传感器电路

（1）Y 属于哪种加热方式？

（2）加热回路由哪些元件构成？

（3）正常气体环境时，应调节 R_P 使 VT 处于何状态？

（4）Y 遇可燃气体时，气敏传感器电阻值如何变化，将导致 VT 处于什么状态，才能使 M 吸合，驱动报警器？

4. 设计安装于汽车的酒精检测报警及控制电路，利用酒精传感器探测司机是否酒后开车，如果酒精浓度超标，则强制发动机熄火。

第8章 检测系统的抗干扰技术

测量过程中不可避免地会遇到各种各样的干扰，不仅使系统测量和控制失灵，甚至造成系统无法正常工作，甚至损坏设备，引起事故。如何有效地排除和抑制各种干扰，是必需考虑和解决的问题。而要想提高检测系统的抗干扰能力，首先应分析干扰形成的原因、干扰的引入方式及途径，才能有针对性地解决系统抗干扰问题。

学习目标

- 了解噪声干扰的来源及噪声的引入方式。
- 熟悉抗干扰技术。

8.1 干扰的类型及形成要素

干扰问题是检测系统设计和使用过程中必须考虑的重要问题。所谓干扰，就是指有用信号以外对系统的正常工作产生不良影响的内部或外部因素的总称。干扰的形成包括 3 个要素：干扰源、传播途径和接受载体。3 个要素缺少任何一项干扰都不会产生，抗干扰技术就是针对 3 个要素的研究和处理。

8.1.1 干扰源的类型

干扰来自各种各样的干扰源，按照干扰的来源，可以把干扰分为内部干扰和外部干扰。

1. 内部干扰

内部干扰是指系统内部的各种元器件、信道、负载、电源等引起的干扰。

① 信号通道干扰：计算机检测系统的信号采集、数据处理等都离不开信号通道的构建。在进行实际系统的信道设计时，必须要考虑其干扰问题。信号通道形成的干扰主要有共模干扰和静电耦合干扰。共模干扰是指以相对公共的电位为基准点，在系统两个输入端上同时出现的干扰。静电耦合干扰的形成是由于电路之间存在寄生电容，影响系统内某一电路型号的变化，只要电路中有尖峰信号和脉冲信号等高频信号，就很可能存在静电耦合干扰。

② 电源干扰：对于电子及电气设备来说，电源干扰是较为普遍的问题，大多数采用的是由工业用电网络供电。那么工业系统中的某些大型设备的启动、停止等都可能引起电源的过压、过冲、浪涌及尖峰等，这些都是必须要加以重视的干扰因素。

2. 外部干扰

外部干扰是指那些与系统本身结构无关，由使用条件和外界环境因素所决定的干扰，主要来自于自然界的干扰以及周围电气设备的干扰。

自然干扰主要有地球大气放电（如雷电）、宇宙干扰（如太阳产生的无线电辐射）、地球大气辐射以及雨雪、沙尘、烟尘作用的静电放电等，还有高压输电线、内燃机、电焊机等电气设备产生的放电干扰。

自然干扰主要以电磁感应的方式通过系统的壳体、导线等形成接受电路，造成对系统的干扰。各种电气设备所产生的干扰有电磁场、电火花、高频加热等强电系统所造成的干扰。这些干扰会影响供电电源进而影响测量系统。

8.1.2　电磁干扰的途径

电磁干扰的途径有"路"和"场"两种形式。凡电磁噪声通过电路的形式作用于被干扰对象的，都属于"路"的干扰，路的干扰必须在干扰源和被干扰对象之间有完整的电路连接，干扰沿着这个通路到达被干扰对象，如通过漏电流、共阻抗耦合等引入的干扰；凡电磁噪声通过电场、磁场的形式作用于被干扰对象的，都属于"场"的干扰，场的干扰不需要沿着电路传输，而是以电磁场辐射的方式进行，如通过分布电容、分布互感等引入的干扰。

1. 通过"路"的干扰

① 漏电流耦合形成的干扰：它是由于绝缘不良，由流经绝缘电阻的漏电流所起的噪声干扰。漏电流耦合干扰经常发生在下列情况下：当用传感器测量较高的直流电压时；在传感器附近有较高的直流电压源时；在高输入阻抗的直流放大电路中。

② 传导耦合形成的干扰：噪声经导线耦合到电路中是最明显的干扰现象。当导线经过具有噪声的环境时，即噪声，并经导线传送到电路而造成干扰。传导耦合的主要现象是噪声经电源线传到电路中。通常，交流供电线路在生产现场的分布，实际上构成了一个吸收各种噪声的网络，噪声可十分方便地以电路传导的形式传到各处，并经过电源引线进入各种电子装置，造成干扰。实践证明，经电源线引入电子装置的干扰无论从广泛性和严重性来说都是十分明显的，但常常被人们忽视。

③ 共阻抗耦合形成的干扰：当两个或两个以上的电路共同享或使用一段公共的线路，而这段线路又具有一定的阻抗时，这个阻抗成为这两个电路的共阻抗。第二个电路的电流流过这个共阻抗所产生的压降就成为第一个电路的干扰电压。例如，几个电路由同一个电源供电时，会通过电源内阻互相干扰，在放大器中，各放大级通过接地线电阻互相干扰。

2. 通过"场"的干扰

① 静电耦合形成的干扰：电场耦合实质上是电容性耦合，它是由于两个电路之间存在寄生电容，可使一个电路的电荷变化影响到另一个电路。要减少电源线对信号线的电场耦合干扰，就必须减小两者间的分布电容，必须尽量保持电路和信号线的对地平衡，布线时，多采用双绞扭屏蔽线。

② 电磁耦合形成的干扰：电磁耦合又称互感耦合，它是在两个电路之间存在互感，一个电路的电流变化，通过磁交链会影响到另一个电路。例如，在传感器内部，线圈或变压器的漏磁是对邻近电路的一种很严重干扰；在电子装置外部，当两根导线在较长一段区间平行架设时，也会产生电磁耦合干扰。防止磁场耦合干扰途径的办法有：使信号线远离强电流干扰源，从而减小互感量 M；采用低频磁屏蔽，从而减小信号线感受到的磁场；采用绞扭导线使

引入到信号处理电路两端的干扰电压大小相等、相位相同，使差模干扰转变成共模干扰。

③ 辐射电磁场耦合形成的干扰：辐射电磁场通常来源于大功率高频电气设备、广播发射台、电视发射台等。如果在辐射电磁场中放置一个导体，则在导体上产生正比于电场强度的感应电动势。输配电线路，特别是架空输配电线路都将在辐射电磁场中感应出干扰电动势，并通过供电线路侵入传感器，造成干扰。在大功率广播发射机附近的强电磁场中，传感器外壳或传感器内部尺寸较小的导体也能感应出较大的干扰电动势。

8.1.3　电子测量装置的两种干扰

根据干扰进入测量电路的方式不同，可将干扰分为差模干扰和共模干扰两种。

1.　差模干扰

差模干扰是使信号接收器的一个输入端电位相对另一个输入端电位发生变化，即叠加在被测信号上的干扰信号。产生差模干扰的原因有分布电容的静电耦合、长线传输的互感、空间电磁场引起的磁场耦合等。

差模干扰可用图 8-1 所示的方式等效表示，图中的 E_s 及 R_s 为有用信号源及内阻，U_d 表示等效干扰电压，Z_d 为干扰源等效阻抗；R_i 为接收器的输入电阻。

针对具体情况可以采用双绞信号传输线、传感器耦合端加滤波器、金属隔离线、屏蔽等措施来消除差模干扰。

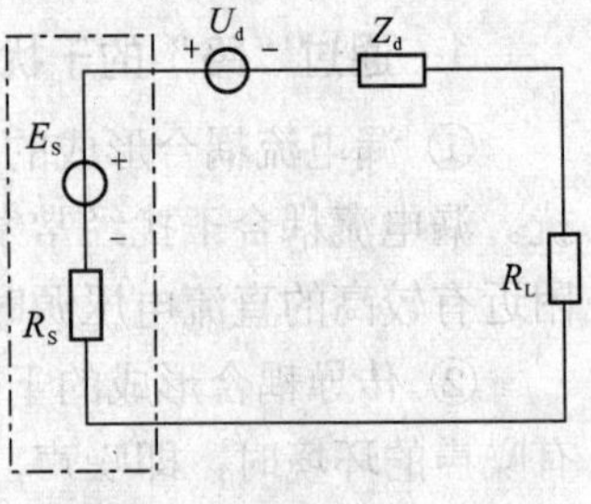

2.　共模干扰

共模干扰往往是指同时加载在各个信号接收器输入信号接口端的共有的信号干扰。虽然它不直接影响结果，但是当信号接收器的输入电路参数不对称时，它会转化为差模干扰，对测量结果产生影响。

图 8-1　差模干扰等效电路图

共模干扰一般用等效电压源表示，图 8-2 给出一般情况下的等效电路。图中 E_s 及 R_s 为有用信号源及内阻，U_d 表示干扰电压源，Z_{d1}、Z_{d2} 表示干扰源阻抗，Z_1、Z_2 表示信号传输线阻抗，Z_{s1}、Z_{s2} 表示信号传输线对地漏阻抗。

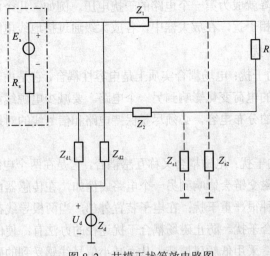

图 8-2　共模干扰等效电路图

从图中可以看出，当电路对称时，干扰电压源不会对接收器产生干扰。只有当电路不对称时，共模干扰才能转化为差模干扰，对信号接收起干扰作用。通常干扰源阻抗 Z_{d1}、Z_{d2} 比信号传输线阻抗 Z_1、Z_2 大得多，因此共模干扰转化为差模干扰的电压比率很小。但是共模干扰源的干扰电压值比信号源电压值高得多，一旦共模干扰转化为差模干扰时，对测量结果的影响就更严重，排除它比较困难。

3. 共模干扰抑制比

检测系统对共模干扰的抑制能力可以共模干扰抑制比来衡量，它是指作用于系统的共模干扰信号与使系统产生同样输出所需的差模信号之比。通常用对数形式表示

$$K_{CMR} = 20\lg \frac{U_{cm}}{U_{cd}}$$

式中，U_{cm}——作用于系统的共模干扰信号；

　　　U_{cd}——使系统产生同样输出所需的差模信号。

共模干扰抑制比 K_{CMR} 值越高，说明对共模干扰抑制能力越强。

8.2　抑制干扰措施

尽管外部干扰和内部干扰产生的原因不同，但是它们的传播途径和影响控制系统的机理基本相同，因而消除或抑制它们的方法和措施没有本质区别。抑制干扰的措施很多，主要包括硬件处理和软件处理等方法。

8.2.1　硬件抑制干扰措施

1. 屏蔽技术

屏蔽是利用导电或导磁材料制成的盒状或壳状屏蔽体，将干扰源或干扰对象包围起来从而割断或削弱干扰场的空间耦合通道，阻止其电磁能量传输的技术措施。屏蔽的目的就是隔断场的耦合通道。按需屏蔽的干扰场的性质不同，可分为静电屏蔽、低频磁场屏蔽和电磁屏蔽。

静电屏蔽是为了消除或抑制由于电场耦合引起的干扰。通常用铜和铝等导电性能良好的金属材料作屏蔽体，屏蔽体结构应尽量完整严密并保持良好的接地，使其内部的电力线不外传，同时外部的电场也不影响其内部。使用静电屏蔽技术时，应注意屏蔽体必须接地，否则虽然导体内无电力线，但导体外仍有电力线，导体仍受到影响，起不到静电屏蔽的作用。

磁场屏蔽是为了消除或抑制由于磁场耦合引起的干扰。低频磁场屏蔽的原理是使绝大部分磁通量经屏蔽体通过，所以对静磁场及低频交变磁场要采用坡莫合金之类高磁导率的材料做成屏蔽层，并保证磁路畅通，以便将干扰限制在磁阻很小的屏蔽体的内部，起到抗干扰的作用，同时要有一定厚度，以减少磁阻。

电磁屏蔽是利用导电良好的金属材料如铜、铝等做出屏蔽层，利用高频干扰电磁场在屏蔽金属内产生的涡流，再利用涡流磁场抵消高频干扰磁场的影响，从而达到抗高频电磁场干扰的效果。考虑到高频趋肤效应，高频涡流仅在屏蔽层表面一层，因此屏蔽层的厚度只需考虑机械强度。将电磁屏蔽妥善接地后，其具有电场屏蔽和磁场屏蔽两种功能。

2．隔离

隔离是指把干扰源与接收系统隔离开，使有用信号正常传输，而干扰耦合通道被切断，达到抑制干扰的目的。常见的隔离方法有光电隔离、变压器隔离和继电器隔离等方法。

（1）光电隔离

光电隔离所用的器件是光电耦合器。由于光电耦合器在传输信息时，是借助于光作为媒介物进行耦合，其输入和输出电路既没有电耦合，也没有磁耦合，切断电和磁的干扰耦合通道，因而具有较强的隔离和抗干扰能力。图8-3所示为一般光电耦合器组成的输入/输出线路。在控制系统中，它既可以用作一般输入/输出的隔离，也可以代替脉冲变压器起线路隔离与脉冲放大作用。由于光电耦合器具有二极管、晶体管的电气特性，使它能方便地组合成各种电路。光耦合器共模抑制比大、无触点、响应速度快、稳定可靠，具有很强的抗电磁干扰的能力，因此得到了广泛应用。

（2）变压器隔离

对于交流信号的传输一般使用变压器隔离干扰信号的方法。隔离变压器也是常用的隔离部件，用来阻断交流信号中的直流干扰和抑制低频干扰信号的强度。图8-4所示为变压器耦合隔离电路。隔离变压器把各种模拟负载和数字信号源隔离开，也就是把模拟电路和数字电路断开。传输信号通过变压器获得通路，而共模干扰由于不形成回路而被抑制。

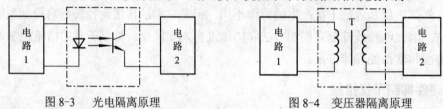

图8-3　光电隔离原理　　　　　　　　　图8-4　变压器隔离原理

（3）继电器隔离

继电器线圈和触点仅有机械上形成联系，而没有直接的电的联系，因此可利用继电器线圈接收电信号，而利用其触点控制和传输电信号，从而可实现强电和弱电的隔离。同时，继电器触点较多，且其触点能承受较大的负载电流，因此应用非常广泛。

3．接地

接地是保证人身和设备安全、抗噪声干扰的一种方法。接地有两种情况，一种是设定一个基准面（如金属机壳），所有信号回线都与之相连，包括测量仪器在内的所有电子仪器内部均为此接法。另一种是直接接地，工业电源、电力设备等都与大地相连。合理地选择接地方式是抑制电容性耦合、电感性耦合及电阻耦合，减小或削弱干扰的重要措施。检测系统接地包括一点接地和多点接地两种方式。一般低频电路由于布线和元件间的电感影响很小，而公共阻抗影响很大，因此应一点接地。而在高频电路中，地线具有电感，因而增加了地线阻抗，而且地线变成天线，向外辐射噪声信号，因此要多点接地。通常频率在1 MHz以下用一点接地，频率在10 MHz以上用多点接地。

（1）一点接地

一点接地就是将各种具有不同电平信号的信号地线、噪声地线和金属件地线分别在电路中适当地接地，而不应相互串接。一点接地又分单级电路一点接地和多级电路一点接地两种情况。

图 8-5 所示为串联一点接地，即多级电路通过一段公用地线后再在一点接地，它虽然避免了零点接地可能产生的干扰，但是在这段公用地线上仍存在着不同点的对地电位差。由于这种接地方式布线简便，因此常用在级数不多、各种电平相差不大以及抗干扰能力较强的数字电路中。但当各电路的电平相差很大时就不能使用，因为高电平将会产生很大的地电流并干扰到低电平电路。

图 8-6 所示为并联一点接地方式。这种方式在低频时是最适用的，因为各电路的地电位只与本电路的地电流和地线阻抗有关，不会因地电流而引起各电路间的耦合。这种方式的缺点是，需要连很多根地线，用起来比较麻烦。

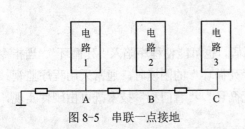

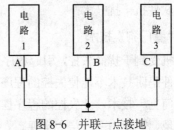

图 8-5　串联一点接地　　　　　　　　图 8-6　并联一点接地

（2）多点接地

若电路工作频率较高，电感分量大，各地线间的互感耦合会增加干扰，这时最好采用多点接地，如图 8-7 所示。各接地点就近接于接地汇流排或底座、外壳等金属构件上。

4．滤波

滤波是抑制干扰传导的一种重要方法。由于干扰源发出的电磁干扰的频谱往往比要接收的信号的频谱宽得多，因此，当接收器接收有用信号时，也会接收到那些不希望有的干扰。这时，可以采用滤波的方法，只让所需要的频率成分通过，而将干扰频率成分加以抑制。

滤波电路的功能是能使一种频率顺利通过，而将另一部分频率进行较大的衰减。由于传感器输出信号大多是缓慢变化的，因而对传感器的输出信号常采用低通滤波器，它只允许低频信号通过而不能通过高频信号。图 8-8 所示为典型的二阶 RC 有源低通滤波电路，它由二级 RC 滤波电路构成，其中将第一级电容 C_1 接到放大器的输出端。设 f_0 为滤波电路的滤波截止频率，f_1 人为干扰信号频率。当 $f_1 \leqslant f_0$ 时，输出电压 u_o 和输入信号 u_i 的相位差在 90° 以内，则输出电压 u_o 通过电容将使 u_i 的幅度增强，从而提高了电压的幅值；而当 $f_1 \geqslant f_0$ 时，输出电压 u_o 和 u_i 基本上是反相的，输出电压 u_o 通过电容使 u_i 的幅值下降，使干扰信号衰减。

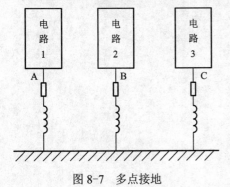

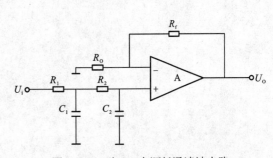

图 8-7　多点接地　　　　　　　　　图 8-8　二阶 RC 有源低通滤波电路

8.2.2 软件抗干扰技术

1. 数字滤波

所谓数字滤波就是通过一定的计算程序对采样信号进行平滑处理，提高其有用信号，消除或减少各种干扰和噪声的影响，以保证系统的可靠性。不需要增加硬件设备，只要在程序进入控制算法之前，附加一段数字滤波程序。

2. 软件陷阱技术

软件陷阱是通过指令强行将捕获的程序引向指定地址，并在此用专门的出错处理程序加以处理的软件抗干扰技术。

3. "看门狗"技术

计算机受到干扰而失控，引起程序出现乱码，也可能使程序陷入"死循环"。当指令冗余技术、软件陷阱技术不能使失控的程序摆脱"死循环"的困境时，通常采用程序监视技术，又称"看门狗"技术，使失控的程序摆脱"死循环"。"看门狗"技术既可由硬件实现，也可由软件实现，还可由两者结合实现。

小　结

干扰是指有用信号以外对系统的正常工作产生不良影响的内部或外部因素的总称。干扰的形成包括 3 个要素：干扰源、传播途径和接受载体。抗干扰技术就是针对 3 个要素的研究和处理。各种干扰源对检测系统产生的干扰，必然通过各种耦合通道进入测量装置，根据进入方式的不同，可分为差模干扰和共模干扰两种。差模干扰是指叠加在被测信号上的干扰信号；共模干扰是指同时加载在各个信号接收器输入信号接口端的共有的信号干扰。抑制干扰的措施很多，主要包括硬件和软件处理等方法，硬件抑制干扰的措施有屏蔽、隔离、滤波、接地等方法，软件抗干扰技术有数字滤波、软件陷阱和"看门狗"技术等。

习　题

1. 影响检测系统的干扰有哪些？
2. 简要说明干扰的耦合方式。
3. 常用的硬件抗干扰技术有哪些？常用的软件抗干扰技术有哪些？

第9章 检测技术的综合应用

在实际应用中，电气设备并不仅仅需要检测某一个物理量，可能需要配用多种不同类型的传感器检测多个物理量，组成检测系统，如家用电器、汽车、数控机床、智能楼宇等系统。

学习目标

- 了解家用电器、汽车、数控机床、智能楼宇中检测控制系统的基本原理。
- 熟练掌握常用传感器的原理、使用特点和安装要求。
- 能根据实际选择适合的传感器。
- 能综合分析各种传感器在实际系统中的作用。

9.1 传感器在家用电器中的应用

随着电子技术的发展，微处理器和传感器大量用于家电产品，使各种省时、省力、省心的智能家用电器越来越多地出现在人们面前。而消费者对家电产品的要求也越来越高，更加推动了着家用电器向高效率、智能化方向发展。

9.1.1 传感器在电冰箱中的应用

电冰箱性能好坏的主要标志是温度控制精度和节能效果。家用电冰箱冷冻室温度为$-24 \sim -6℃$，冷藏室温度为 $0 \sim 12℃$。在老式电冰箱中采用的是压力式温度控制器，传感器的感温管与电冰箱的蒸发器贴在一起，感温管内的压力将随着蒸发器温度的变化而升降，传感器端部的金属膜片将随着感温管内的压力而产生伸缩位移，推动微动开关机构切断或接通压缩机的电源。这种机械式温控已逐渐被电子式测温和控制电路取代。测温传感器有集成温度传感器、热敏电阻等。

传统的机械式和电子式冰箱通过控制蒸发器的温差或箱内温差来控制压缩机、风扇的开停状态及风门大小，从而使冰箱内保持一定的低温。但冰箱内的温度要受环境温度、存放物品的初始温度和热容量、充满率及开门频繁程度等因素的影响，冰箱内的温度场分布又极不均匀，因此要使冰箱内食品保持一定的温度，对压缩机的控制方法就很难用准确的模式完成，而采用模糊控制技术可达到最佳的控制效果。

图 9-1 为电冰箱模糊控制系统的原理框图。

电冰箱的温度控制一般以冷藏室温度为控制目标，以环境温度、箱内温度及其变化率为研究对象来控制压缩机的开停状态，使箱内食品保持最佳温度。当压缩机开启后，电冰箱通过压缩机驱使制冷剂快速循环，液态制冷剂在蒸发器内吸热膨胀后使箱内食品温度降低而保质保鲜。当环境温度变化时，蒸发器表面的温度也会相应变化，提供的冷量也会变化。另外，压缩机工作时提供的冷

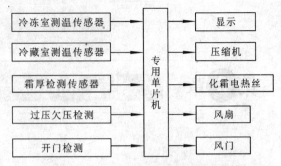

图 9-1　电冰箱模糊控制系统的原理框图

量一部分使贮藏的食品降温，另一部分会通过箱体向外散发，因此不同环境温度下要使冰箱内的食品保持一定的贮藏温度，压缩机的工作条件会大不相同。

电冰箱在使用过程中，蒸发器表面温度很低，冰箱内空气和食品中的水蒸气会聚集在蒸发器的换热面上而结霜。霜层越厚，热交换效率就越低，这样就增大了冰箱的耗电量。除霜措施通常是在蒸发器表面设置电热丝，在压缩机停转时电热丝通电发热，使蒸发器表面温度回升而实现化霜。除霜控制是根据压缩机的累计运行时间、蒸发器表面的霜厚度及箱门的开启频繁程度确定是否除霜，何时除霜，加热器通电多长时间，这样对食品温度的影响最小，最有利于食品保鲜。

9.1.2　传感器在电压力锅的中应用

如图 9-2 所示，电压力锅是利用弹性壁受压发生弹性变形产生位移或者安装在底部的桥式弹性膜片发生弹性位移，位移变化触动压力开关动作实现断电，压力变化转化为位移变化，即控制位移实现控制压力的控制原理。除此以外，电压力锅还具备多重安全保护装置，包括控压技术、开合保护、超压自泄、防堵保护、限压保护、限温保护、超温保护等。

图 9-2　电压力锅内部结构

① 控压技术：使用压力控制传感装置，当锅内压力超过所设定的限压值时，机器自动断电，在压力降低后再重新加热，确保锅内的压力保持在一定的范围内。

② 限压保护：当压力控制装置因故失效而压力持续上升，达到限压压力时，气压冲开限压阀而放气，来限制压力上升。

③ 超压自泄：当压力控制装置因故失效，使压力上升至限压压力，而限压保护装置也因故被堵塞失效，压力持续上升，达到危险时，由强力弹性机构所支撑的发热盘会受迫下沉，使内锅与不锈钢锅盖的密封圈之间产生间隙，大量的气体从锅盖四周瞬间喷出，从根本上杜绝机器会因气压过大而发生爆炸的事故。

④ 开合保护：使锅盖未扣合到位时不能加压，防止加压后冲开锅盖；在锅内气压大于 5 kPa 时浮子阀顶上而不能开盖，防止锅内有压力时误开盖，引起食物冲出，造成人体伤害。

⑤ 超温保护：利用超温熔断体，当锅内温度持续上升，限温保护装置失效时，超温熔断体烧毁，机器自动断电保护。

⑥ 限温保护：利用温度控制器，超过 150℃时断电保护，防止空烧时或压力未达到限压时持续加热，损坏机器。温度控制器外形如图 9-3 所示。

图 9-3　电压力锅中温度控制器

9.1.3　传感器在模糊控制洗衣机中的应用

现在使用的普通洗衣机，在电动机转动速度、起停时间、脱水时间等方面都有固定的旋钮，由人进行操纵，洗衣机自身则不能根据洗涤物的质地、数量及洗涤剂的种类来自动选择。而模糊洗衣机（见图 9-4）则可以完全自动控制，它以人们洗衣操作的经验作为模糊控制的规则，采用各种传感器检测出水温、布质、布量、洗净度等洗衣状态信息，通过单片机应用模糊控制程序对所检测到的信息进行分析，以确定其最佳的洗涤时间、水流强度、漂洗方式、脱水时间以及注水水位等参数，以达到最佳的洗涤效果和最低的衣服磨损率。模糊控制洗衣机控制如图 9-5 所示。

图 9-4　模糊洗衣机外形

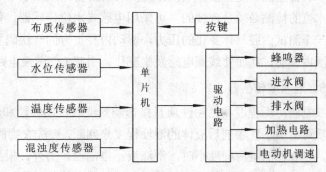

图 9-5　模糊控制洗衣机控制图

1. 衣量传感器

衣量传感器又称衣物负载传感器，它是用来检测洗衣时衣物量多少的。根据传感器检测原理可分两种类型：

① 根据电动机负荷电流的变化来检测衣物的重量。负荷大时，电动机的电流变大；负荷小时，电动机电流就变小。通过对电动机电流变化量的测定，按照一定时间的积分值来判断衣物的重量。

② 根据电动机停机时惯性不同进行检测。当洗涤桶内注入一定量的清水后将衣物放入桶内，这时让驱动电动机以断续通电运转的方式工作一分钟左右，利用电动机绕组上产生的感应电动势，经光电隔离及比较整型，产生脉冲信号，这种矩形脉冲数目与电动机惯性转过的角度成比例。若衣物多，则电动机受到的阻力大，电动机惯性转过的角度就小，相应地，传感器产生的脉冲就少，这样测量出了衣量的多少。

2. 布质传感器

布质传感器是为检测衣物的质地而设的。布质的判断可以由以下两个因素综合判断。

① 布质传感器和根据停机时惯性不同检测的衣量传感器实际上是同一个装置,只是检测的方法不同。在进行衣质检测时,洗涤桶内的水位比设定水位要低,然后仍按照测衣量的方法,让驱动电动机以通断电的方式工作一段时间,检测每次断电期间布质传感器发出的脉冲数。用测衣量时得到脉冲数减去测布质时得到的脉冲数,二者之差即可以判别布质。若衣物棉纤维所占比例大,脉冲数差就大;反之,脉冲数差就小。

② 测量过衣量后,再测量水位,因为相同质料的衣物吸水性能是相同的,而相同衣物重量不同质料的衣物吸水性能是不同的,变化曲线可反映被洗衣物的吸水性能,通过吸水性能可判断布质。

3. 水温传感器

适当的洗衣温度有利于污垢的活化,可以提高洗涤效果。水温传感器装在洗涤桶的下部,以热敏电阻为检测元件。测定打开洗衣机开关时的温度为环境温度,注水结束时的温度为水温,将所测温度信号输入给单片机,为模糊推论提供信息。

4. 水位传感器

水位检测的精度直接影响洗净度、水流强度、洗涤时间等参数。对于模糊控制的洗衣机,要求水位的检测必须是连续的,可采用电感式水位传感器。传感器将水位的高低通过导管转换成一个测试内腔气体变化的压力,驱动内腔上方的一块隔膜移动,带动隔膜中心的磁心在某线圈内移动,从而使线圈电感发生变化,引起 LC 谐振电路的固有频率随水位变化。

5. 混浊度传感器

衣物的污垢程度和污垢性质直接影响到洗衣机的转速和洗涤时间,衣物的污垢程度和污垢性质可由加了洗涤剂后液体的混浊程度来判断,被洗衣物的脏污程度大时,洗涤液越混浊;反之,当衣物的脏污程度小时,洗涤液不很混浊。另外,根据洗涤液达到相同混浊度所需的时间不同,可判断出衣物的污垢性质,即被洗衣物的污染性质是油脂性还是泥性。所以,模糊洗衣机主要使用混浊度传感器检测被洗衣物的污垢状况。

洗涤过程中主机定时读取当前混浊度值,当连续几次读取的混浊度值不再上升或在某一恒定值上下作微量变动时,即认为此时洗涤液已达饱和状态,可以提前结束洗涤过程,从而有效提高了模糊控制器性能,减少了洗涤时间,提高了洗涤效率。

洗涤结束进入后,进入漂洗阶段,由混浊度传感器的输出结合经验参数或模糊推论,判定衣物的洗净程度。

混浊度传感器通常采用光电传感器,检测混浊度时,红外线发光二极管和两个相互垂直放置的透射检测器和散射检测器进行检测,检测是通过液体中悬浮颗粒的相对数量来确定的,但不是直接检测液体中悬浮颗粒的数量,而是测量这些颗粒对光的吸收和散射作用来确定混浊度的。其检测示意图如图 9-6 所示。

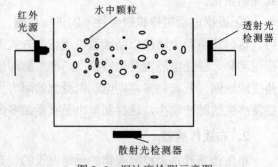

图 9-6　混浊度检测示意图

6. 模糊洗衣机的控制过程

模糊洗衣机具体控制方法为：通过检测被洗衣物的布量，利用模糊推理的方法自动确定水位高低和水流强度；根据布量和温度的检测，利用模糊推理确定初始的洗涤时间和洗涤剂的投放量；根据洗涤过程中的浑浊度信息来修正实际的洗涤时间长短和漂洗次数的多少。

9.1.4　传感器在笔记本式计算机中的应用

1. 温度传感器

随着计算机处理数据量的与日俱增，设计人员将更多的芯片组放入主机中，中央处理器及芯片组的工作频率也不断提高，而更多的芯片组及更快的时钟频率则意味着产生更多的热量。因此，要对其进行温度监测，目的是使笔记本式计算机中的嵌入式微控制器能对笔记本式计算机作适当的电源管理及热管理，否则会影响系统的性能，甚至会造成系统瘫痪、损坏。

当温度传感器的检测温度到达风扇启动的临界点时，风扇开始运转，当温度变化时，风扇速度自动调整为最佳值。如果温度传感器的检测温度已到达降频的临界点，则系统开始降频，系统过热时自动切断电源。

笔记本式计算机常用的温度传感器为热敏电阻和集成温度传感器，热敏电阻成本较低，但要考虑偏压电路和模数转换器，所以负温度系数热敏电阻适用于所要测量温度的位置不在印制电路板上或价格因素远超过温度检测精确度的应用中；集成温度传感器是目前笔记本式计算机普遍使用的温度传感器，具有精确度高、响应速度快、体积小、功耗低、软件界面控制方便等优点。

用于笔记本式计算机的 MAX6697 是一个精密多通道温度传感器，可监视其自身温度和多达 6 个外部连接成二极管的晶体管温度。所有温度通道都具有可设置的报警门限。通道 1、4、5 和 6 还具有可编程高温门限。当所测量的通道温度超过其门限时，状态寄存器中对应的状态位置改变。2 线串行接口采用标准的系统管理总线，执行写字节、读字节、发送字节和接收字节命令，以读取温度数据、设置报警门限。MAX6697 工作在 -40～+125℃温度范围，采用 20 引脚 QSOP 封装和 20 引脚 TSSOP 封装。其应用电路如图 9-7 所示。

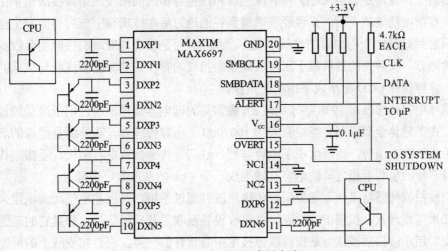

图 9-7　MAX6697 应用电路

2. 加速度传感器

硬盘是笔记本式计算机中最容易受损的部件，意外地跌落、撞击乃至晃动都有可能造成笔记本式计算机存储数据的丢失或硬盘损毁。这是由于在笔记本式计算机跌落时，系统通常处于工作状态,硬盘的磁头很容易撞击到盘片，造成硬盘资料的损毁。

硬盘在存取数据时磁头里外移动，当磁头处于最外层磁道上方时，盘片的旋转线速度最大，越往内层磁道线速度越慢。最里层磁道线速度最慢，可用做磁头停止区。一旦磁头归位后，速度较慢，因此受震动撞击造成的磁头和盘片损伤也会大为减轻。

如果使用加速度传感器实时侦测笔记本式计算机的移动状况，运用笔记本式计算机内原有的嵌入式处理器对加速度传感器的输出值进行分析,得到系统实时位置和运动状态。一旦系统侦测到物体处于自由落体过程或存在潜在威胁时，将及时启动磁盘保护机制，命令硬盘的磁头迅速收回到停止区，从而在最大程度上起到保护硬盘的作用。当然，加速度传感器的零点漂移及灵敏度等特性受温度影响较大，有必要对加速度传感器采集来的数据信号进行噪声滤除和温度补偿。

3. 指纹识别传感器

当笔记本式计算机中重要数据越来越多以后，其安全问题，特别是如何让其对陌生人说"不"就成了用户最关心的问题之一。在各厂商采用的技术中，基于指纹的唯一性和不可复制性，指纹识别系统是操作性和安全性都比较理想的安全措施之一。图 9-8 所示为笔记本中的指纹识别传感器。

图 9-8　笔记本中的指纹识别传感器

人类的指纹是由多种脊状图形构成，指纹图形传感器负责采集指纹特征，并转化为数字信号，传递到 CPU 或 PC 处理。指纹采集取像设备分为三类：光学传感器、硅晶体电容传感器、超声波扫描传感器。

光学传感器是应用最广的指纹录入设备，能承受一定程度温度变化，成本相对较低，光学传感器的工作原理是利用 CCD 将有深色脊和浅色谷构成的指纹图像转换成数字图像。光线照到压有指纹的玻璃表面，光线经玻璃射到谷的地方后在玻璃与空气的界面发生全反射，光线被反射到 CCD，而射向脊的光线不发生全反射，而是被脊与玻璃的接触面吸收或者漫反射到别的地方，反射光的量依赖于压在玻璃表面指纹的脊和谷的深度和皮肤与玻璃间的油脂和水分，这样就在 CCD 上形成了指纹的图像。

硅晶体电容传感器是 1998 年才出现的,最常见的硅电容传感器通过电子度量被设计来捕捉指纹，在半导体金属阵列上能结合大约 100 000 个电容传感器，其外面是绝缘的表面，当用户的手指放在上面时，皮肤组成了电容阵列，硅芯片传感器为电容阳极，手指则代表另一个极，硅芯片面板与手指之间的电容被转换成一个 8 bit 的灰度数字图像。

超声波扫描传感器工作原理为采取传送声波并通过手指、台板和空气间的电阻来测量距离的方法来完成录入、扫描指纹的表面，接收设备获取了其反射信号，测量它的范围，得到脊的深度。超声波扫描被认为是指纹取像技术中非常好的一类，积累在皮肤上的脏物和油脂对超音速获得的图像影响不大，是实际脊地形的真实反映。但由于超声波录入设备的耐久性还难以估计，实际运用领域还较少。

9.2　传感器在汽车中的应用

现代汽车正从由一种单纯的交通工具朝着安全、舒适、节能、环保的方向发展，而汽车传感器对车辆的安全、经济、可靠运行，起着至关重要的作用。随着汽车电子技术的发展，汽车传感器得到了广泛应用，目前，一辆普通家用轿车上大约安装几十到近百只传感器，而豪华轿车上的传感器数量可多达几百只。汽车传感器能够在汽车工作时为驾驶员或自动检测系统提供车辆运行状况和数据，自动诊断隐形故障和实现自动检测与自动控制，从而提高汽车的动力性、经济性、操作性和安全性。

9.2.1　汽车电子控制系统

作为汽车电子控制系统的信息源，汽车传感器是汽车电子控制系统的关键部件，也是汽车电子技术领域研究的核心内容之一。汽车传感器在汽车上主要用于发动机控制系统、底盘控制系统、车身控制系统和其他控制系统中。汽车电子控制系统简图如图 9-9 所示。

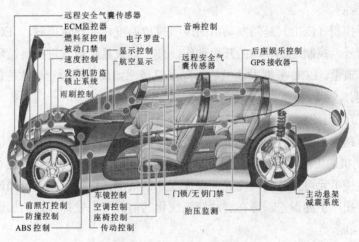

图 9-9　汽车电子控制系统简图

1. 发动机控制

（1）喷油量控制

电子控制单元（ECU）根据空气流量传感器或进气压力传感器、发动机转速传感器、进气温度传感器、冷却水温度传感器等所提供的信号，与 ECU 存储器存放的发动机各种工况最佳喷油量对照，计算喷油量。

（2）喷油时间控制

当发动机采用多点顺序燃油喷射系统时，ECU 除了控制喷油量以外，还要根据发动机的各缸点火顺序，将喷油时间控制在最佳时刻，以使汽油充分燃烧。在电子控制间歇喷射系统中，采用独立喷射时，电子控制单元还要对喷射燃油的气缸辨别信号进行分析，根据发动机各缸的点火顺序和随发动机工况的不同而将喷油时间控制在最佳时刻。

（3）怠速控制

发动机在汽车制动、空调压缩机工作、变速器挂入挡位，或发动机负荷加大等不同的怠速工况下，由 ECU 控制怠速控制阀，使发动机处在最佳怠速。

（4）进气增压控制

进气增压控制是 ECU 根据转速传感器检测到的发动机转速信号，控制增压控制阀的开关，改变进气管的有效长度，实现中低转速区和高转速区的进气谐波增压，提高发动机的充气效率。涡轮增压控制是装有电子控制涡轮增压器的发动机，在发动机工作中，能保证获得最佳增压值。涡轮增压发动机排气温度高，客易产生爆燃。电子控制装置可以通过降低增压压力和调节点火正时相结合的办法阻止爆燃，使发动机的功率不会下降，而得到稳定发挥。

（5）发电机输出电压的控制

电子控制单元根据发动机转速传感器输入的转速、蓄电池温度等信息，控制磁场电流，实现对发电机输出电压的控制。当发电机的输出电压超过额定值时，ECU 使磁场电路接通时间变短，减弱磁场电流，降低发电机电压，相反，当输出电压低于额定值时，ECU 使磁场电路的接通时间变长，增强磁场电流，提高发电机电压。

（6）排放控制

废气再循环控制（EGR）是当发动机的废气排放温度达到一定值时，ECU 根据发动机的转速和负荷信号，控制 EGR 阀的开启动作，使一定数量的废气进行再循环燃烧，以降低排气中废气的排放量。ECU 根据发动机的工况及氧传感器反馈的燃空比浓稀信号，确定开环控制或闭环控制。

（7）电子节气门控制

在电控加速踏板中安装有一个电位器作传感器，它可把加速踏板的位置信息输入 ECU，ECU 再根据发动机的工况，计算节气门位置的理论值，该理论值与发动机运行参数、加速踏板位置有关。电控单元可把节气门位置调整在理论值范围，这样可以避免加速踏板传动机构中由于间隙、磨损产生的误差，可在燃油消耗优化的前提下，发挥较好的加速性。

（8）断油控制

发动机的断油控制分为减速断油控制和超速断油控制。减速断油控制是在汽车正常行驶中，驾驶员突然放松加速踏板，ECU 根据转速信号将自动切断燃油喷射控制电路，使燃油喷射中断，目的是降低减速时 CO 的排放量，而当发动机转速下降到临界转速时，又能自动恢复供给。超速断油是控制发动机加速时，当转速超过安全转速或汽车车速超过设定的最高值时，ECU 将会在临界转速时切断燃油喷射控制电路，停止喷油，防止超速。

（9）电子点火控制

发动机运转时，ECU 根据发动机的转速和负荷信号确定基本提前角，再根据其他信号修正，如提前角大了，ECU 接收到爆震传感器输入的电信号后，减小点火提前角；如提前角小了，ECU 接收到氧传感器的信号，增大点火提前角，最后确定点火提前角。

图 9-10 所示为发动机控制系统流程图。

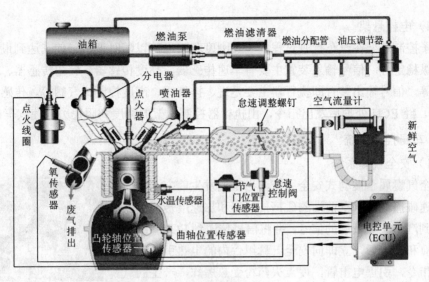

图 9-10　发动机控制系统

2. 底盘控制

（1）电控自动变速器

自动变速器控制系统根据节气门开度和车速信号计算换挡时刻，向相应的电磁阀通电，使换挡阀动作，并接通主油道和执行油缸的通路，进而挂上相应的挡位。电子控制系统按照换挡规律精确地控制挡位，保证汽车获得良好的动力性和经济性。自动变速器控制系统中使用了多个传感器，如超速挡、直接挡离合器转速传感器，用于换挡时间控制；自动变速器液压油温度传感器，用于检测液压油的温度信号，用做换挡控制、油压控制和锁定离合器控制等。

（2）电控防抱死制动（ABS）

电控防抱死制动系统可以防止车辆制动时车轮抱死，提高制动效能防止汽车侧滑，保证行车安全，防止发生交通事故。其制动示意图如图 9-11 所示。ABS 系统多采用双回路控制，在车轮上安装使用两个、3 个或 4 个车轮轮速传感器。当车轮旋转时，在车轮轮速传感器的线圈中产生一个交变电压，交变电压的频率与车轮转速成正比。

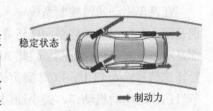

图 9-11　ABS 制动示意图

ECU 不断接收车轮轮速传感器输入的信号，并检测车轮的运动状态和汽车制动时车轮被制动的运动情况。当某一个车轮将被抱死时，ECU 根据车速信号发出指令，使控制电磁阀打开或关闭控制油路，实行防抱死制动控制。

（3）电子控制动力转向

电子控制动力转向系统可在低速时减轻转向操纵力，在高速时又可增加转向力，以提高操纵稳定性。在液压式动力转向系统中有车速传感器，它将车速信号不断输入 ECU，由 ECU 控制液压油量实现助力作用。在电子控制动力转向系统中，由车速传感器和扭矩传感器输入信号给 ECU，ECU 根据输入信号，确定助力扭矩的大小和方向，通过电磁离合器和减速机构，将扭矩加到转向机构，实现电子动力转向。

（4）电控悬架

电子控制悬架在汽车行驶过程中，其刚度和阻尼可以随时调节，使其达到最佳行驶平顺性和操纵稳定性。信号输入装置主要有车速传感器、高度传感器、转角传感器、节气门位置传感器等，信号输出装置即执行器主要是进、排气阀、高度控制排气阀等。传感器将信号输入 ECU，经 ECU 处理后发出指令，由执行器控制悬架的刚度和阻尼力，使汽车平稳行驶。

3．车身控制系统

（1）安全气囊系统

安全气囊属于被动式安全系统，当车辆发生前方一定角度的高速碰撞时，汽车前端的碰撞传感器和加速度传感器就会检测到汽车突然减速的信号，并将信号传送到 ECU；ECU经过计算和比较后，立即向安全气囊组件内的电热引爆管发出点火指令，引爆电雷管，使点火药粉受热爆炸，产生的气体充入气囊，使气囊打开，保护驾驶员和乘客的安全。图 9-12所示为安全气囊示意图

图 9-12　安全气囊示意图

（2）防撞系统

为防止汽车追尾事故的发生，安全车距自动控制装置中的多普勒雷达可以测出两车的距离、车速、相对车速等有关信息，输入计算机后进行比较，若实测距离小于安全距离，计算机发出报警信息，提醒驾驶员采取措施，若驾驶员未采取措施，执行器就会自动对汽车的制动系统起作用，使汽车减速，防止事故发生。当车距超过安全车距时，制动系统恢复正常，从而实现对安全车距的自动控制。

（3）驱动防滑系统（ASR）

在汽车驱动防滑控制系统中，ASR 的作用是防止汽车起步、加速过程中驱动轮打滑，特别是防止汽车在非对称路面或转弯时驱动轮打滑。ABS 和 ASR 都需要轮速传感器输入信号，都是对车轮滑移进行控制，因此 ABS 和 ASR 的 ECU 组合在一起，4 个轮速传感器产生的车轮转速信号输入 ECU，ECU 确定驱动车轮的滑移率等。当滑移率超过规定值时，ECU 使副节气门步进电动机动作，关小油门，即减少供油避免滑移；或者对发生滑移的驱动轮直接制动。在装有电子控制防滑差速器的车辆上，可对防滑差速器（LSD）进行控制，防止打滑。该控制系统的压力由蓄压器供给，压力大小由 ECU 控制电磁阀的开闭进行控制，并将压力传感器和轮速传感器产生的信号反馈给 ECU 实行反馈控制，进一步降低驱动轮的滑移率，使之达到防止驱动轮滑转的要求。图 9-13 所示为驱动防滑系统示意图。

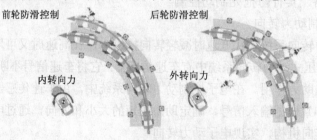

图 9-13　驱动防滑系统示意图

（4）前照灯控制

前照灯控制系统包括前照灯自动开关和自动调光系统。前照灯自动开关的作用是当车外日光暗到一定程度时，前照灯自动开启，而当日光增强到一定程度时，前照灯会自动关闭。在该控制系统中，安装在仪表板上的日照传感器在受到日光照射时会产生微弱电流，电流大小与受光量成正比。这个电流经放大后控制继电器，即控制前照灯的打开或关闭。在夜间行车时，为减少行车灯光的相互干扰，前照灯具有远近光照射功能。其中，日照传感器可以感受车外的明暗情况，实现远近光自动调节。

（5）自动空调的控制

汽车自动空调是用温度设定开关设定所需要的温度，再将各种传感器测出的汽车室内温度、汽车室外空气温度、太阳光的照射强度、发动机的冷却水的温度等信息输入 ECU，ECU 经过数据处理后，计算出自动空调所输送的空气的温度值，从而向执行器发出控制指令，控制空气混合板的开度、冷却水阀的开闭、风机的转速、空气吸入口和送出口挡板的开度变换等。

4．其他控制

（1）车辆定位和导航

车辆定位和导航技术是将全球定位系统（GPS）接收机安装在车辆上，并使用推算技术，即利用各种传感器，如相对传感器、绝对传感器、转向角传感器、车轮转速传感器、地磁传感器、罗盘等精确测定汽车目前所在的位置。

（2）信息的显示与报警

电子信息中心可以监控通过各种传感器发动机的工况及其他信息，当出现不正常情况时可随时报警。

汽车各系统所用传感器的种类与目的如表 9-1 所示。

表 9-1　汽车各系统所用传感器的种类与目的

系　统	传感器或其检测的物理量	使 用 目 的
发动机	歧管负压、大气压、气缸内压力、排放压力、燃油压力、增压压力、进气温度、燃烧温度、气缸壁温度、尾气温度、催化剂底板温度、冷却水温、燃烧速度、点火时间、油温、大空燃比、尾气中各成分的浓度、进气空燃比、燃油雾化状态、催化剂老化程度、曲轴角度、节气门开度、阀门提升量、进气量、喷油量、EGR 比、变速杆位置、爆震、燃烧稳定程度、点火能量、燃油消耗量、火花塞积碳程度、发动机稳定度等	燃油喷射、EGR 率、点火时间的程序控制、冷却水温稳定、怠速转速的稳定控制、空燃比修正反馈控制、爆震区控制、停车时停发动机
底盘	节气门开度、车速、发动机转速、自动变速器输出轴转速、发动机扭矩、控制油压、油温、变速杆位置、加速度、转向角、偏摆力、车轮转速、路面参数、悬架伸缩量、前方路面状况等	电控自动变速器、电控防抱死制动、电控动力转向、悬架系统控制
车身行驶	车速、车轮速度、车高、结露开关、车外开关、车内开关、车外温度、车内温度、日照量、湿度、冷却水温开关、冷媒压力开关、车间距离、前后方障碍物、加速度、前照灯照度、路面状态等	防撞系统、驱动防滑系统、车高稳定控制、防抱死控制、防结露车窗、变速器控制、车内空调、前照灯控制、雨滴检测刮水器
其他控制	发动机转速、车速、燃油剩余量、冷却水温、油压、方位行车距离、进气压力、燃油流量、排气温度开关、燃油剩余量开关、冷却水量开关、制动液量开关、洗涤剂量开关、蓄电池液位开关、门开关、座位皮带开关、行李箱盖开关、油温开关、自车位置、方位、行驶距离、对地车速、偏摆力、实际转向角	车速、里程表、燃油剩余量、冷却水温、耗油量、进气压力、机油油压、燃油剩余量、高速区、排气、温度报警灯、冷却水位、制动液位、蓄电池液位、GPS

9.2.2 汽车中的温度传感器

汽车中的温度传感器主要用于检测发动机温度、吸入气体温度、冷却水温度、燃油温度以及车内外气温等，汽车中的温度传感器主要有热敏电阻、热电偶、双金属片、热敏铁氧体温度传感器等，下面以热敏电阻为例介绍其应用。

1. 冷却水温度传感器

采用热敏电阻作检测元件的水温传感器的结构如图 9-14 所示，安装在发动机缸体或缸盖的水套上，与冷却水接触，主要用于电子控制式燃油喷射装置上检测冷却水温。它把温度的变化以电阻值变化的方式检测出来，随温度的不同电阻值发生很大的变化。当水温较低时，电阻值较大，随着水温的升高，电阻值逐渐降低。水温传感器的两根导线都和电控单元相连接。其中一根为地线，另一根的对地电压随热敏电阻阻值的变化而变化。电控单元根据这一电压的变化测得发动机冷却水的温度，和其他传感器产生的信号一起，用来确定喷油脉冲宽度、点火时刻等。

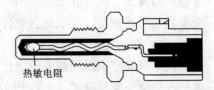

图 9-14　冷却水温度传感器结构图

2. 车外气温传感器

这种传感器用于检测车辆外部的空气温度，它采用的是防水结构，即便在淋水的环境中也可以使用。对这种传感器也充分考虑了它的热响应性，以保证在等待交通信号时不会检测到前方车辆排放气体的热量。

车外气温传感器的结构如图 9-15 所示，检测元件采用的是热敏电阻。车外气温变化时，传感器的阻值发生变化，温度升高时，电阻值下降；温度下降时，电阻值升高。在汽车的微机控制空调系统上，利用这种传感器测量车外空气温度。

3. 蒸发器出口温度传感器

蒸发器出口温度传感器也是用热敏电阻作温度检测元件的，它安装在空调出风口处蒸发器的散热器上，如图 9-16 所示，用以检测散热器表面的温度变化以便控制压缩机的工作状态，其温度的工作范围为-20～60℃。工作时，利用温度测量用热敏电阻与温度设定用调节电位器的信号，并将热敏电阻与调节电位器的输入信号加以比较、放大，以接通或断开电磁离合器。此外，利用此传感器的信号，可防止蒸发器出现冰堵现象。

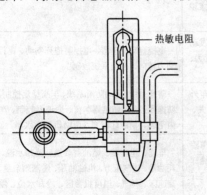

图 9-15　车外气温传感器的结构图

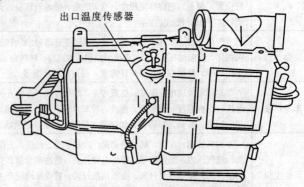

图 9-16　蒸发器出口温度传感器安装位置

9.2.3 汽车中的流量传感器

流量传感器主要用于发动机空气流量和燃料流量的测量。空气流量的测量用于发动机控制系统确定燃烧条件、控制空燃比、起动、点火等。电子控制汽油喷射系统的空气流量传感器有多种型式，目前常见的空气流量传感器按其结构型式可分为叶片式、热线式、热膜式、卡门涡旋式等几种。

1. 叶片式空气流量传感器

叶片式空气流量传感器由一个可绕轴摆动的旋转翼片、电位计和接线插头三部分组成，其结构如图 9-17 所示。

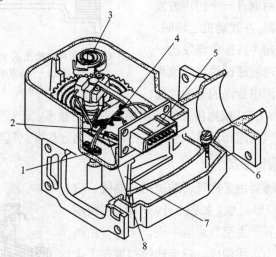

图 9-17 叶片式空气流量传感器的结构
1—进气温度传感器；2—电动汽油泵动触点；3—回位弹簧；4—电位计
5—导线连接器；6—调节螺钉；7—旋转翼片；8—电动汽油泵静触点

翼片由测量叶片和缓冲叶片构成，两者铸成一体，翼片安装在空气流量传感器的壳体上，转轴的一端有回位弹簧。发动机工作时，进气气流经过空气流量计推动测量片偏转，使其开启，测量片开启角度的大小取决于进气气流对测量片的推力与测量片轴上回位弹簧弹力的平衡状况。进气量的大小由驾驶员操纵节气门来改变。进气量愈大，气流对测量片的推力愈大，测量片的开启角度也就愈大。在测量片轴上连着一个电位计，电位计的滑动臂与测量片同轴同步转动，将测量片开启角度的变化转换为电阻值的变化。电位计通过导线连接器与 ECU 连接，ECU 根据电位计电阻的变化量或作用在其上的电压的变化量，测得发动机的进气量。

在空气流量传感器通道下方设有空气旁通道，在旁通道的一侧设有可改变空气量的调整螺钉。在叶片式空气流量传感器内，通常还有一电动汽油泵开关，当发动机起动运转时，测量片偏转，该开关触点闭合，电动汽油泵通电运转；发动机熄火后，测量片在回转至关闭位置的同时，使电动汽油泵开关断开，此时，即使点火开关处于开启位置，电动汽油泵也不工作。流量传感器内还有一个进气温度传感器，用于测量进气温度，为进气量作温度补偿。

2. 卡门涡旋式空气流量传感器

在进气管道正中间设有一流线形或三角形的涡流发生器，当空气流经该涡流发生器时，在其后部的气流中会不断产生一列不对称却十分规则的被称为卡门涡流的空气涡流。根据卡门涡流理论,这个旋涡行列紊乱地依次沿气流流动方向移动,其移动的速度与空气流速成正比,即在单位时间内通过涡流发生器后方某点的旋涡数量与空气流速成正比。因此,通过测量单位时间内涡流的数量就可计算出空气流速和流量。

测量单位时间内旋涡数量的方法有反光镜检出式和超声波检出式两种。以超声波检出式为例分析卡门涡旋式空气流量传感器,如图9-18所示,超声波检出式卡门涡旋式空气流量传感器后半部的两侧有一个超声波发射器和一个超声波接收器。在发动机运转时,超声波发射器不断地向超声波接收器发出一定频率的超声波。当超声波通过进气气流到达接收器时,由于受气流中旋涡的影响,使

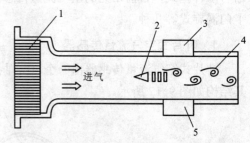

图9-18　超声波检出式卡门涡旋式空气流量传感器
1—整流栅;2—涡流发生器;3—超声波发生器;
4—卡门涡流;5—超声波接收器

超声波的相位发生变化。ECU根据接收器测出相应变化的频率,计算出单位时间内产生的旋涡的数量,从而求得空气流速和流量,然后根据该信号确定基准空气量和基准点火提前角。

3. 热线式空气流量传感器

热线式空气流量传感器由采样管、防护网、热线、白金补偿电阻、控制线路板等组成,如图9-19所示。它两端有金属防护网,采样管置于主空气通道中央,采样管由两个塑料护套和一个热线支承环构成。白金热线布置在支承环内,其阻值随温度变化,根据进气温度进行修正的温度补偿电阻为冷线。冷线是一个白金薄膜电阻器,其阻值随进气温度变化,安装在热线支承环前端的塑料护套内。热线和冷线作为电桥电路的两个桥臂,恒定电流通过铂丝,当空气流量增大时,热线温度降低,电阻随之减小,使电桥失去平衡。此时,放大器增加铂丝的电流,直到恢复原来的温度和电阻值,使电桥重新平衡。由于电流的增加,R的电压将增加,这样只需精确地测量电阻R两端的电压

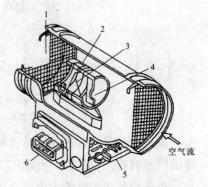

图9-19　热线式空气流量传感器
1—防护网;2—采样管;3—白金热线;
4—白金补偿电阻;5—控制线路板;
6—导线连接器

降,就能得到空气流量。将热线式空气流量传感器输出信号和存储在ECU存储器中的数据相对照,计算机就能确定此时所需的基础喷油量。

热膜式空气流量传感器结构原理与热线式的基本相同。

9.2.4　汽车中的压力传感器

压力传感器主要用于检测气缸负压、大气压、涡轮发动机的升压比、气缸内压、油压等。汽车用压力传感器简称为进气压力传感器,它的种类较多,就其信号产生原理,可分为压阻式、电容式、差动变压器式和表面弹性波式等,其中电容式和压阻式进气压力传感器在当今发动机电子控制系统中应用较为广泛。下面以进气压力传感器为例分析汽车中的压力传感器。

进气压力传感器检测进气歧管的真空度，并将压力信号转变成电子信号输送给发动机控制系统，作为控制喷油脉冲宽度和点火时间的主要参考信号。

1．半导体压阻式进气歧管压力传感器

半导体压阻式进气歧管绝对压力传感器的压力转换元件是利用半导体的压阻效应制成的硅膜片，如图 9-20 所示。硅膜片的一面是真空室，另一侧导入进气歧管压力。进气歧管内绝对压力越高，硅膜片的变形越大，其应变与压力成正比，附着在薄膜上的应变电阻的阻值随应变成正比地变化，这样就可以利用电桥将硅膜片的变形变成电信号。为提高传感器的灵敏度，一般都采用 4 个半导体应变片接

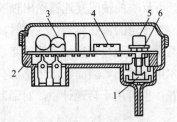

图 9-20　半导体压阻式进气歧管压力传感器
1—滤清器；2—外壳；3—过滤器；4—混合集成电路；
5—真空室；6—压电转换元件

成差动电桥方式。由于输出的电信号很微弱，所以需用混合集成电路进行放大后输出。

2．电容式进气压力传感器

电容式进气压力传感器事实上是一个变间隙电容式压力传感器，固定底板和氧化铝膜片作为两个极板，形成平行板电容，膜片上下的压力差使极板之间的间隙发生变化，其电容随之变化。把电容式传感器作为振荡器谐振回路的一部分，当进气压使电容发生变化时，振荡回路的谐振频率发生相应的变化，其输出信号的频率与进气歧管绝对压力成正比。控制系统根据信号的频率便可算出进气歧管的绝对压力。

9.2.5　汽车中的位置和转速传感器

位置和转速传感器主要用于检测曲轴位置、凸轮轴位置、发动机转速、节气门的开度、车速等。曲轴位置传感器是发动机电子控制系统中最主要的传感器之一，它提供点火时刻（点火提前角）、确认曲轴位置的信号，检测曲轴转角及发动机转速。凸轮轴位置传感器是采集进气凸轮轴的位置信号，以便进行顺序喷射控制、点火时刻控制和爆震选择控制。转速传感器产生曲轴转速和转角信号，控制 A/F 和点火导通时间（闭合角），它是发动机工况的基本信号，是 ECU 逻辑电路中的主要参数之一。车速传感器提供车速快慢信号，ECU 根据转速传感器信号、节气门位置传感器信号、车速传感器信号，进行逻辑分析，减速时自动减少喷油量或断油；加速时自动增加喷油量。该类传感器的构造与原理相同，因安装位置的不同，显示的相关参数各异。常用的结构形式有磁电式、霍尔式、光电式。

1．磁电式传感器

如图 9-21 所示，磁电式传感器由永久磁铁、线圈和齿盘等组成。在齿盘上刻有宽槽（或凸齿），代表了各缸点火和喷油的位置，每当宽槽转到与信号发生器相对的位置时激励信号便通过磁通量发生不同于窄槽的变化，产生不同的感应电动势，其大小和齿盘的转速成正比；其频率和转速与齿数的乘积成正比。这样，每转过一个齿就产生一个交变脉冲信号，脉冲数表示轴的位置和转速。

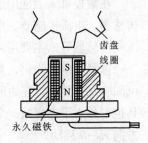

齿盘
线圈
永久磁铁

图 9-21　磁电式传感器

2. 霍尔传感器

霍尔传感器是由永久磁铁、半导体霍尔片、触发叶轮、控制电路等组成，其叶轮上的叶片与窗孔的数目，由汽缸数或通断次数决定。霍尔片垂直于磁场安装。单位时间霍尔电压的变化次数，可反映曲轴或变速器输出轴的转速，又可通断起开关作用，控制使点火线圈的初级线圈通断。当叶轮的窗孔对着空气隙时，磁铁产生的磁通从空气隙到霍尔片构成回路，霍尔片产生一个与电流和磁场强度成正比的霍尔电压；当叶轮的叶片进入空气隙时，使磁路被叶片隔离，无霍尔电压输出。因而霍尔传感器有通断功能，既可用于点火系统，使点火线圈通断，产生高压火花；也可用于转速计量，对通断频率进行处理，提供转轴的速度信号。

9.3 传感器在数控机床中的应用

9.3.1 数控机床中的传感器

数控机床是一种自动化机床，它将加工信息、检测信息以数字化代码形式输入数控系统，经过译码、运算、发出指令，控制机床的动作，自动地将形状、尺寸与精度符合要求的零件加工出来。数控机床以其精度高、效率高、能适应小批量多品种复杂零件的加工等优点，在机械加工中得到日益广泛的应用。

数控机床一般由数控装置、伺服驱动系统、反馈检测系统、强电控制部分、机床主机及辅助装置组成。数控机床的加工精度，很大程度是由检测系统的精度决定；数控机床的各种运动和状态通过传感器测量、监视后输入给数控系统加以控制、补偿或调整，以提高机床的加工精度和稳定度，例如，在数控机床的实际操作中，经常会出现传动轴传动过位的情况，如果不通过传感器及时检测这种情况，机床就会出现故障从而影响实际工作；在数控机床中，如工件夹紧力小于设定值时，会导致工件松动，影响加工，可用传感器对工件夹紧力进行检测，如小于设定值时，系统发出报警；停止走刀。因此，传感器的使用在数控机床中起着重要的作用，并且随着数控机床生产水平的提高，传感器在数控机床中的应用会越来越多。

作为应用在数控系统中的传感器应满足以下要求：

① 传感器应该具有比较高的可靠性和较强的抗干扰性。

② 传感器应该满足数控机床在加工上的精度和速度的要求。

③ 传感器在使用时应该具有维护方便，适合机床运行环境的特点。

④ 应用在数控机床上的传感器的成本应该相对较低。

在数控机床上应用的传感器主要光电编码器、直线光栅、接近开关、温度传感器、霍尔传感器、电流传感器、电压传感器、压力传感器、液位传感器、旋转变压器、感应同步器、速度传感器等，主要用来检测位置、直线位移和角位移、速度、压力、温度等。

以数控铣床为例，数控铣床结构示意图如图 9-22 所示。该铣床分为左、右两个工作台，可同时加工工件，左边的刀具有可作水平方向 x、垂直方向 y、进退刀方向 z 的位移；右边刀具也可作水平方向 u、垂直方向 v、进退刀方向 w 的位移；左、右两个床鞍带着刀架沿水平方向 rl、ll 移动。

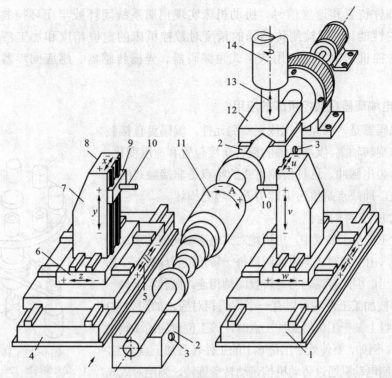

图 9-22　数控铣床结构示意图

1—右工作台；2—工件支架；3—下支架压力油孔；4—左工作台；5—数字编码器；6、7、8—直线磁栅传感器；
9—温度传感器；10—铣刀；11—被加工轴；12—工件夹具；13—液压系统；14—压力传感器

6 个直线型磁栅传感器分别装在刀具的走刀系统内，用以测量刀具在 x、y、z 及 u、v、w 这 6 个方向的位移量，刀具的运动是在磁栅传感器的监视下进行的，磁栅传感器把代表刀具位置的信号传送给计算机，该数值一方面在 CRT 上显示出来，另一方面不断地与设定值作比较，当刀具到达设定值时停止走刀。

两个光电编码器装在床鞍内，通过蜗轮蜗杆来测定床鞍在 rl、ll 方向的位移量，确定是否完成水平方向大行程的移动。

圆形感应同步器安装在与被加工轴联动的分度头花盘区，与工件一起转动。它用来测量工件的旋转角度，并将测得角位移数值传送给计算机，计算机将该值与设定的位移值比较，若误差较小时，交流伺服电动机停转，从而完成角度的控制。

该铣床夹紧力由压力传感器检测，当压力等于设定值时，计算机发出指令停止增压，并让 x、y、z 轴解锁，允许刀具加工工件，当发生故障，压力小于设定值导致夹紧力不足时，工件可能松动，影响铣削精度，这时计算机将发出报警信号，x、y、z 方向停止走刀。

整个系统还有为数众多的温度传感器被安装在系统的各个重要部位，主要是监视一些重要的温度，如轴温、压力油温、润滑油温、冷却生气温度、各个电动机绕组温度等。

9.3.2　位置检测传感器

位置检测传感器是数控机床进给伺服系统中的重要组成部分，其作用是检测并发送机床运动部件位置和速度信号，协助机床实现伺服系统闭环或半闭环控制，有效地提高数控机床的性能。位置检测传感器的精度对数控机床的定位精度和加工精度均有很大的影响。在数控机床中广泛应用数字式角编码器、光栅传感器、感应同步器、磁栅等来实现位置检测。

1. 光电编码器在数控机床的应用

光电编码器是一种光学式位置检测元件，编码盘直接装在电动机的旋转轴上，以测出轴的旋转角度位置和速度变化，其输出信号为电脉冲。这种检测方式的特点是非接触式的，响应速度快，而缺点是抗污染能力差，容易损坏。

（1）加工工件的定位

在转盘工位加工装置中，可用绝对式电磁编码器实现加工工件的定位。由于绝对式电磁编码器每一转角位置均有一个固定的编码输出，因此若编码器与转盘同轴相连，则转盘上每一工位安装的被加工工件均可以有一个编码相对应，如图 9-23所示。当转盘上某一工位转到加工点时，该工位对应的编码由编码器输出。例如，要使处于工位 c 上的工件转到加工点加工，计算机就控制电动机通过传动机构带动转盘旋转，当绝对式光电编码器输出的编码变化到工位 c 所对应的某个特定码，如BCD 码的 0011 时，表示转盘已将工位 c 转到加工点，于是电动机停转，等待钻孔加工。

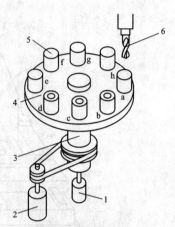

图 9-23　转盘工位编码
1—绝对编码器；2—电动机；3—转轴；
4—转盘；5—工件；6—刀具

（2）直线位移测量

编码器在数控机床中用于工作台或刀架的直线位移测量有两种安装方式：一是光电编码器和伺服电动机同轴连接在一起，称为内装式编码器，伺服电动机再和滚珠丝杠连接，编码器在进给传动链的前端，如图 9-24（a）所示；二是编码器连接在滚珠丝杠末端，称为外装式编码器，如图 9-24（b）所示。由于增量式光电编码器每转过一个分辨角就发出一个脉冲信号，因此，根据脉冲的数量、传动比及滚珠丝杠螺距即可得出移动部件的直线位移量。例如，某带光电编码器的伺服电动机与滚珠丝杠直接连接（传动比 1:1），光电编码器 1024 脉冲/r，丝杠螺距 8 mm，在数控系统位置控制中断时间内计数 1024 脉冲，则工作台移动的距离为 1/1024 脉冲×8 mm/r×1024 脉冲=8 mm。

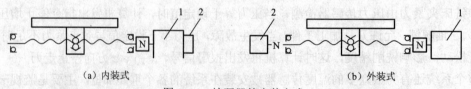

（a）内装式　　　　　　　　　　　　　（b）外装式
图 9-24　编码器的安装方式

（3）刀架选刀

刀架回转由刀架电动机通过传动机构来实现，刀架回转时，与刀架同轴的二进制绝对编码器也一起转动。编码器为 4 位二进制绝对编码器，每一个编码对应一个刀位，最多可有 16个刀位，如 0101 对应 5 号刀位，1010 对应 10 号刀位。当主轴转到预选位置时，编码器发出信

号，主轴停止转动，预分度接进开关给电动机发出开始反转信号。电动
机开始反转，刀台锁紧，锁紧到位后，由锁紧接近开关发出信号，切断
电动机电源。转位结束，主机可以开始工作。编码器在刀库选刀控制
中的应用如图 9-25 所示。

（4）交流伺服电动机控制

光电编码器在交流伺服电动机控制中起 3 个方面的作用：

① 提供电动机定、转子之间相互位置的数据；

② 通过 F/V（频率/电压）转换电路提供速度反馈信号；

③ 提供传动系统角位移信号，作为位置反馈信号。

图 9-25　编码器在刀库
选刀控制中的应用

交流伺服电动机的外形及控制系统框图如图 9-26 所示。

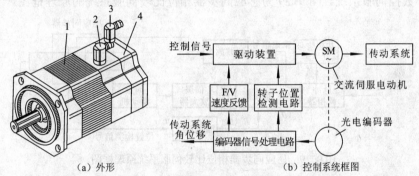

（a）外形　　　　　　　　　　（b）控制系统框图

图 9-26　　交流伺服电动机及控制系统

1—交流伺服电动机外壳；2—三相电源连接座；3—光电编码器信号输出及电源连接座；4—光电编码器

2. 光栅位移传感器在数控机床中的应用

在现代数控机床中，光栅用于位置检测并作为位置反馈用于位置控制，图 9-27 为位置控
制框图。由控制系统生成的控制指令 P_c 要求工作台的移动到规定位置。工作台移动过程中，
光栅不断检测工作台的实际位置 P_f，并进行反馈，同时与位置指令进行比较 $P_e = P_c - P_f$，形成
位置偏差。当 $P_f = P_c$ 时，则 $P_e = 0$，表示工作台已经到达指令位置，伺服电动机停转，工作台
准确地停止在指令位置上。

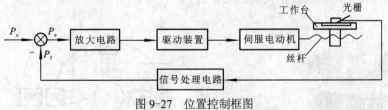

图 9-27　位置控制框图

3. 感应同步器在数控机床中的应用

（1）随动控制系统

随动控制系统是在机床主动部件上安装检测元件，发出主动位置检测信号，并用它作为
控制系统的指令信号，而机床的从动部件，则通过从动部件的反馈信号和主动部件间始终保
持严格的同步运动。由于感应同步器具有很高的灵敏度，可以获得很高的随动精度。图 9-28
所示为鉴相型滑尺励磁随动控制。

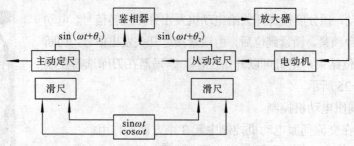

图 9-28　鉴相型滑尺励磁随动控制原理框图

（2）相位比较伺服系统

在数控机床使用的相位比较伺服系统中，可以使用感应同步器作为位置检测传感器，构成一个闭环数控伺服系统。图 9-29 为感应同步器相位比较伺服系统的原理框图。

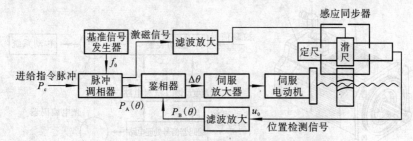

图 9-29　感应同步器相位比较伺服系统原理框图

4．霍尔传感器在数控机床上的应用

（1）自动换刀

数控车床电动刀架上的应用外形及其结构如图 9-30 所示。刀架的工作过程如下：数控系统发出换刀信号→刀架电动机正转→上刀架上升并转位→刀架到位发出信号→刀架电动机反转→初定位→精定位夹紧→刀架电动机停转→换刀完成应答。刀架到位信号由刀架上的霍尔开关传感器和永久磁铁检测获得后发出，4 个霍尔开关传感器分别对准 4 个刀位，当上刀架上升旋转时，带动 4 个霍尔开关传感器一起旋转，到达指定刀位后，霍尔开关传感器输出信号，控制器控制电动机反转，实现自动换刀。

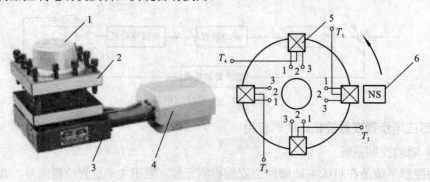

图 9-30　电动刀架结构示意图

1—罩壳；2—上刀架；3—刀架座；4—刀架电动机；5—霍尔开关传感器；6—永久磁铁；

T_1—刀位 1；T_2—刀位 2；T_3—刀位 3；T_4—刀位 4

（2）主轴准停装置

在数控铣床和加工中心进行镗孔等加工，需要自动换刀时，要求主轴每次停在一个固定的准确位置，所以在主轴上必须设有准停装置。如图 9-31 所示，在主轴上安装一个永久磁铁与主轴一起转动，在距离永久磁铁旋转轨迹外 1～2 mm 处，固定有一个霍尔传感器。当机床主轴需要停车换刀时，数控装置发出主轴停转指令，主轴电动机立即降速，使主轴以很低的转速回转；当永久磁铁对准霍尔传感器时，传感器发出准停信号，此信号经过放大后，由定向电路使电动机准确停止在规定的位置。这种准停装置机械结构简单，磁铁与传感器间没有接触摩擦，准停的定位精度可达±1°，能满足一般换刀要求，而且定向时间短，可靠性较高。

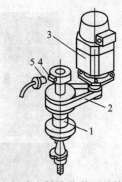

图 9-31 电气式主轴准停装置结构示意图
1—主轴；2—同步感应器；3—主轴电动机；
4—永久磁铁；5—霍尔传感器

9.3.3 温度检测传感器

随着现代工业的不断发展，使得现代制造业对机械产品的质量要求越来越高，机械零件的精度取决于机床的加工精度，因此提高机床的加工精度显得尤为重要。误差是影响机床精度的最重要的因素。机床的误差主要有几何误差、热误差、和切削力误差，其中热误差占机床总误差量的 40%～70%左右。机床中，在内外热源的影响下，机床各部件将发生不同程度的热变形，从而产生热误差。热误差对高精度机械产品的尺寸精度影响很大，进而也会影响到产品加工过程质量、生产效率和成本。为了减少热变形及其带来的影响，在数控机床结构中除了将机床内部发热时产生热变形的主要热源尽可能地从主机中分离出去，改善机床结构等措施外，还必须采取对温度进行检测、控制、温度补偿等措施。数控机床中常用的温度检测传感器有热电阻、光学辐射式高温计、红外温度计、热电偶、集成温度传感器等。

1．温度传感器用于温度补偿

热敏电阻可在一定的温度范围内对某些器件进行温度补偿。例如，在加工中由于摩擦生热等原因会引起机床产生热变形，从而影响到零件的加工精度。为了补偿热变形带来的影响，在数控机床的关键部位会预埋温度传感器进行热补偿，如图 9-32 所示。

2．温度传感器用于温度测控

数控机床主轴在高速旋转时，主轴及主轴电动机是受热的主要部件，一旦数控机床主轴的温度超过允许范围，会严重影响数控机床的加工精度，从而降低产品的质量。如果主轴电动机运行时的温度长期超过绕组材料的极限工作温度，将会加剧绕组绝缘材料的老化，使电动机寿命大大缩短，严重时会将电动机烧毁。所以，有必要对数控机床主轴及主轴电动机的温度进行测控。图 9-33 为某温度测控系统方框图，图 9-33（a）为数控机床主轴温度测控系统，图 9-33（b）为主轴电动机温度测控系统。

图 9-33 中温度给定量 t_i 与温度反馈量 t_f 比较后得到误差信号 t_e，来控制继电器的开和关，使主轴冷却泵或电动机冷却风扇开启/关闭，从而达到控制数控机床主轴及主轴电动机温度的目的，使温度保持在设定的安全运行范围内。

图 9-32 分别设置在刀架、床身和主轴进行热补偿的温度传感器

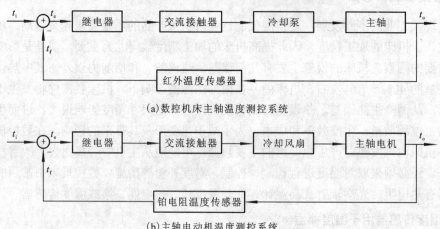

(a)数控机床主轴温度测控系统

(b)主轴电动机温度测控系统

图 9-33 温度测控系统方框图

传统的机床温度测控系统中普遍采用的温度传感器一般是热电偶、热敏电阻等,这些传感器一般以模拟信号输出,需要后续信号处理与转换电路的配合。同时,此类传感器会有线性度差,或者信号量小,抗干扰能力差等缺点。如热电偶,还需要冷端补偿装置,设计使用相对比较复杂,可靠性也不高;铂电阻的各项参数比较好,但是价格比较贵,系统成本太高。随着集成电子技术的发展,集成数字温度传感器的制造技术已经成熟,器件的参数指标和使用性能已经超过多数传统传感器,而且成本低,是以后生产应用的主流方向。

9.3.4 振动检测传感器

机械振动是一种常见的物理现象,在大多数情况下机械振动是有害的,它加速机械的失效,影响机械加工精度,破坏机械设备的正常工作,甚至造成损坏而发生事故。数控系统中,利用振动检测传感器来对振动进行检测,并由此对机床工作状态和加工过程实施控制,保障机床的安全和加工质量。常用振动检测传感器有压电式传感器、电容式传感器、电感式传感器、电涡流传感器等。

1. 压电传感器用于振动测量

（1）压电式振动力传感器

压电式振动力传感器上盖为传力元件，其外缘壁厚为 0.1～0.5 mm，受外力作用时，产生弹性变形，将力传递到石英晶片上。这种力传感器可用来测量机床动态切削力以及用于测量各种机械设备所受的冲击力。图 9-34 为数控车削中切屑振动力的监控。

（2）压电式加速度传感器

当压电式加速度传感器与被测物体一起受到冲击振动时，压电元件受到质量块的惯性力的作用，产生电荷，测得输出电荷的大小就可以知道加速度的大小，从而知道机床等机械设备的振动工作状态。图 9-35 所示为压电式加速度传感器结构图。

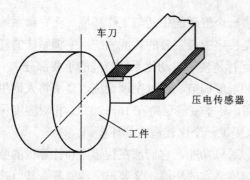

图 9-34　数控车削中切屑振动的监控

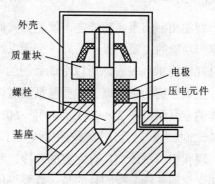

图 9-35　压电式加速度传感器

2. 电容传感器用于振动测量

电容式振动位移传感器如图 9-36 所示，被测物体表面作为电容的一个极板，与电容传感器一起构成测量电容。被测物体振动时，它与电容传感器的距离发生变化，使测量电容极距发生变化，电容量变化，输出电信号反映了被测物体振动的位移量。

3. 电感传感器用于振动测量

图 9-37 为机床主轴径向振动的测量，电感传感器安装在与测量主轴相距固定的位置，当主轴振动时，轴相对电感传感器位移发生变化，电感传感器检测出位移的变化并转化为电信号输出。测量采用两个电感传感器，一个检测 X 向位移，另一个检测 Y 向位移。

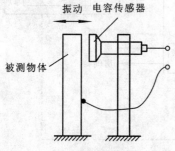

图 9-36　电容式振动位移传感器

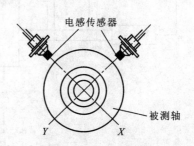

图 9-37　轴径向振动的测量

9.4 传感器在智能楼宇中的应用

随着社会的发展，人们对生活环境需求不断提高，如防火、防盗、防爆等高度安全性的要求，舒适的物质环境，先进的通信设施与完备的信息处理终端设备，电器与设备的自动化及智能化控制。在楼宇自动化技术的基础上，结合通信技术、计算机技术和其他科学技术而形成并迅速发展的智能楼宇满足了人们对建筑环境安全、舒适、便捷、高效等要求。

在智能楼宇中，往往需要对温度、湿度、压力、流量、浓度、液位等参数进行检测和控制，使电力、照明、空调、给排水、安保、车库管理等设备或系统处于最佳的工作状态，从而保证系统运行的经济性和管理的现代化、信息化和智能化。下面简要介绍传感器在智能楼宇中的几个典型应用。

9.4.1 空调系统

智能楼宇的重要功能之一就是为人们提供一个舒适的生活与工作环境，而空调系统是实现这一功能的主要手段；另外，空调系统又是楼宇中最主要的耗能系统，空调系统的耗能达到总耗能的40%左右，所以空调系统的节能运行是楼宇自动化系统节能的重要部分。

空调系统的空气调节主要包括温度调节和湿度调节。通过空调设施，夏季将人们生活与工作的室温保持在25～27℃、50%～60%之间，冬季室温保持在16～20℃、相对湿度保持在40%～50%之间，为建筑物内生活、工作的人提供一个比较适宜的环境。

现代空调系统均具有完整的制冷、制热、通风功能，它们都在传感器和计算机的监控下工作。空调系统监控的目的是：既要提供温湿度适宜的环境，又要求节约能源。其监控范围为制冷机、热力站、空气处理设备（空气过滤、热湿交换）、送排风系统、变风量末端（送风口）等。其原理框图如图9-38所示。

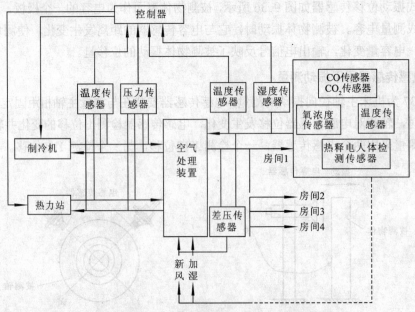

图9-38 空调监控系统原理框图

在制冷机和热力站的进出口管道上，均应设置温度、压力传感器，系统根据外界气温的变化控制其工作。室外温度在空调温度设定值允许的范围内时，空调系统可采用全新风工作方式，关闭回风风门，新风风门和排风风门开到最大，向空调区域提供大量新鲜空气，同时停止对空气温度的调节以节约能源。

在新风口和回风口处，应安装差压传感器测量过滤器两端差压，差压超限，压差开关动作，给系统发出警报信号，表明过滤网两侧压差过大，过滤网积灰积尘、堵塞严重，需要清理、清洗。在送风管道上，须安装空气流量传感器，当风量探头在空气处理设备开动后仍未测得风量时，将给系统发出警报信号。

在回风管上安装湿度传感器，把回风湿度传感器测量的回风湿度送入控制器与给定值比较，当回风湿度低于设定值时，系统将调节加湿电动阀开度，将空调房间的相对湿度控制在设定值。

在各个房间内安装氧浓度传感器，室内空气中含氧浓度下降，会使人感到胸闷憋气，长期在这种环境下工作，危害人的健康，应启动新风机组，向室内补充新鲜空气以提高空气质量。可通过新风量的调节保证空气中的含氧量。为保证空调房间的空气质量，每个房间安装 CO_2、CO 浓度传感器，当房间中 CO_2、CO 浓度升高时，传感器输出信号到控制器，控制新风风门开度以增加新风量。

在各房间内还可安装热释电人体检测传感器，当该房间长期无人活动时，自动关闭空调器，也可设定为早晨自动启动空调系统，在下班后关闭空调系统。

采用防霜冻开关监测出风侧温度，当温度低于 5℃时报警，表明室外温度过低，应关闭风门，同时关闭风机，不使换热器温度进一步降低。

9.4.2　给排水系统

给排水系统的监控主要包括水泵的自动启停控制、水位流量、压力的测量与调节；用水量和排水量的测量；污水处理设备运转的监视、控制、水质检测；节水程序控制；故障及异常状况的记录等。现场监控站内的控制器按预先编制的程序来满足自动控制的要求，即根据水箱和水池的高、低水位信号来控制水泵的启、停及进水控制阀的开关，并且进行溢水和停水的预警等。当水泵出现故障时，备用水泵则自动投入工作，同时发出报警信号。其原理框图如图 9-39 所示。

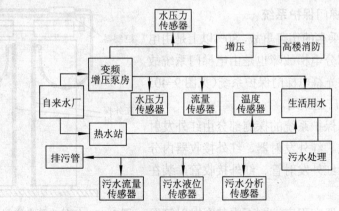

图 9-39　给排水监控系统的原理框图

给排水系统的监控和管理由现场监控站和管理中心来实现，其最终目的是实现管网的合理调度。给水监控系统通过监视各种储水装置的水位和各种水泵的工作状态，按照一定的要求控制各类水泵的运行和相应阀门的动作，并对系统内的设备进行集中管理，从而保证无论用户水量怎样变化，管网中各个水泵都能及时改变其运行方式，保持适当的水压，实现泵房的最佳运行；监控系统还随时监视大楼的排水系统，并自动排水；当系统出现异常情况或需要维护时，系统产生报警信号。

9.4.3　电梯监控系统

电梯是高层建筑的重要设备之一，已经成为人们日常工作与生活中不可缺少的设备。电梯中使用的传感器主要有以下几种：

1．速度传感器

速度传感器测量每部电梯的当前运行速度，因为电梯的速度指令曲线在减速至平层时常采用距离原则设计，以保证电梯的舒适感平层准确度及方便现场调整。电梯轿厢的位置由脉冲编码器输出脉冲计算得出。

2．位置传感器

电梯轿厢的位置由位置传感器通过计算脉冲编码器产生的移动脉冲来确定，并根据存储在存储器中的层楼高度来计算同步层。由此，电梯调度控制器根据电梯轿厢的速度和位置来判断电梯能响应的最近召唤楼层。当电梯以某一运行方向接近某楼层的层楼位置感应器位置时，判别该楼层是否有同向的呼叫信号，如有则控制程序发出换速信号，在该楼层减速停车；否则继续沿原方向运行。

楼层检测传感器由一对红外发射−接收对管组成，发射管通电后发出红外信号，接收管接收信号，利用电梯行至楼层标志处光槽光线被电梯遮挡所带来的电平变化即可实现楼层检测。

3．称重传感器

为防止电梯超载运行，多数电梯在轿厢上设置了超载装置。超载装置安装的位置，有安在轿厢底部的称重传感器及安在轿厢上梁的称重传感器等，目前用得较多的是应变式传感器。

4．红外光幕电梯门保护系统

据统计，电梯对乘客的伤害事故，80%以上是由电梯门造成的。很大部分电梯故障也是由电梯门系统故障造成的。目前，红外光幕电梯门保护系统（见图9-40）在电梯工业界逐渐被广泛采用。

红外光幕电梯门保护系统的探测部分由红外发射器及红外接收器组成。红外发射器、红外接收器内分别直线排列有若干对红外发射管、红外接收管，装在电梯轿厢门的两侧。

红外光幕的发射器在程序控制下由某个发射管发

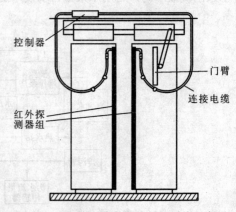

图9-40　红外光幕电梯门保护系统示意图

射单束红外线，同时检测对应的一个接收管的接收信号，就形成了一个探测回路。如果该束红外线顺利到达一个接收管，作为红外光敏元件的该接收管会产生特定强度的信号输出，控制系统即判断为正常情况；如果该束红外线被物体阻挡，对应的接收管无信号输出，或虽有输出，但未达到应有的强度，则控制系统判断为非正常情况，控制系统会向电梯门系统发出信号，使正在关闭的电梯门反转打开。

光幕控制系统控制所有的红外发射管按顺序依次发射红外光束，同时按顺序依次判断相应的一个红外接收管的接收信号输出强度，循环扫描，从而在电梯轿厢门平面形成几十至上百束的红外保护光幕。红外发射管的发射及相应红外接收管的接收由控制程序进行同步。

红外发射器与红外接收器分别装在电梯轿厢门的两侧，当乘客或物体进出电梯轿厢门平面，阻挡了红外光幕扫描过程中的任何一束，光幕控制系统就会探知，并输出信号给电梯轿厢门系统，使正在关闭的电梯门反转打开，从而起到保护乘客的目的。

9.4.4　照明系统监控

在智能楼宇中，照明用电量占建筑总用电量很大的一部分，仅次于空调用电量。如何做到既保证照明质量又节约能源，是照明控制的重要内容。在多功能建筑中，不同用途的区域对照明有不同的要求。因此，应根据使用的性质及特点，对照明设施进行不同的控制。

办公室照明应为办公人员创造一个良好、舒适的视觉环境，以提高工作效率。办公室照明由辐射入室内的天然光和人工照明协调配合而成，根据照度标准和天然光传感器检测的天然光亮度变化信号自动控制照明灯具的发光强度。当天然光较弱时，自动增强人工照明；当天然光较强时，自动减弱人工照明。即人工照明的照度与天然光照度成反比例变化，以使二者始终能够动态地补偿，有效地保持良好的照明环境。

9.4.5　防火监控系统

对于高层建筑，一旦发生火灾，造成的人员伤亡和经济损失将是十分惨重的，因此城市高层建筑防火监控系统的建立就显得尤为重要。

1. 火灾传感器

一般来说，物质从开始燃烧到形成火灾是有一定规律的，即先是燃烧，产生烟雾，周围温度逐渐升高，产生可见光并猛烈燃烧。所以，根据火灾早期产生的烟雾、光和气体等现象，火灾传感器将火灾的特征物理量，如温度、烟雾、气体和辐射光强等转换成电信号，并向火灾报警控制器发送报警信号。火灾传感器根据探测火灾参数的不同，可以划分为感温、感烟、感光、可燃气体等几大类。

（1）感温火灾传感器

感温式火灾传感器是一种响应异常温度、温升速率和温差等参数的火灾传感器。感温式火灾传感器可以采用不同的敏感元件，如热敏电阻、热电偶、双金属片、易熔金属、膜盒和半导体等。感温式火灾传感器按其工作原理可分为定温式、差温式、差定温组合式 3 种。

① 定温式探测器：它是预先设定温度值，当温度达到或超过预定值时响应的感温探测器。最常用的类型为双金属片定温式点型探测器，常用结构形式有圆筒状和圆盘状两种。

② 差温式探测器：当火灾发生，室内温度升高速率达到预定值时响应的探测器。差温式探测器有机械式、热敏电阻式和空气管线型几种类型。

③ 差定温探测器：兼有差温和定温两种功能的感温探测器，当其中某一种功能失效时，另一种功能仍能起作用，因而大大提高了可靠性。差定温探测器有机械式和热敏电阻式等类型。

（2）感烟火灾传感器

物质燃烧初期所产生的气溶胶或烟雾粒子可以改变光强、减小电离室的离子电流以及改变空气电容器的介电常数、半导体的某些性质等。由此，感烟火灾探测器又可分为离子型、光电型、电容式、半导体型、红外式和激光式等几种。

离子感烟传感器是常用的感烟传感器之一，其工作原理是利用两电极间的放射性同位素作为放射源，使电极间的空气发生电离而产生离子电流，通过检测电位来判断空气中烟雾颗粒的多少。

常见的光电感烟火灾传感器根据烟雾对光的散射和吸收作用，可以分为散射式和吸收式两种。散射式感烟传感器是由一个光源和一个光敏元件相垂直安装在小暗室里，在无烟时，光源发出的光无法到达光敏元件；当有烟雾时，光通过烟雾粒子的散射到达光敏元件上，光信号转换为电信号，当烟雾粒子浓度达到一定值时，散射光的能量所产生的电流经过放大电路，就能驱动报警装置，发出火灾报警信号。这种传感器对粒径为 $0.9 \sim 10$ mm 的烟雾粒子能够灵敏探测，而对粒径为 $0.01 \sim 0.09$ mm 的烟雾粒子变化无反应。吸收式感烟传感器是由一个光源和一个光敏元件相对安装在小暗室里，在无烟时，光源发出的光通过透镜聚成光束，照射到光敏元件上，并将其转换成电信号，使电路维持正常状态不报警；当发生火灾有烟雾时，光源发出的光线受烟雾的散射和吸收，光敏元件接收的光强明显减弱，电路正常状态被破坏，发出报警信号。

（3）感光火灾传感器

感光火灾传感器又称为火焰传感器。这是一种响应火焰辐射出的红外、紫外、可见光的火灾传感器，主要有红外火焰型和紫外火焰型两种。

（4）可燃气体传感器

可燃气体传感器是一种响应燃烧或热解产生的气体的火灾传感器。传感器上受热的表面促进可燃气体分子的氧化，当可燃气体分子在传感器上氧化时，将产生一个温度的增量并且它的电阻也随之改变，实现对可燃气体的检测。用做气体火灾传感器的传感元件主要有铂丝、铂钯和金属氧化物半导体等几种。

2. 多传感器数据融合技术

传统的火灾检测方法仅仅通过采集单一的火灾特征参数信息进行判断和识别，不可避免地会受到环境的干扰，限制了其探测性能，系统的高误报率问题比较突出。所以，在火灾检测中运用多传感器数据融合技术是一种比较理想的方案。它利用多种传感器对两个以上的火灾参数进行多元探测，将多种传感器采集的信息进行融合，从而提高火灾探测的可靠性和准确性。

多传感器数据融合的基本原理是充分利用多传感器资源，通过对这些传感器信息的合理支配和使用，把它们在空间或时间上互补并按照某种准则进行组合，以便获得被测对象的一次性描述。也就是利用多个传感器共同操作的优势，提高有效性和准确性，消除单个或少量传感器的局限性。

在多传感器数据融合系统中，各种传感器的数据可以具有不同的特征，可能是实时的或非实时的、模糊的或确定的、互相支持的或互补的，也可能是互相矛盾或竞争的。数据融合过程主要包括多传感器（信号获取）、数据预处理、火灾特征信息采集、特征提取、融合计算和综合判决等环节，其过程如图 9-41 所示。由

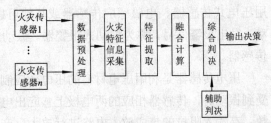

图 9-41　火灾传感器数据融合过程

于被测对象多半为具有不同特征的非电量，因此首先要将它们进行数据预处理，如转换成电信号，然后经过 A/D 转换将它们转换为能由计算机处理的数字量。数字化后的电信号由于环境等随机因素的影响，不可避免地存在一些干扰和噪声信号，通过预处理滤除数据采集过程中的干扰和噪声，以便得到有用信号。预处理后的有用信号经过特征信息采集、提取，进行数据融合计算，最后综合判定、分析得出合适的决策输出。系统也可以引入其他的决策因子来辅助判定。

9.4.6　安全技术防范系统

根据智能楼宇安全防范系统应具备的功能，安全防范系统一般由出入口控制系统、防盗报警系统、闭路电视监控系统三部分组成。出入口控制系统控制各类人员的出入以及他们在相关区域的行动，通常称为门禁控制系统；防盗报警系统就是利用各种探测器对建筑物内外的重要地点和区域进行布防，当探测到有非法入侵者时，系统将自动报警；闭路电视监控系统是通过摄像机记录现场的情况，使管理人员在控制室便能看到建筑物内外重要地点的情况，增加了保安系统的视野，从而大大加强了保安的效果。

在防盗报警系统中需要采用不同类型的探测报警器，以适应不同场所、不同环境、不同地点的探测要求。根据传感器的原理不同，探测报警器可以分为以下几种类型。

1. 开关报警器

开关报警器是由开关型传感器构成的，它的输出转换为控制电路通断的变化，并以此来触发报警电路。常见的开关型传感器有微动开关、干簧、易断金属导线或压力垫等。

微动开关是一种依靠外部机械力的推动实现电路通断的电路开关，其在使用微动开关作为开关报警传感器时，需要把它固定在被保护物之下。一旦被保护物被意外移动或抬起时，控制电路发生通断变化，引起报警装置发出声光报警信号。

干簧继电器由干簧管（带金属触点的两个簧片封装在充有惰性气体的玻璃管）和一块磁铁组成，一般把磁铁安装在门、窗的活动部位，把干簧管安装在门框、窗框，磁铁与干簧管需要保持适当距离，以保证门、窗关闭时干簧管触点闭合，门、窗打开时干簧管触点断开，控制器产生断路报警信号。

压力垫是由两条长条形金属带平行且相对应地分别固定在垫子背面，当有入侵者踏上垫子时，两条金属带就接触上，相当于开关点闭合产生报警信号。

2. 振动式报警器

当入侵者进入防范区域时，会引起地面、墙壁、门窗、保险柜等发生振动，我们可以采用压电式传感器、电磁感应传感器或其他可感受振动信号的传感器来感受入侵时发生的振动，发出报警信号，称为振动式报警器。振动式报警器常使用压电式传感器或导电簧片开关传感器。

压电传感器是利用压电材料的压电效应制成的，我们把压电传感器贴在玻璃上，当玻璃受到振动时，传感器相应的两电极上感应出电荷，形成一微弱的电位差，可以采用高放大倍数、高输入阻抗的集成放大电路进行放大，产生报警信号。

导电簧片开关传感器由上下两个导电簧片组成，贴附在需防范的玻璃内侧，轻微振动产生的低频振动，甚至敲击玻璃所产生的振动都能被上簧片的弯曲部分吸收，而不改变上下电极的接触状态，只有检测到玻璃破碎或足以使玻璃破碎的强冲击力时产生的特殊频率范围的振动才能使上下簧片振动，处于不断开闭状态，触发控制电路产生报警信号。

玻璃破碎报警器要尽量靠近所要保护的玻璃，尽量远离噪声干扰源，如尖锐的金属撞击声、铃声、汽笛的啸叫声等，减少误报警。为了减少误报警，可将声控与振动探测两种技术组合在一起，只有同时探测到玻璃破碎时发出的高频声音信号和敲击玻璃引起的振动，才输出报警信号。或者将次声波探测技术和玻璃破碎高频声响探测技术组合到一起，只有同时探测到敲击玻璃和玻璃破碎时发出的高频声响信号和引起的次声波信号才触发报警。

3. 红外报警器

红外报警器是利用红外线能量的辐射及接收技术做成的报警装置。按照工作原理，可以分为主动式和被动式两种类型。

（1）主动式红外线报警器

主动式红外报警器由红外发射、接收装置两部分组成。发射装置向安装在几米甚至几百米远的接收装置发射一束红外线光束，此光束被遮挡时，接收装置就发出报警信号。主动红外报警器属于直线红外光束遮挡型，又称为对射式报警器。一般采用较细的平行光束构成一道人眼看不见的封锁线，当有人穿越或遮断这条红外光束时，启动报警控制器，发出声光报警信号。

主动式红外探测报警器可根据防范要求以及实际防范区域大小、形状的不同，视具体情况布置单光束、双光束或多光束，分别形成警戒线、警戒墙、警戒网等不同的封锁布局。主动式红外线报警器有较远的传输距离，因红外线属于非可见光源，入侵者难以发觉与躲避，防范效果明显。

（2）被动式红外线报警器

被动式红外探测器即热释电红外探测器，它不需要附加红外光源，直接接收被测物的辐射。

压电陶瓷类电介质在电极化后能保持极化状态，称为自发极化。自发极化随温度升高而减小，在居里点温度降为零。因此，当这种材料受到红外辐射而温度升高时，表面电荷将减少，相当于释放了一部分电荷，故称为热释电。将释放的电荷经放大器可转换为电压输出，这就是热释电传感器的工作原理。当辐射继续作用于热释电元件，使其表面电荷达到平衡时，便不再释放电荷。因此，热释电传感器不能探测恒定的红外辐射，为此热释电传感器和菲涅尔透镜配合使用检测人的移动情况。

菲涅尔透镜通常是在聚乙烯材料薄片上压制有宽度不同的分格竖条制成的。单个竖条平面实际上是一些同心的螺旋线形成多层光束结构的光学透镜，在不同探测方向呈多个单波束状态，组成立体扇形监测区域，如图 9-42 所示。当有人在菲涅尔透镜前面穿过时，人体发出的红外线就不断通过红外的"高灵敏区"和"盲区"，形成时有时无的红外光脉冲。菲涅尔透镜作用有两个：一是聚焦作用，即将热释红外信号折射（反射）在被动红外线探测器上，第二个作用是将探测区域内分为若干个明区和暗区，使进入探测区域的移动物体能以温度变化的形式在被动红外线探测器上产生变化热释电红外信号。

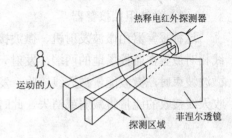

图 9-42　菲涅尔透镜示意图

被动式红外报警器具有功耗小、抗干扰能力强、不受噪声影响等优点，对人体有很高的灵敏度。

4．超声波入侵探测器

超声波入侵探测器是利用超声波技术构造的探测器，通常分为多普勒式超声波探测器和超声波声场型探测器两种。

多普勒式超声波探测器是利用超声波对运动目标产生的多普勒效应构成的报警装置。多普勒效应是指在超声波波源与探测目标之间有相对运动时，接收的回波信号频率会发生变化。通常，多普勒式超声波探测器是将超声波发射器与接收器装在一个装置内。超声波发射器发射 40 kHz 左右的超声波，超声波接收器接收从墙壁、天花板、地板及室内其他物体反射回来的超声能量，并不断地与发射波的频率加以比较。当室内没有移动物体时，反射波与发射波的频率相同，不报警；当入侵者在探测区内移动时，超声反射波会产生多普勒频移，接收机检测出发射波与反射波之间的频率差异后，即发出报警信号。

超声波声场型探测器是将发射器和接收器分别安装在不同位置。超声波在密闭的房间内经固定物体多次反射，布满各个角落。由于多次反射，室内的超声波形成复杂的驻波状态，造成室内超声波能量分布的不均匀。当没有物体移动时，超声波能量处于一种稳定状态；当改变室内固定物体分布时，超声能量的分布将发生改变。而当室内有一移动物体时，室内超声能量发生连续变化，而接收器接收到连续变化的信号后，就能探测出移动物体的存在，变化信号的幅度与超声频率和物体移动的速度成正比。

5．微波报警器

微波报警器是利用微波来进行探测和报警的。微波是一种频率很高的无线电波，由于微波的波长与一般物体的几何尺寸相当，所以很容易被物体所反射。按照工作原理的不同，可分为微波移动报警器和微波阻挡报警器两种。

（1）微波移动报警器

微波移动报警器又称多普勒式微波报警器，其工作原理也是基于多普勒效应。微波探头产生一个固定频率的微波并通过天线向所防范的空间发射，同时接收反射波，当有物体在探测区域内移动时，反射波的频率与发射波的频率有多普勒频差。探测器就是根据多普勒频差来判定探测区域中是否有物体移动的。这种报警器对静止物体不产生反应，无报警信号输出。由于微波具有方向性，它的辐射可以穿透水泥墙和玻璃，在使用时需要考虑安放的位置与方向，通常适合于开放的空间或广场。

（2）微波阻挡报警器

这种报警器由微波发射机、微波接收机和信号处理器组成。使用时将发射天线和接收天线相对放置在监控场地的两端，发射天线发射微波直接送到接收天线。当没有运动目标阻挡微波波束时，微波能量被天线接收，发出正常工作信号，当有运动目标阻挡微波波束时，接收天线接收的能量将减弱或消失，此时产生报警信号。

拓展阅读

智能传感器

随着系统自动化程度的提高和复杂性的增加，对传感器的综合精度、稳定可靠性和响应要求越来越高。长期以来，研究工作大都集中在硬件方面，虽然人们不断利用新材料研制敏感器件，改进传感器芯片的制造工艺方法来提高芯片的质量以及通过外电路补偿方法来改善传感器的线性度、稳定性和输出漂移，但都没有根本性的突破。为此，人们将微处理器技术用于传感器。20 世纪 80 年代末期，人们又将微机械加工技术应用到传感器，从而产生智能式传感器。

1. 智能传感器概述

所谓智能传感器，就是一种带有微处理器的，兼有信息检测、信号处理、信息记忆、逻辑思维与判断功能的传感器。智能式传感器是"电五官"与"微电脑"的有机结合，对外界信息具有检测、逻辑判断、自行诊断、数据处理和自适应能力的集成一体化多功能传感器。

智能传感器具有高精度、宽量程、多功能、高可靠性和高稳定性、高分辨率、高信噪比、高性价比、自适应性强、超小型化、微型化、微功率等特点。这种传感器还具有与主机互相对话的功能，也可以自行选择最佳方案。它还能将已取得的大量数据进行分割处理，实现远距离、高速度、高精度的传输。因此，智能传感器已经成为传感器研究开发的热点。

2. 智能传感器的功能和结构

无论是传感器的智能化，还是集成智能化传感器，都是带有微机的兼具检测信息和处理信息功能的传感器，可统称为智能传感器。与传统的传感器相比，智能传感器具有以下功能：

① 具有判断，统计处理功能。可对检测数据进行分析、统计和修正，还可进行线性、非线性、温度、噪声、响应时间、交叉感应等的误差补偿，提高测量精确度。

② 具有自诊断、自校准功能。可在接通电源时进行开机检测，可在工作中进行运行自检，并可实时自行诊断测试，以确定哪一组件有故障，提高了工作可靠性。

③ 具有数据通信功能。智能化传感器具有标准数据通信接口，可以很方便地与计算机直接连机，相互交换信息，组成用户所需要的多种功能的自动测量系统，来完成更复杂的测试任务，提高信息处理质量。

④ 能够自动采集数据，并对数据进行预处理，可实现多传感器、多参数的复合测量，扩大检测与使用范围。

⑤ 具有数据存储、记忆与信息处理功能。可进行检测数据的随时存取，加快了信息的处理速度。

⑥ 能够自适应、自调整功能。可根据待测物理量的数值大小及变化情况自动选择检测量程和测量方式，提高检测适应性。

智能传感器结构框图如图 9-43 所示。其中，作为系统"大脑"的微型计算机，可以是单片机，也可以是微型计算机系统。

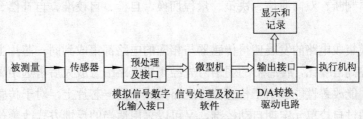

图 9-43　智能传感器结构框图

智能传感器主要由传感器、微处理器及其相关电路组成。传感器将被测的物理量转换成相应的电信号，送到信号调理电路中，进行滤波、放大、模数转换后，送到微处理机中。微处理器是智能传感器的核心，它不但可以对传感器测量数据进行计算、存储、数据处理，还可以通过反馈回路对传感器进行调节。由于微处理器充分发挥各种软件的功能，可以完成硬件难以完成的任务，从而大大降低了传感器制造的难度，提高了传感器的性能，降低了成本。

在智能传感器中，其控制功能、数据处理功能和数据传输功能尤为重要。实际上，为了使智能传感器真正具有智能，控制功能应该包括：键盘控制功能、量程自动切换功能、多路通道切换功能、数据极限判断与越限报警功能、自诊断与自校正功能。

3．智能传感器的几种形式

（1）初级形式

初级形式是组成环节中没有微处理器单元，只有敏感单元与（智能）信号调理电路，两者被封装在一个外壳里，这是智能传感器系统最早出现的商品化形式，也是最广泛使用的形式，也被称为"初级智能传感器"。从功能来讲，它只具有比较简单的自动校零、非线性的自动校正、温度自动补偿功能。这些简单的智能化功能是由硬件电路来实现的，故通常称该种硬件电路为智能调理电路。

（2）中级形式

中级形式也称为非集成智能式传感器，是指采用微处理器或微型计算机系统以强化和提高传统传感器的功能，即传感器与微处理器为两个独立部分，将敏感元件、信号调理电路和微处理器单元封装在一个外壳里形成一个完整的传感器系统。它具有完善的智能化功能，这些智能化功能主要是由强大的软件来实现的。

（3）高级形式

高级形式也称为集成智能式传感器，是指借助于半导体技术把传感器部分与信号预处理电路、输入/输出接口、微处理器等制作在同一块芯片上，从而形成大规模集成电路智能式传感器。这类传感器不仅具有完善的智能化功能，而且还具有更高级的传感器阵列信息融合功能，或具有成像与图像处理等功能。集成化程度越高，其智能化程度也就越可能达到更高的水平。集成智能传感器具有多功能、一体化、精度高、适宜于大批量生产、体积小和便于使用等优点，它是目前传感器研究的热点和传感器发展的主要方向。

4. 集成智能传感器及其发展方向

集成智能传感器是采用微机械加工技术和大规模集成电路工艺技术，将传感器与信号预处理电路、输入/输出接口、微处理器等制作在同一块芯片上而构成的。它通常具有信号提取、信号处理、逻辑判断、双向通信、决策、量程切换、自检、自校准、自补偿、自诊断和计算等功能。

由于大规模集成电路的发展使得传感器与相应的电路都集成到同一芯片上，它具有 3 个方面的优点：较高信噪比，传感器的弱信号先经集成电路信号放大后再远距离传送，就可大大改进信噪比；能改善性能，由于传感器与电路集成于同一芯片上，对于传感器的零漂、温漂和零位可以通过自校单元定期自动校准，又可以采用适当的反馈方式改善传感器的频响；信号规一化，传感器的模拟信号通过程控放大器进行归一化，又通过模数转换成数字信号，微处理器按数字传输的几种形式进行数字归一化，如串行、并行、频率、相位和脉冲等。

随着微电子技术的飞速发展，大规模集成电路工艺技术的日臻完善，集成电路器件的集成度越来越高。它已成功地使各种数字电路芯片、模拟电路芯片、微处理器芯片、存储器电路芯片等价格性能比大幅度下降。反过来，它又促进了微机械加工技术的发展，形成了与传统的经典传感器制作工艺完全不同的现代传感器技术。

目前，集成智能传感器的发展主要集中在以下几个方面：

（1）微型化

微型结构仍然是智能传感器的重要发展方向，它指将微电子技术、微机械技术、信息技术等综合应用于的智能传感器生产中，从而使智能传感器成为体积小、功能齐全的智能仪表。它能够完成信号的采集、线性化处理、数字信号处理，控制信号的输出、放大、与其他仪器的接口、与人的交互等功能。

（2）人工智能化

人工智能是利用计算机模拟人的智能，从而在视觉（图形及色彩辨读）、听觉（语音识别及语言领悟）、思维（推理、判断、学习与联想）等方面具有一定的能力。这样，智能仪器可无须人的干预而自主地完成检测或控制功能。

（3）数据融合

数据融合式智能传感器理论的重要领域，也是各国研究的热点。数据融合通过分析各个传感器的信息，来获得更可靠、更有效、更完整的信息，并依据一定的原则进行判断，做出正确的结论。对于有多个传感器组成的阵列，数据融合技术能够充分发挥各个传感器的特点，利用其互补性、冗余性，提高测量信息的精度和可靠性，延长系统的使用寿命，进而实现识别、判断和决策。多传感器系统的融合中心接受各传感器的输入信息，然后按一定的准则作出最后决策。传感器数据融合是传感器技术、模式识别、人工智能、模糊理论、概率统计等交叉的新兴学科，也是当今传感器的研究热点。

小　结

家用电器、汽车、数控机床、智能楼宇等检测系统都是采用多种不同类型的传感器检测多个物理量。

① 在现代家用电器中，为了实现智能化控制以及安全运行，需要对有关的物理量进行检测，离不开传感技术。其中，模糊控制技术在家电领域最为活跃，它主要是仿照人的思维方法，用模糊控制器操纵家电，使家电智能化程度越来越高，大大减少了人们的手工操作。

② 汽车传感器是汽车电子控制系统的信息源，对车辆的安全、经济、可靠运行，起着至关重要的作用。汽车传感器能够在汽车工作时为驾驶员或自动检测系统提供车辆运行状况和数据，自动诊断隐形故障和实现自动检测与自动控制，从而提高汽车的动力性、经济性、操作性和安全性。汽车传感器在汽车上主要用于发动机控制系统、底盘控制系统、车身控制系统和其他控制系统中。汽车传感器主要有温度传感器、流量传感器、压力传感器、位置和速度传感器。

③ 数控机床是将加工、检测等信息以数字化代码形式输入数控系统，经过译码、运算、发出指令，控制机床的动作，自动地将形状、尺寸与精度符合要求的零件加工出来。在数控机床上应用的传感器主要有光电编码器、直线光栅、接近开关、温度传感器、霍尔传感器、电流传感器、电压传感器、压力传感器、液位传感器、旋转变压器、感应同步器、速度传感器等，主要用来检测位置、直线位移和角位移、速度、压力、温度等物理量。

④ 智能楼宇的楼宇自动化技术指对建筑物内的电力、照明、空调、给排水、安保、车库管理等设备或系统进行全面监控，采用具有强大信息处理能力的中央处理器进行控制管理，以使整个建筑物的生活环境达到最佳、运行消耗最小。这就需要对温度、湿度、压力、流量、浓度、液位等参数进行检测和控制，使系统处于最佳的工作状态，从而保证系统运行的经济性和管理的现代化、信息化和智能化。

习　题

1. 结合你在生活中使用的电器，列出其中所使用的传感器及其用途。
2. 结合你所了解的某一品牌汽车，列出其所安装的传感器。
3. 结合某一生产过程，具体说明所安装的传感器的名称及作用。
4. 说明安全防盗报警系统的组成和功能。

参 考 文 献

[1] 黄鸿，吴石增. 传感器及其应用技术[M]. 北京：北京理工大学出版社，2008.

[2] 郁有文，常健，程继红. 传感器原理及工程应用[M].3 版. 西安：西安电子科技大学出版社，2008.

[3] 何希才. 传感器及其应用电路[M]. 北京：电子工业出版社，2001.

[4] 张惠荣. 热工仪表及其维护[M]. 北京：冶金工业出版社，2005.

[5] 金发庆. 传感器技术与应用[M]. 北京：机械工业出版社，2002.

[6] 张勇. 智能建筑设备自动化原理与技术[M]. 北京：中国电力出版社，2006.

[7] 陈杰. 传感器与检测技术北京[M]. 北京：高等教育出版社，2002.

[8] 林春方. 传感器原理及应用[M]. 合肥：安徽大学出版社，2007.

[9] 周乐挺. 传感器与检测技术[M]. 北京：高等教育出版社，2004.

[10] 张建民. 传感器与检测技术[M]. 北京：机械工业出版社，2000.

[11] 余成波. 传感器与自动检测技术[M]. 北京：高等教育出版社，2009.

[12] 王煜东. 传感器应用电路 400 例[M]. 北京：中国电力出版社，2008.

[13] 孟立凡，蓝金辉. 传感器原理与应用[M]. 北京：电子工业出版社，2007.

[14] 卜云峰. 检测技术[M]. 北京：机械工业出版社，2005.

[15] 张靖，刘少强. 检测技术与系统设计[M]. 北京：中国电力出版社，2002.

[16] 李科杰，等. 现代传感技术[M]. 北京：电子工业出版社，2005.

[17] 刘笃仁，韩保君. 传感器原理及应用技术[M]. 西安：西安电子科技大学出版社，2003.

[18] 吕泉. 现代传感器原理及应用[M]. 北京：清华大学出版社，2006.

[19] 武昌俊. 自动检测技术及应用[M]. 北京：机械工业出版社，2005.

[20] 梁森，王侃夫. 自动检测与转换技术[M]. 北京：机械工业出版社，2005.

[21] 郑华耀. 检测技术[M]. 北京：机械工业出版社，2004.

[22] 宋文绪，杨帆. 自动检测技术[M]. 北京：高等教育出版社，2001.

[23] 陈平，罗晶. 现代检测技术[M]. 北京：电子工业出版社，2005.

[24] 刘伟. 传感器原理及实用技术[M]. 2 版. 北京：电子工业出版社，2009.

[25] 苏家健. 自动检测与转换技术[M]. 北京：电子工业出版社，2006.

[26] 王元庆. 新型传感器原理及应用[M]. 北京：机械工业出版社，2002.

[27] 李科杰. 新编传感器技术手册[M]. 北京：国防工业出版社，2002.

[28] 王用伦. 智能楼宇技术[M]. 北京：人民邮电出版社，2008.

[29] 祁树胜. 传感器与检测技术[M]. 北京：北京航空航天大学出版社，2010.

[30] 李春香. 传感器与检测技术[M]. 广州：华南理工大学出版社，2010.

[31] 周润景，郝晓霞. 传感器与检测技术[M]. 北京：电子工业出版社，2009.

[32] 常慧玲. 传感器与自动检测[M]. 北京：电子工业出版社，2009.

[33] 李艳红,李海华. 传感器原理及其应用[M]. 北京：北京理工大学出版社，2010.

[34] 樊尚春. 传感器技术及应用[M]. 北京：北京航空航天大学出版社，2010.